王 鹏 赵 鸣◎著

中国古代

书院园林

中国建筑工业出版社

图书在版编目（CIP）数据

中国古代书院园林／王鹏，赵鸣著．—北京：中国建筑工业出版社，2020.3

ISBN 978-7-112-24823-0

Ⅰ.①中… Ⅱ.①王… ②赵… Ⅲ.①古典园林－园林艺术－研究－中国 Ⅳ.①TU986.62

中国版本图书馆CIP数据核字（2020）第022545号

责任编辑：杜　洁　李玲洁
责任校对：张　颖

中国古代书院园林

王　鹏　赵　鸣　著

*

中国建筑工业出版社出版、发行（北京海淀三里河路9号）

各地新华书店、建筑书店经销

北京锋尚制版有限公司制版

北京中科印刷有限公司印刷

*

开本：787×1092毫米　1/16　印张：19¾　字数：331千字

2020年9月第一版　2020年9月第一次印刷

定价：79.00元

ISBN 978 – 7 – 112 – 24823 – 0

（34222）

◎ 前言

　　在中国古典园林的研究领域，前辈先贤已经做出了筚路蓝缕的工作，有了大量的积累，获得了丰硕的研究成果。清华大学的周维权先生在《中国古典园林史》中将中国古典园林类型按照造园活动分成"主体类型和非主体类型，皇家园林、私家园林、寺观园林属于主体园林类型，衙署园林、祠堂园林、书院园林、会馆园林等归结为非主体园林类型"。著名古建筑专家罗哲文先生在《中国古园林》中将中国古园林分成"皇家王府园林，宅第园林，坛庙祠馆园林，书院、书楼、书屋园，寺观园林，陵墓园和山水胜景园"。但遗憾的是，就目前的研究成果来看，对中国古代园林的研究主要集中在以北京和承德为主的皇家园林，以江南和岭南地区为主的私家园林，以著名山岳、湖泊为主的寺观园林和风景名胜区这些大众园林，对于同属中国古代园林类型的小众园林，尤其是书院园林仍然还缺乏系统深入的挖掘和研究，没有引起建筑、园林界研究人员的重视。

　　书院园林是中国传统园林的重要分支，是建筑、园林和自然山水结合的典范。书院建筑主要包括祭祀建筑、讲学建筑、藏书建筑、生活居住建筑和园林建筑五种类型；书院园林从狭义上讲，指的是书院内的咫尺庭院和方寸小园，从广义上看，书院园林还应包括构成萦绕书院外的广大自然山水和人文胜迹，所以，书院园林应该是宗教景物、礼制景物、人文景物、人工山水和天然山水的结合体。在特色上，书院园林具有作为重于理、明于义的教育景观的独特性。首先，在封建时代，专供帝王享受戒备森严的深宫大苑，以及重重庭院深锁壶中的私家宅园，都具有一定的局限性，并不能为大多数人享用，书院的独特性就在于它面向广大学子士人，开展公开讲学活动，所以，书院园林具有一定意义和程度上的公共性。其次，书院建筑布局不像官式建筑那样重于"礼"，也不如民间世俗建筑那样穷于"乐"，而是体现"礼乐相成"的朴素自然之美。再次，在选址上它突破了苑囿和宅园分布上的局限，广布在自然环境优越的名山胜地，天然景物与人工景观高度融合；并且，不仅重在择胜，更重视园林环境的人为建设经营，使环境与人协调发展。一些著名书院往往经历漫长岁月的累代修建，内部园林不断扩充规模、精化景观，外部自然山水经历代名人贤士不断寻访探幽而得到持续开发，园林化程度不断加深，这些都在可持续地扩容和增深着书院园林的文化内涵。最后，在时间上，中国书院园林有近千年的悠久历史；在数量上，历代书院志资料丰富，现存的明清书院园林遗迹众多，具有深入研究的可操作性空间。

罗哲文先生认为"我国古代对学习、写作、藏书非常重视，自天子的太学及州、府、县都设有学。民间办学之风历史悠久，两千年前大教育家孔子就开创了民间办学的典范。古人读书写作需要一个良好的环境，自古以来非常重视。尤其是一些书院，选择山水优美之区，林泉清净之地，相宜布置，达到很高的造园水平"，可见，书院园林内容丰富，艺术水平高超。但遗憾的是，目前人们对书院园林的认识和保护水平还停留在初级阶段，甚至有些人并不知书院园林这一园林类型，不理解书院园林对于书院的重要意义所在，园林遗址荒废甚多；书院园林作为中国古代优秀的文化遗产并没有引起有关政府和民间的重视，园林所蕴含的文化和精神气质也正逐渐消失在漫漫历史长河中，为现代人所遗忘，亟需研究整理和保护。

本书选择中国古代书院园林作为研究对象。从风景园林的角度出发，对古代书院园林的历史变迁、选址特色、空间布局、建筑营建、造园意匠、园居活动展开研究，总结书院园林不同于帝王苑囿和私家园林的特殊性及其产生的政治、历史、社会文化根源，初步构建中国古代书院园林的解读框架，理清书院园林中蕴含的中国传统哲学思想，力求揭示中国古代书院的园林观。通过对中国古代书院园林变迁规律和艺术特色的梳理，以及造园意匠和书院园林观的初探，希望能起到抛砖引玉的作用，为今后书院园林的深入研究和保护尽绵薄之力。

◎ 目录

第 2 章
名园解析与考证

第 3 章
造园意匠综合分析　　183

第 4 章
园居活动综合分析   255

第5章
书院园林文化探源 271

◎
释
名

书院释名

　　"书院"最早萌芽于唐代，兴盛于宋代，延续于元代，普及于明清，有一千多年的历史。学术界普遍认为，"书院"之名最早出现于唐代，源于唐玄宗的"丽正书院"和"集贤书院"。唐玄宗开元年间（713~741年），共有四所同名异址的丽正书院，原太子东宫乾元院和集仙殿，另外两处分别位于京都长安光顺门外和京都洛阳明福门外。开元十三年（725年），"明皇与中书门下及礼官、学士宴于集仙殿，明皇曰仙者，凭虚之论，朕所不取；贤者，济理之具，朕今与卿曹合宴，宜更名曰集贤殿"①，又"张说传帝召说，与礼官学士置酒集仙殿，曰：'朕今与贤者乐于此，当遂为集贤殿。'乃下制改丽正书院为集贤殿书院"②，由此可知，开元十三年，原来的集仙殿和丽正书院均更名为集贤书院。值得注意的是，唐玄宗时期的丽正书院和集贤书院虽以书院命名，但是，他们只是官府修书、侍讲、侍读之地，是帝王欢宴贤才、酬唱歌赋之处，非士子肄业之所，所以，还不是具有学校性质的书院，也不是书院的雏形。

　　仔细考证唐代的史料发现，早在丽正书院之前，唐代民间就已出现了书院的记载。唐太宗时期（626~649年）有李公书院，"李公书院在临朐县西南，一云靖从太宗征闾左，于此阅司马兵法"③，李靖（571~649年），原名药师，雍州三原（今陕西三原县东北）人，唐初军事家，是唐出将入相的文武全才。唐高宗时期（649~683年）有瀛洲书院，"瀛洲书院在县治南，唐学士李元通建，明弘治时知县任文献重修"④，李元通，蓝田人，为隋鹰扬郎将，率所部归高祖，唐高祖时拜定州总管。其他与丽正书院同时期较早的书院有河北满城的张说书院，"张说，唐开元中书令。过满城，筑书院于抱阳山，以为藏修之所，后人名其居，曰'相公堂'"⑤，

---

① （宋）沈枢. 通鉴总类·更名集仙殿为集贤. 卷10（上）. 史钞类。

② （宋）王应麟. 玉海. 卷160. 清钦定四库全书. 子部. 类书类。

③ （明）嘉靖. 青州府志. 卷9。

④ 陕西通志. 卷27. 清钦定四库全书. 史部. 地理类。

⑤ （明）弘治. 保定郡志. 卷16。

湖南攸邑的光石山书院。可见，书院之名虽肇始于唐代，但是，早期托名书院之地实为官府的文化机构或是私人的读书藏修之所，其并不是真正意义上的书院，具有真正教育功能的书院是在宋代发展完善的。

书院者，天下之公举也，是我国封建社会中后期缔造和传播传统文化的重要场所，是一种综合性、多层面的文化教育组织和古代的学术基地，具有学校、图书馆、研究所、宗教活动等多种功能。当代不同领域的学者对"书院"的概念做过不同的诠释，湖南大学教授杨慎初认为"书院是在官学系统之外，传统私学发展的基础之上，由社会集资创建的我国自唐以后的一种新的教育体制，……形成其讲学、藏书、供祀的基本规制，和学规、学田、学舍等制度"；古建园林专家周维权先生认为"书院是中国古代的一种特殊的教育组织和学术研究机构，始见于唐代"；日本学者冈大路认为"儒者的居所称为书院"。从上面不同学者对书院的定义可以看出，首先，书院是中国古代士人的文化教育组织和学术研究机构，具有教育和研究的功能。其次，书院的形成是书籍大量流通于社会、数量不断增加后的结果。在早期中国社会，文字没有发明，书写工具和载体昂贵笨重，书籍复制困难并且只是供少数上层阶级独享资源的情况下，是不可能出现书院的，书院必是书籍得以大量流通和收藏，并且读书人围绕书籍展开包括藏书、刻书、校书、著书、读书、教学的场所。最后，书院不但具有读书教学的功能，还为士人提供生活境域和陶冶心性的环境，是一种带有教育功能和文化礼仪性的人居环境。士人在书院不仅学习文化知识、砥砺品德、陶冶性情、祭祀先贤、习艺游宴也是不可或缺的重要内容。

园林释名

　　"园林"在中国古代有"园、圃、囿、苑、山池、山庄、别业、园池、园囿、园亭、草堂"等多种名称。园林最早是由种植果树、蔬菜的园、圃和养殖鸟兽的囿发展而来的。在早期人类和自然的关系还保持相对和谐、文明发展处于低级阶段的时候，园林表现为粗放的自然态的山水，园林的生产功能性占有主要地位。随着人类文明的日益发展，改造自然能力的不断增强，人类与原始自然之间的鸿沟逐渐扩大，为了弥补人类对自然的眷恋和向往，园林的生产性功能逐渐减弱，游赏性功能增加，经过人们精心的艺术加工，园林成为一处满足人们视觉观赏、精神陶冶、休闲游憩的理想人居环境。由于园基先天条件的不同，这种对于园林的艺术加工可分成两种：其一，对于原有自然条件较好的基址，如《园冶》中描述的江湖地、山林地，采取稍加润饰、点缀的方法，不损伤自然物原有的内在之性，人工处理只是为之释回增美和帮助造化，以达到尽物之性；其二，对于先天条件不理想的基址，如城市地、村庄地，采用人工构筑山水、种植花木的方式。总之，无论艺术加工的手段如何，最终目的都是为了营造理想人居环境。

　　汪菊渊院士认为"园林是以一定的地块，用科学的和艺术的原则进行创作而形成的一个美的自然和美的生活境域。这种创作或对原有的风景——大地及其景物稍加润饰、点缀和建设而成，或重新组织构成园林的各种题材而成"。孙筱祥先生认为"园林是由地形地貌和水体、建筑构筑物和道路、植物和动物等素材，根据功能要求、经济技术条件和艺术布局等方面综合组成的统一体"。可见，园林包括地形地貌、水体、建筑、道路和动植物五种基本要素，其作为一种景致艺术形式具有迷人、喜人、乐人的作用，既能满足人类物质生活上的需求，创造美的人居生境，

同时还是一种反映意识形态和精神需求的艺术。园林的范畴
很广泛，汪菊渊院士认为"其范围可以小到住宅内庭院中几
十或者上百平方米，……还可以大到城内或郊野几公顷到数
十、上百公顷，成为特定的游憩、文化教育的生活境域。更
可大到包括山峦壑谷、溪涧泉石、平原江湖，面积达数十、
数百、上千平方公里的一个自然区域"[1]；著名科学家钱学森
先生也曾将园林分成从小到仅几十厘米的盆景艺术到大到几
百公里范围的风景区的六个观赏层次。可见，园林不仅仅是
狭义上指的如江南精致的私家园林、北方宏大的皇家园林那
样，囿于围墙内有限空间的艺术，还可包括围墙外广大的自
然山水和人文景观，正如园林理法中倡导的借景"借者，园
虽别内外，得景则无拘远近"[2]一样，园林的围墙虽然限制
了空间范围的边界，但是却无法限制得景的范围，园林外的
广大环境，无论是自然环境还是人工景物，都是墙内园林的
重要艺术背景和养分空间，两者无法割裂开来看待。所以，
从整体设计的原则出发，以城市环境设计的角度切入，本书
所讨论的"园林"并不局限在垣墙范围之内，而是既包括狭
义上围墙内人工营建的小园林，也包含围墙外以自然山水为
构景主体的自然和人文景观。

① 汪菊渊. 中国古代园林史. 北京: 中国建筑工业出版社. 2006: 5。
② 陈植. 园冶注释. 北京: 中国建筑工业出版社. 1998: 47。

书院园林释名

　　"中国古典园林类型按照造园活动分成主体园林类型，皇家园林、私家园林、寺观园林；非主体园林类型，衙署园林、祠堂园林、书院园林、会馆园林。[①]"可见，书院园林是中国古典园林的一个特殊分支，是中国古典园林的重要组成部分，在造园艺术上的价值不容小觑，"古人读书写作需要一个良好的环境，自古以来非常重视。尤其是一些书院，选择山水优美、林泉清净之地，相宜布置，达到很高的造园水平"[②]。对于"书院园林"学术界还未给出过确切定义，本书所指的"书院园林"指的是根据书院教育的需求，按照书院师生的生活方式和行为习惯，结合原来的自然地貌和园址类型，按照园林美学的原则进行组织的空间，如以书院围墙作为空间划分的边界，可以包括两部分，一部分是指书院围墙内部的人工园林环境，另一部分指书院围墙外部所处的园林化的自然环境和人文环境。

　　中国古代的城郭、闾巷、山溪、林谷皆有书院，根据书院所处基址的景物特征，可以将书院园林分成"近、远郊型"和"城邑型"两种基本类型。顾名思义，"近、远郊型"园林选址一般在城市近郊或是远郊的山林风景地带，这种书院在中国古代早期比较多见。古代战事频繁，为了躲避战乱、寻求清净之地，许多读书人走进山林，开荒种地，过着半隐半读的生活。由于这些读书人当中很多是具有社会知名度和号召力的硕学大儒，所以，他们在个人读书之余，开馆授业讲学，慢慢就形成了具有一定规模的书院。这些书院多选择在远离城市的山林胜地、风景名胜区，如中国著名的庐山、武夷山等风景区都建有大量的书院，这些地方不仅周围自然环境幽静，适宜学子读书养心，而且文物荟萃，常常是佛寺、

① 周维权. 中国古典园林史. 北京: 清华大学出版社. 1999: 11。
② 罗哲文. 中国古园林. 北京: 中国建筑工业出版社. 1999: 217。

道观、祠堂、书院遥相呼应，美不胜收。一方面幽静的山林为书院提供了理想的环境；另一方面书院也成了名胜的风景点缀，为名山争誉，如武夷山因为书院兴盛而成为著名的理学名山。依据书院所处地自然山水特色的不同，"近、远郊型"书院园林又可分成山林园、水滨园和山水园三种基本类型。①山林园。书院选址在近、远郊的山地或丘陵地带，借山地千变万化的地貌形态建园，建筑或雄踞山巅，或藏于山麓，往往依就山体的地貌变化形成错落有致的建筑形态、纵横高下的蹬道、曲折幽深的竹径等深邃内向的景致。②水滨园。园林以水为特色，这类书院一般临近自然河湖、名泉，或是位于水中洲岛之上，园林景色以开阔明朗见长。③山水园。是前面两种类型的综合，此类园林山水条件俱佳，并不着重突出山或水的某一要素，山环水绕，微气候宜人，将周边完整的自然山水纳入到园林的景观体系中，配以建筑、花木，稍加人工渲染点缀即可。"城邑型"园林选址一般位于城市内部。一方面，随着书院的不断发展和影响的不断扩大，政府、地方官员、乡绅对书院营建的参与度越来越高，形成了大量家族书院、乡村书院和政府地方书院；另一方面，书院发展到后期官学化、科举化倾向严重，政府为了更好地控制和管理书院，便于学者往来，将书院纷纷迁往城市中。"城邑型"园林基址一般较平坦，园林景致的营建完全依靠人工的方式，凿池叠山，用人工写意化的方式在有限的范围内再现自然意趣。"城邑型"书院园林在城市中选址偏爱环境清幽、景色优美之处，更强调"城市山林"的意境。如有些书院园林是在原有城邑内名园的基础上修建起来的，周围环境的景观性相比城市内其他地方更胜一筹，如坐落在保定古莲花池中的莲池书院，宋代时是著名的雪香园，清代时曾经是皇帝驻跸的行宫园林，也是我国十大历史名园之一；苏州的正谊书院坐落在苏州名园可园内；山西晋溪书院原为明代私家园林晋溪园。

书院园林有着自身独特的风格特征，综合来讲可论四点。①端士习 伸士气。书院园林从某种意义上说是一种读书环境的营造，书院选址首先要考虑的就是环境本身的教育功能。"昔孟母三徙以成仁"①，战国时期著名思想家孟轲小时候，其母为了能给他创造一个好的成长环境，曾经三易其宅，从农村到集镇，从集镇又到学宫，最后定居在学宫附近。荀子在《劝学》中说："蓬生麻中，不扶自直；白沙在涅，与之俱黑。兰槐之根是为芷，其渐之滫，君子不近，庶人不服。其质非不美也，所渐者然也。故君子居必择乡，游必就士，所以防邪僻而近中正也。②"意思是说蓬蒿生长在麻中，不需要扶持就自然挺直。洁白的沙子掺和在黑土中，就和黑土一样黑。兰槐的根叫作芷，把它浸泡在污水中，君子不会接近，百姓也不会佩戴，不是因为它的本质不好，而是浸泡在污水中的缘故，所以君子居住一定要选择好乡里，出游一定要结交贤士，这是为了防止走上邪僻而接近中正之路。南唐徐锴《陈氏书堂记》中曰："圣王之处士也，就闲燕；孟母之训子也，择邻居。元豹隐南山而成文章，成连适东海而移情性，此系乎地者也。然则，稽合同异，别是与非者，地不如人。陶钧气质，渐润心灵者，人不若地。学者察此，可以有意于居矣。③"正所谓"菁莪造士，棫朴作人"，环境对于人的教育和影响作用是不容忽视的。台湾南湖书院早期选址"杂阛阓中，市井嚣尘与弦诵之声相间发，甚非所以一耳目而肃心志"④，后来"得南湖数亩，诸山廻抱，林木参差，有岩足涉，有川足泳，有淄庐宝刹足游憩"④，遂决定将书院迁址"傍湖构学舍数间，别建讲堂于法华寺左畔，随方位置，不缀续也"④。湖南醴陵的渌江书院最初选址在城内学宫旧址上，后由于城市喧嚣、红尘纷扰，遂将书院迁址于县治西之靖兴山半山腰中，三面环山面向渌江，是名教乐

① （明）董斯张. 广博物志. 卷19. 清钦定四库全书. 子部. 类书类。
② 方勇，李波译注. 荀子. 北京：中华书局出版社，2011。
③ 江西通志. 卷122. 清钦定四库全书. 史部. 地理类。
④ 王镇华. 书院教育与建筑：台湾书院实例之研究. 故乡出版社. 1986：42。

地之胜境。可见，外部环境对人的影响不仅是巨大的，而且是潜移默化的，书院园林作为书院外部环境和内部环境的重要部分，发挥着借山光以悦人性、假湖水以净心情的重要作用，园林化的山水蕴含着深厚的人文情趣，可足发圣贤玄奥，以利学子澄心治学和修养心性。书院内部良好的园林环境，对于书院形成风清气正的小气候亦非常重要。

②揆文教 振文风。书院园林带有强烈的理学色彩，是儒学化的园林。园林不但满足书院师生日常游憩的需要，更是通过园林本身蕴含的文化精神感染和砥砺着学生的品德和心性。首先，园林内有象征贤关圣域的泮池、泮林和泮桥，有展现书院悠久历史和文化底蕴的碑亭和碑廊，还有礼敬文字的惜字炉。其次，园林景致中的景题包含深厚的理学义理，不但起到吟咏书院园林美景、景致点题的作用，更是寄托着士人的宇宙观、人格观和审美观，达到教化生徒、劝学励志的作用。再次，书院园林植物含有深厚的文化内涵。园林内的植物有些是赞美和谐师生关系的，有些是比喻贤良人才的，有些是象征高贵品德的，植物比德寄托了强烈的精神追求，是书院园林文化的重要组成部分。最后，书院主持和建造者往往在园林空间的营造上更是匠心独运，园林空间的建筑尺度往往更高大、位置更突出，建筑周围空间的渲染更充分，周围环境的因借、结合也更巧妙。总之，这种充满了文化象征性的书院园林，充分调动着人们的情绪，体现着书院尊师重道、郁郁乎文哉的精神和礼乐互融的伦理法则。

③纳四方 融礼乐。书院作为教育场所，不但满足师生聚书教授讲学的需求，更是生徒追求清净玄远、读书、修炼和养生的精神圣地，使得书院在园林经营上具有很大的兼容并蓄的特点。首先，园林经营不但重视建筑群体布局和个体空间的园林化，而且重视书院周围自然环境的园林化，通过对自然山水文人化的赋诗、题名或者空间的安排经营，突破空间上的限制、冲出围墙

的阻隔，变自然环境为园林景观，使周围自然环境空间成为园林化的观赏空间，从而满足士人讲学、悟道、修养身心的需求。其次，书院园林具有礼乐相融的兼容性。园林景观的营造不但要满足书院内讲学、祭祀对"礼"性空间的需求，而且还要满足师生游憩、居住对"乐"性空间的追求，既要满足对于功能实用的要求，同时又要体现高层次的精神内涵。再次，书院园林体现了儒释道三教合流的特点。华夏众多名山大川在书院出现之前就有佛道的经营，书院的后来介入并没有全盘否定佛道的经营，很多著名书院都是在原来佛寺道观的基础上修建改建而成的，有些书院还与佛寺道观毗邻，在园林的经营上互为借鉴，你中有我、我中有你，共同形成了名山风景区的人文景观网络。最后，书院园林兼顾了雅俗之分。很多书院园林是在私家宅园的基础上修建起来的，保留了原来园林的山水骨架和植被，加以书院化处理。有些书院园林还兼具皇家行宫园林的作用。一些民间宗祠的建筑布局、建筑类型、民俗文化等对书院园林也产生了一定的影响。

④参天地 赞化育。自由性是书院园林的重要特征。其一，园林选址灵活自由。书院园林可傍山，也可依水，还可以选择城市近郊或城市中。山林园可根据自然条件的不同选择在山巅、山谷、山麓；山水园依据山水关系的不同有枕山面水、环山面水、山水分列等多种组合形式；水滨园可以两水相夹，或者位于水中岛屿，还可以临泉、近湖，或者临涧。其二，建筑布置灵活多变。书院建筑朝向并非都禁锢于南北方向，而是随着自然条件的不同因地制宜，建筑常以山为轴，朝向随着自然山体地貌条件调整方向，或是居于崖畔，或是隐于山麓，建筑充分利用自然条件自由布局，高低错落、层层叠叠，与外部自然环境完全融为一体，总之，参天地，赞化育，一切皆因自然造化。书院建筑组合布局、个体建筑形式和细部的艺术化处理也千变万化，北方以合院形式居多，南方则多为天井，建筑式样充分吸收当地民居建筑

的做法，不落窠臼，地域特色显著，有的活泼浪漫，有的端庄沉稳，形成了湖湘风格、徽派风格、岭南风格、闽南风格、齐鲁风格、京派风格、江南风格等众多流派。其三，园林山水景致形式多变。将自然界瀑、溪、涧、泉、潭、渊、池等丰富多彩的水景和造型各异的天然岩石、山体借入园内，因胜据奇，通过园林化的处理，成为园林景观体系的有机组成部分。总之，书院园林在选址、布局和景致营建上的自由充分反映了儒家士人的品位和心理，这种代表最高层次精神的自由，是学术和人格之自由精神的代表，在封建社会严酷的宗法制度下抚慰着士人备受约束的心灵。

第1章

书院园林渊薮与历史沿革

书院凝固着一个时代的人文缩影，士人的文化教育活动必须依赖书院才能展开，这其中最直接的表现就是书院的建筑与园林。书院园林是一种特殊的园林类型，不同于一般意义上游赏性质的园林，而是具有独特教化育人的功能，园林融入了士人及其时代的价值观、审美情趣、人生理想和情感需求，它的产生和发展是一个时代、一个地域的文化缩影。本书通过对中国传统书院园林历史变迁的梳理，总结书院园林变迁的历史规律和不同时期的艺术特色，希望能为书院园林的研究提供借鉴和参考，这也正是梳理书院园林变迁的意义所在。

1.1 书院园林生成期

1.1.1 春秋战国：私学兴与孔子儒学山水观

1.1.1.1 历史背景概述

具有学校性质的、聚徒讲学的书院源于中国古代历史悠久的私人讲学传统。西周末年，国势日衰，土地私有制蔓延，"礼崩乐坏"旧有的礼制处在崩溃之中，传统的世袭制度瓦解，奴隶主贵族的统治开始动摇，奴隶社会开始向封建社会转化。这一时期封建经济因素不断发展，人民分化

成"士农工商"四民，士居首位，成为新兴阶层。"士"的阶层来源有三：一部分是原来奴隶主贵族阶层分化出来的，一部分出身平民阶层，还有一部分是新兴的封建地主。"士"是当时古代的职业读书人，他们不狩不猎、不工不贾，奔走于公室和私门之间，成了专门靠出卖文化糊口的一种新型职业身份。这一时期周天子的地位相对式微，奴隶主垄断控制学术文化的局面逐渐被打破，各个诸侯国势力强大，为了巩固自身的势力，各诸侯国君争先招贤纳士，一时间养士、用士之风大行，所谓"得士者存，失士者亡"，甚至用"士"的聚散衡量一国政治的兴衰。在这种"养士"之风盛行、奴隶主贵族的"王官之学"日渐衰废的背景下，以士阶层为主的私人自由讲学迅速发展起来，"士"作为一种职业，许多人把其当作进身高阶的终南捷径，争先读书入"士"之风大盛，在这样的社会风气下，学术开始下移入民间，"竹帛下庶人"的私学就此创立。春秋战国时期（公元前722年～公元前221年）形成儒、墨、法、道等众多私家学派百家争鸣的局面，这对后来中华教育文化产生了至深至远的影响，在这其中影响最大的当属春秋时孔子创办的儒家私学，也是当时世之显学。

1.1.1.2 孔子儒学山水观和人格观

孔子名丘，字仲尼，鲁国陬邑（今山东曲阜）人，生于公元前551年，卒于公元前479年，是中国著名

的教育家、思想家，儒家私学的创始人。孔子用自然之水的灵动和自然之山的稳重比拟智者的智慧和仁者的静穆，《论语·雍也》曰："知者乐水，仁者乐山。知者动，仁者静。知者乐，仁者寿。"①仁者和智者之所以乐山、乐水，是因为他们从自然的山水中观察到了各自的德行形象。于山者，从上古大禹之山到周代文王之山再到孔子之山，石与山成为儒家德政思想的物化；于水者，孔子曾观赏东流之水，认为水浩浩荡荡、川流不息，好像道；它遍布天下，利万物而不争，如君子之德，所以君子看见大水一定要观赏，这就是后来著名的"在川观水"的典故（图1-1）。

孔子将"道"作为最高理想，为了追求至高无上的"道"，有"君子谋道不谋食，耕也馁在其中矣，学也禄在其中矣，君子忧道不忧贫"②的记载。孔子在教育上倡导"有教无类"，即教育对象，不分地区、不分年龄、不分出身，皆可入学，孔子私学的教育对象主要是平民，教育目的是培养德才兼备的从政人才，即"君子"；孔子采取积极"入世"的态度，倡导"学而优则仕"，即学习的优秀者才能去做官，读书学习的目的是经世致用，这对西周传统世袭

世禄的制度是巨大的挑战和革新，也成为后世科举取士的先驱。孔子虽然奔波一生、游说于各个国家，宣扬儒学的仁政和德政，但是，他清醒地认识到自己所处时代"礼崩乐坏"的现状，为了怀抱求"道"的理想，不与众人同流合污，孔子提出"邦有道则仕，邦无道则隐"③的主张，并且明确指出理想的隐居求道之地是自然山水环境，"暮春者，春服既成，冠者五六人，童子六七人，浴乎沂，风乎舞雩，咏而归。夫子喟然叹曰：'吾与点也！'④"曾点从暮春美景中体会到了天理流行，孔子与曾点的志向相同，可见，他真正向往的是那种能与环境共鸣的、天人合一的人居生境。

孔子称赞弟子颜回之贤曰："一箪食，一瓢饮，在陋巷，人不堪

图1-1
在川观水（孔祥林《孔子圣迹图》）

① 论语·雍也. 见：陈晓芬，徐儒宗译注. 论语. 北京：中华书局. 2011：70。
②（魏）何晏注，（宋）邢昺疏. 论语注疏. 卷15. 清钦定四库全书. 经部. 四书类。
③（明）海瑞. 备忘集. 卷2. 清钦定四库全书. 集部. 别集类。
④ 论语·先进. 见：陈晓芬，徐儒宗译注. 论语. 北京：中华书局. 2011：135。

其忧，回也不改其乐。贤哉，回也。①""孔颜乐处"体现了君子乐天知命、贫贱不能移的精神，之后的千百年来，成为儒家理想人格的代表。这个主题在之后书院园林的景物营造中不断演绎出现，成为书院园林艺术处理的灵魂之一，宋明理学家将"孔颜乐处"上升到浑然与宇宙同体的大乐境界，使得一代又一代读书人通过对书院园林景物的审美完成了理想人格的构建，实现了士大夫阶层在统一集权制度中的社会责任。

可见，中国的古典哲学孕育于自然山水之中，思想家透过自然界山容水色、草木禽兽的现象表层，发现了符合社会道德的精神美品质，从而产生审美的愉悦感，孔子的美学思想影响了中华民族的审美心理结构和审美思想，对于后世书院园林发展的影响不可小觑。

1.1.1.3 孔子教泽景观

（1）辟雍泮宫

夏之官学曰序，序为尊卑次序之意；商之官学曰庠，庠是指商代礼官养老于学，亦含长幼尊卑之序；周天子之官学称作辟雍，诸侯之学称为泮宫。周本是商的一个诸侯国，周文王时国力强盛，迁都于沣河西岸的丰京，并在城郊修建了著名的灵台、灵沼和灵囿。灵台是高台建筑，据《三

辅黄图》记载灵台"高二丈，周围百二十步"（图1-2）；灵沼是人工开凿的水池；灵囿是放养动物的苑囿。由于周文王是上古贤君的代表，所以他所修建的园林"灵台、灵沼和灵囿"成为圣贤君主的象征，灵台、灵沼和灵囿的组合，即山水配置形成园林骨架的形式，亦成为以后历代园林模仿的对象。此后，文王之园在后世文化教育景观中演化成辟雍的形式"水旋丘如璧，曰辟雍"②，"辟"音像"璧"，"璧"是古代一种外圆中有方孔的玉制礼器，象征君子的高贵品德，"辟雍"的基本形制是圆形的水面围成一周，中间建方形台，上面修建重檐亭的方形建筑，并在东、西、南、北四方修建规制形同的四座建筑，寓意外圆内方，象征行礼乐、教化圆满流行之意（图1-3）。泮宫源于先秦鲁僖公为兴教化在泮水边修建学宫的事迹，"天子之学曰辟雍，诸侯曰泮宫。辟雍水圆如璧，泮宫半之也。僖公作泮宫而其民乐之曰，吾思乐泮水之上，虽无所得聊采其芹而足矣"③。依古礼，天子太学中央有一座学宫，称辟雍，四周环水，《五经通义》曰"诸侯不得观四方，故缺东与南，半天子之学，故曰泮宫"，所以古代天子之学称为辟雍，诸侯之学称为泮宫（图1-3）。孔子对古代文化非

① 论语·雍也. 见：陈晓芬，徐儒宗译注. 论语. 北京：中华书局. 2011: 66。
②（唐）孔颖达. 毛诗注疏. 卷23. 清钦定四库全书. 经部. 诗类。
③（宋）苏辙. 诗集传. 卷19. 清钦定四库全书. 经部. 诗类。

图1-2
周文王灵台（清·
毕沅《关中胜迹图
志》）

图1-3
天子辟雍和诸侯泮
宫（明·王圻《三
才图会》，宋·陈
元靓《事林广记》）

常崇敬，他将周文王尊为儒家圣人，又曾经受封为文宣王，辟雍和泮宫后来成为儒家孔泽流长的象征，辟雍成为中国古代学宫和文庙中的重要组成部分，泮宫则演化出了泮池，在后世的文庙、学宫和书院园林中作为一种符号化的景观形式得以保留并反复出现和演绎，古代学宫前都引水辟池，为半月形，称泮池，学生入学称为入泮，成为古代教育景观中最具有象征意义的景观元素。

（2）洙泗浮磬

孔子在春秋晚期树立了私人讲学的规模。30岁时在曲阜城北设立学舍，据说先后有弟子三千，其中优秀的有七十多人；68岁时自卫返鲁，聚群弟子于"洙泗"之间（图1-4），开张业艺，讲道授业。"洙泗"指的是春秋时鲁地的洙水和泗水，泗水北枕，洙水南流，孔子在洙泗之间删诗书、定礼乐、赞周易，誉为万世教学告成之地。孔氏曰"泗滨水涯，水中

图1-4
步游洙泗（孔祥林《孔子圣迹图》）

见石，可以为磬"①，唐孔氏曰"泗水旁山而过，石为泗水之涯石。在水旁、水中见石，似若水中浮然，此石可以为磬，故谓之浮磬也"①。《说文解字》中说"磬，乐石也"，是古代的一种打击乐器，用玉或石制成，这里将水中之石称为"浮磬"描写了水中石块经流水冲刷发出美妙声响的情景。由此"洙泗"成为后世孔子教泽之代称，如岳麓书院鼎盛时期曾以"洙泗"自比，有"潇湘洙泗"的美誉。"洙泗"之地在汉代之前曾为学堂，相传汉武帝东巡曾在此停留，元代建洙泗书院，成为专门祭祀孔子的场所。

（3）杏坛

"孔子游乎缁帷之林，休坐乎杏坛之上，弟子读书，孔子弦歌鼓琴。②""缁"即黑色的意思，"帷"指围在四周的帐幕，"缁帷之林"比喻茂盛的树林，后人指高人贤士讲学之典。据彭林③考证"杏坛"中的"杏"植物种类上指杏树，而不是银杏，原因是北宋之前银杏仅存于中国南方，而且并无"银杏"的名称，多以"仲平"或者"鸭脚"代替；"杏坛"中的"杏"指的是蔷薇科植物杏树，落叶乔木，春季清明开花，花开前后有雨，故有杏花雨的美称，"沾衣欲湿杏花雨，吹面不寒杨柳风"④，受到历代文人墨客的赞美，可见景致之胜。"坛"在古代指平地以土堆筑起来的高台。西晋司马彪注"杏坛，泽中高地也"，位于"水上苇间，依陂旁渚之地"⑤。北宋时，孔子四十五代孙道辅，增修曲阜祖庙，将大殿北移，于其旧基筑坛，环植杏树，即以"杏坛"名之，坛上有石碑篆"杏坛"二字。后来"杏坛"成为孔子设教的文化象征，并纳入孔庙的建筑体系之中，成为具有中华民族宗教崇拜文化的礼制建筑。"杏坛"之说虽为寓言，但是也反映了孔学的自然山水审美思想，成为后世书院园林中"筑台"的渊薮。

（4）琴桐

"琴书，君子所事也，……书以穷道理，琴以禁邪思；学者必禁绝其邪

① （宋）傅寅撰. 禹贡说断. 卷2. 清钦定四库全书. 经部. 书类。
② 庄子·渔父. 陈鼓应. 庄子今注今译. 北京: 中华书局. 2011: 866。
③ 彭林. 杏坛考. 中国史研究, 1995: 119。
④ （宋）僧志南. 绝句. 宋诗纪事. 卷93. 清钦定四库全书. 集部. 诗文评类。
⑤ （明）顾炎武. 日知录. 卷31. 清钦定四库全书. 子部. 杂家类。

思，而后理道可明"①，鼓琴是古代读书人颐养性情的重要手段之一，孔子即善鼓琴，且琴瑟不离于侧。做琴最好的木材为桐木，桐木即梧桐，"桐木之良利者也，其性虚以柔，故能受声以为琴瑟"②，桐木不但是制琴之良木，而且是古代仁瑞之兽凤凰栖息之地，"凤凰鸣矣，于彼高冈，梧桐生矣，于彼朝阳"③，所以，梧桐具有寓意贤良人才之意，成为后世书院园林中具有儒学化寓意的植物种类之一。

从上面的分析可以看出，春秋战国时期，孔子设私学打破了极少数人垄断文化知识的现象，把文化知识向更多人尤其是下层阶级开放，自此开启了中国古代私人讲学的传统。从教学环境分析，孔子最早从事室外教学的场地多选择远离闹市区的泽畔、两水之间或周水环抱的自然之地，以便修炼身体素质、心无旁骛养性读书之利，是山水环境之于读书教学的早期实例。

1.1.2　秦汉：绛帐与精舍

1.1.2.1　历史背景概述

秦灭六国，统一天下，成就了中国历史上第一个集权制的封建统一大帝国，为了杜绝先秦诸子百家思想对帝国统治的影响，秦推行以法律代替教育、以官吏代替教师的政策，政府下"禁私学令"，先秦诸子学术活动和私学的发展受到严重影响。秦仅存二世、十四年，汉即代之。作为统一大帝国的象征，秦汉时期的园林风格、儒学思想无不体现着对"大一统"的诠释。园林营造上，大兴体象天地、超尺度规模的宫苑，追求充盈之美，在汉武帝刘彻（公元前156～公元前87年）时期的上林苑内达到鼎盛；儒学思想上，汉代儒学在继承了先秦儒学"成人伦、助教化"的思想后，又杂糅"天人感应"的神学观点，提出了"罢黜百家，独尊儒术"的思想界统一指导原则。

1.1.2.2　绛帐授徒

汉私学教育呈现繁荣局面，有"汉代教育儒学化，儒学教育私学化"之说。私学教育注重师承关系，讲究师法、家法，加之又因为当时书籍难求，书写材料和价格昂贵的限制，直到汉代，私人教学都是以口传心授为主，正所谓"汉人无无师之学，训诂句读，皆由口授，非若后世之书，音训具备，可视简而诵也。书皆竹简，得之甚难，若不从师，无从写录"④。汉代著名教育家、思想家董仲舒（公元前179～公元前104年）收徒讲学，常常挂上一幅帷幔，先生在

---

① （明）刘俨. 桐墩书院碑记. 琼山县志. 卷25. 清咸丰七年刊本。
② （宋）蔡卞. 毛诗名物解. 卷5. 清钦定四库全书. 经部. 诗类。
③ （清）朱鹤龄. 诗经通义. 卷9. 清钦定四库全书. 经部. 诗类。
④ 李国钧. 中国书院史. 长沙：湖南教育出版社，1994：7。

帷幔里面讲学，学生之于帷幔外侧听讲。东汉时期著名经学家、东汉名将马援（公元前14～49年）的从孙马融（79～166年）"为儒教养诸生，常有千数，善鼓琴好吹笛，达生任性不拘儒者之节，居宇器服多存侈饰，常坐高堂施绛纱帐，前授生徒，后列女乐弟子，以次相传，鲜有入其室者"[1]。从以上两则史料可见，汉代的师道家法是非常严厉的，学生从师学习，不能出一字差错，否则将被赶出学堂；这一时期的师生关系壁垒森严，老师具有神秘性和权威性，师生之间常不见面，如董仲舒"下帷讲诵，弟子传以久次相授业，或莫见其面"[2]，汉儒郑玄（127～200年）在从师马融的三年内，都不曾见得老师一面，听得老师一次口授，主要是从马融的授业弟子学习。可见，早期中国学者讲学多在家中或者府邸里面设置绛帐授徒，这时还没有专门用于讲学的讲堂类建筑。

1.1.2.3 精舍讲诵

"东汉以来，士大夫往往作精舍于郊外，所谓春夏读书，秋冬射猎者，即其所也"[3]，受佛道的影响，汉私学的另一种重要形式为"精舍"，即在自然环境优美处创建精舍作为讲学读书之处。东汉明帝时期（65

年），政治黑暗，社会动荡，儒学空虚，道家兴起，佛教传入中国，朝野上下祭祀鬼神、服食修仙之风盛行，士人阶层与皇权的离心程度愈演愈烈，为了保持自身独立的社会理想和人格价值，纷纷归隐田园、隐居山林、聚徒讲学，谋求精神的安宁与坚韧，隐逸文化迅速发展起来。

《国语》曰"明洁为精"，"定心在中，耳目聪明，四枝坚固，可以为精舍。精也者，气之精者也。气，道乃生，生乃思，思乃知，知乃止矣"[4]。可见"精"指人的内心明洁，"舍"的本意为客舍，"精舍"本指心而言，即为"心明身洁"的精神栖息之地，延伸为修习内心的空间，既为儒家讲学之处，又是隐士清修的场所。汉精舍多为隐居教授之所，这些精舍的主人大多不愿做官，寻求的是避世隐居的生活，如《后汉书·刘淑传》载"刘淑，字仲承，河间乐成人也，祖父称司隶校尉。淑少学明《五经》，遂隐居立精舍讲授，诸生常数百人，州郡礼请，五府连辟，并不就"；《后汉书·杨伦传》载杨伦"讲授于大泽中，弟子至千余人，……伦前后三征，皆以直谏不合。既归，闭门讲授，自绝人事"。隐居授徒对环境的要求非常苛刻，精舍大多选择在

---

① （宋）祝穆. 古今事文类聚. 卷11. 清钦定四库全书. 子部. 类书类。
② （东汉）班固. 前汉书. 卷56. 清钦定四库全书. 史部. 正史类。
③ （元）欧阳玄. 贞文书院记. 江西通志. 卷127. 清钦定四库全书. 史部. 地理类。
④ 管子·内业. 卷16. 清钦定四库全书. 子部. 法家类。

远离市井的山林幽静之地，或者水滨泽畔，与周围自然环境融洽，是儒士读书、授业、清修、养生的居住，同时又是他们所追求的清净玄远的精神圣地。精舍的陈设风格朴素简单、无多余的装饰，甚至可以用简陋来形容；建筑物一般不多，并大多零星点缀在自然山水之中，书院的"院"字实有"周垣"的意思，围墙的设置即是精舍与书院的最大区别所在。精舍的选址和营建风格对于后世书院园林产生了重要影响，为了追求精舍那种隐于尘世外的清淑之气，后世"书院"多有以"精舍"命名的做法，如朱熹的寒泉精舍、武夷精舍、沧洲精舍，陆九渊的象山精舍等。

1.1.3 魏晋南北朝：治玄之风

1.1.3.1 历史背景概述

早期私学的教育思想对教育环境的选择，对唐代私学制度化之书院教育的形成都有着深远影响，但由于民间私学因师、因时、因地而异，没有形成稳定统一的制度体系。书院是在古代聚徒讲学的基础上发展起来的，与私学具有一脉相承的关系，是私学发展到后期的高级阶段和制度化的形式，继承了古代私学的教育思想和学术精神，并发展形成较为统一完整的制度，得以延续千年。书院与私学最大的不同就是社会力量的介入，比起私学因个人人事兴废而衰落的弊端

来说，更具有稳定性，办学地点固定，有稳定的经费来源、完备的管理制度，著名书院还能得到官府的褒奖和庇护，是私学适应社会发展的新形式。

魏晋南北朝时期，中国由统一转为分裂，社会动荡不安，使官学教育废置无常，数量大大减少。魏晋南北朝时期佛道广泛传播，思想十分活跃，儒学微衰，儒、道、释、玄诸家争鸣，王弼（226～249年）"援道入易"，将名教与自然结合，开创了儒道结合的玄学。玄学讲究人格自由、思想平等的"清谈"，以探求真理，同时又获得精神上的愉悦。"清"即清雅快乐，"谈"即辩论求理，"清谈"作为魏晋南北朝一项重要的社会文化风尚，成为离乱中的士人获得精神愉悦的工具，同时对私学也产生了较大影响。"清谈"使汉以来"独尊儒术"的文教政策走向灭亡，自然主义教育思想盛行，知识分子获得了人性解放，师生互辩盛行，开启了私学教育的新气象。

1.1.3.2 登讲座讲经

这一时期私学讲学无论从内容上还是从形式上都受到佛、玄的影响，有些私学既讲儒家五经，又传授佛经和玄理，有些硕学大儒不讲授课业，采用道家"以形不以言"的教学方式，有些则仿佛家"登讲座讲经"的方式。略如张忠隐于泰山"无琴书之适，不修经典，劝教但以至道虚无为宗。其居依崇岩幽谷，凿地为窟室。

弟子亦以窟居，去忠六十余步，五日一朝。其教以形不以言，弟子受业，观形而退。立道坛于窟上，每旦朝拜之"[1]。

1.1.4 隋唐：乡党之学与书院园林肇端

1.1.4.1 历史背景概述

隋代结束了魏晋南北朝三百余年割据战乱的局面，实现了中国历史上继秦代后的第二次大统一局面。隋代是个短命的王朝，但是为了政治革新，统治者非常注重人才培养和学校制度的发展完善，隋代所确立的学校制度对之后的朝代都产生了重要影响。首先，隋代官学系统的完善。设立国子寺，置祭酒，隋炀帝大业三年（607年），改为国子监，成为独立的教育领导机构，开启了中国历史上教育行政部门和行政长官的先河。其次，隋代废除了以家世、门第选官的九品中正制，实行科举取士，维护了封建制度，并对中国古代社会产生了深远的影响。

唐代政治统一、经济繁荣、国势强大，是中国历史上一个昌盛的朝代，它继承了隋代的教育制度，在教育和文化发展上都起到了重要的作用。唐代的韩愈（768~824年）解放了封建社会的师生关系，提出"弟子不必不如师，师不必贤于弟子"[2]

的崭新师生关系，大大降低了老师的神秘性，建立起融洽、平等的师生关系，这种新型的关系后来被理学家所继承并发展，对于书院师生关系和教学方式都产生了重要影响。

1.1.4.2 隋代山间授徒

隋代教育家王通（584~617年）弃官归乡后，曾在家乡的白牛溪畔聚徒讲学，"白牛溪里，岗峦四峙，信兹山之奥域，……察俗删诗，依经正史，……生徒杞梓，山似尼邱，泉疑洙泗"[3]，先生将讲学处周边的山水儒学化，以"山"比作孔子教泽的尼邱，以"泉"比作孔子教泽的洙泗。其兄王绩（590~644年）在《游北山赋》中记载了王通当年讲学的盛况，"念昔日之良游，忆当时之君子。佩兰荫竹，诛茅席芷。树即环林，门成阙里。姚仲由之正色，薛庄周之言理。……北冈之上，东岩之前。讲堂犹在，碑石宛然，想问道于中室，忆横经于下筵。坛场草树，院宇风烟"[3]，可见，王通的讲堂置于山水之间，周边景致瑰丽，讲学时弟子们佩戴兰竹香草，或是立于竹荫之下，或是坐于草席之上。课余闲暇时将周边优美的自然山水作为第二课堂，弟子们"触石横肱，逢流洗耳。取乐经籍，忘怀忧喜，时挟策而驱羊，或投竿而钓鲤"[3]，活动非常丰富。

---

①（唐）房玄龄等著. 晋书. 隐逸传·张忠. 卷94. 清钦定四库全书. 史部. 正史类。
②（明）茅坤. 唐宋八大家文钞. 卷10. 清钦定四库全书. 集部. 总集类。
③（唐）王绩. 游北山赋. 山西通志. 卷219. 清钦定四库全书. 史部. 地理类。

1.1.4.3 唐代书斋园林

《四川通志》载"凤翔（南溪）书院在南溪县北半里，唐进士杨发读书处"，书院选址背负琴山，前处滨江，地势险阻，周边有杨发弹琴的琴台，杨发有诗描写南溪书院园林的景致曰："茅屋住来久，山深不置门。草生垂井口，花发接篱根。入院挈雏鸟，攀萝抱子猿。曾逢异人说，风景似桃源。[①]"从诗中的描述可见，南溪书院园林环境朴野雅致，以山为门，建筑采用茅屋的形式，周遭花草环护，园内还能见到野生的雏鸟和子猿，一派生机勃勃的景象。《江西通志·桂岩书院记》中载"桂岩书院在高安郡北六十里，唐国子祭酒幸南容公之旧址也。山之发源自桂阳池，至于慈云，过禄原，峦坡盘旋至于神童。林郁而清，骨秀而丰，一山自右而左者如笏，外蟠两溪；一山自左而右者如带，上有祭酒幸使君祠在焉。环两山之间，厥地窈而深，水泉清洌而草木敷茂者，即桂岩也。面凤岭，双岫出碧，背慈云，千岩竞秀，白鹤峰耸于北，晋宋神仙所宅。幕山虎踞于南，实祭酒之故居。烟云吐纳，明晦变化，丹青莫状，昔当卜此山，开馆授业"，由上面的描述可见，桂岩书院远离村落，偏隅一山，位于两山环抱之地，北有白鹤峰，南有幕山，与慈云寺相对峙，周边水源丰富、植被茂盛，自然环境极胜，幸氏常常临风抚琴、杖履登坡、倚松而憩。又唐元和中，士人李宽中在湖南衡阳城北石鼓山创建李宽中秀才书院，石鼓山位于湘水和蒸水合流处，景致开阔，被称为"湖南第一胜地"，唐吕温有诗赞美石鼓山为读书胜地，"闭院开轩笑语阑，江山并入一壶宽。微风但觉杉香满，烈日方知竹气寒。披卷最宜生白室，吟诗好就步虚坛。愿君此地攻文字，如炼仙家九转丹"[②]。

生成期的书院多是唐代士人隐居读书的地方，属于唐士人个人构屋读书的书斋和私塾性质的学馆，服务范围仅限于士人本身，是私人肄业之所，并不具备服务众人的功能，同时也不具备聚书讲学的学校教育性质，也不承担向社会传播文化知识、进行文化积累的责任，所以这一时期的书院只有书院之名，却无书院之实，还不能称之为真正意义上的书院。如《蜀中广记》载"丹梯书院，在南龛山，因其山重叠耸秀，有若丹梯然而名，《旧志》载杜甫曾读书于此而建"；《福建通志》载"草堂书院为唐进士林嵩读书处"；《虞乡县志》载"费君书院，在永济县中条山太乙

① （明）曹学佺. 蜀中广记. 卷15. 清钦定四库全书. 史部. 地理类。
② （唐）吕温. 同恭夏日题寻真观李宽中秀才书院. 御定全唐诗. 卷370. 清钦定四库全书. 集部. 总集类。

峰下，邑人费冠卿读书处"。唐中期随着书斋服务范围的扩大，从个人扩展至众人，并且承担起社会文化知识传播的责任，遂发展成为具有学校教育性质的书院初级形态。刘庆霖（807~878年），曾为胄监（国子监生员），后被朝廷裁员，在无法回归故里的情形下，定居于箬山岭的打石寨，从此不再出仕，建以讲学，隐居教授，教授乡里子弟及四方学者。因为刘庆霖自称为汉刘姓之宗室后裔，故书院取名为"皇寮书院"，以表明其为汉之宗室，后其十二世孙刘炎又重建书院。

1.1.5 五代：避乱之学与书院园林草创

1.1.5.1 历史背景概述

五代十国时期天下大乱，梁、唐、晋、汉、周五代割据，由于战争的影响，北方中原地带的经济文化受到严重破坏，南方相对于北方来说战乱较少，比较安定。痛苦黑暗的现实致使拥有丰富藏书的读书人以避乱的心态合族南迁、隐居山林，《南唐书·郑元素传》"避乱南游，隐于庐山青牛谷。高卧四十余年，采薇食蕨，弦歌自若，枸橼剪茅于舍后。会集古书，殆至千余卷"。自此，书院也随之迁到山间，于干戈纷争中谋求精神的安宁，承担起救斯文于不坠的社会责任。五代十国时期具有教育教学功能的书院数量上升，这预示着具有教育教学功能的书院将取代读书治学的书院。从主持书院者的身份看，以隐居不仕或官场失意的硕学大儒为多，他们都是饱学之士，声名远播，并且拥有一定数量的藏书。从功能上看，这一时期书院两大主要功能藏书和聚徒讲学已经基本确立。

五代十国中南唐累世好儒，南唐时期江西南昌又为其南都，相对安定的环境为书院在乱世提供了发展的空间。《江西通志》载"匡山书院在泰和县东，匡山下，南唐邑人罗韬隐居不仕，长兴间，以博学能文，征授端明殿学士，以疾辞归，乃建匡山书院，聚徒讲学，……书院于山麓，事文敕赐额匡山书院，命翰林学士赵凤为扁题"。匡山书院是中国历史上第一个受到皇帝发布敕书表彰，并且颁赐匾额的民间书院，是封建社会最高统治者对具有学校性质的书院的首次认同，标志经历了唐五代萌芽、草创的书院，由最初的士人个人治学、藏修之所，发展成为聚书教授的教学机构，在风云变幻的朝代更替中，发挥着文化传承、文明接力的作用。

1.1.5.2 五代书院园林

书院园林伴随着书院的南传而在南方发展起来，如江西奉新的梧桐书院创建于南唐，距离县治六十里，创建者为乡里的罗靖、罗简二兄弟，罗氏兄弟饱学儒家经书、志行高洁、不慕荣利、避世隐居，遂在梧桐山上幽静之地构屋几间，聚徒讲学，书院周边峰峦嵯峨、溪水环抱，由于山上多梧桐，故名梧桐书院；又奉新县另一处著名书院名曰华林书院，在离县城西南五十里的华林山，周围云峰秀拔、环境清幽。可见，由于战争的影响，拥有丰富藏书的读书人以避乱的心态隐居山林，选择在远离城市、自然环境优美、人烟稀少的山间，在与僧院、道观并立的风景绝佳处开荒建屋，修建庭院、楼阁，过着半隐半读、教授生徒的田园隐居生活，并聘请儒学大师在山间旷地讲学，于山间建造房舍贮存书籍，一个个独特的、远离市井的、从庸常的物质生活中独立出来的山间庭院拔地而起。读书人在庭院中过着自给自足的耕读生活，以居学为重、自学为主；这一时期的书院建筑还只是简单的几间藏书、读书的房舍，非常简单，以地方民间建筑为特色。可见，书院园林在远离城市的山间形成，这股强大的文化势力在后来近千年的时间里一直不断地影响着中华民族的发展。

1.1.6　小结：隐居求志　放旷自然

隋唐时期是中国古代书院开始生成的时候，随着书院的逐步发展完善，书院园林这个崭新的园林类型亦随之出现。隋唐时期的书院园林受儒家山水观的影响，在选址上延续了魏晋隐逸之风，多选择在山林闲旷之地精心布置一两处草庐，作为修习儒学、讲业授徒之地。生成期的书院园林主要指置于郊野地带的、与书院建筑相和谐的自然环境，山水之于书院充当了天然背景的作用，这一时期书院园林对于读书人的意义更多是为了陶冶情操，因此，针对周边自然山水的开发和大规模主动营造活动并不多见。

1.2 书院园林全盛期 ——两宋

1.2.1　历史背景概述

北宋初期受国家政治、经济形势影响，使统治者无力顾及文教。北宋政治不稳定，宋太祖赵匡胤采取了重文轻武的政策，宋初八十年，国家没有兴学，文化传播的功能全靠书院。这期间，统治者因势利导，成倍增加取士名额，大力提倡科学，官府赐田、赐书、赐额，这一时期的书院依凭中央和地方官府强大的权力资源，扮演着替代官学的角色，承担国家最重要的教育功能。这期间书院的教育职能被强化，成为书院最主要的功能，形成了讲学、藏书、祭祀和学田四大基本规制。

南宋虽然只拥有半壁江山，政府偏安一隅，并常常受到外敌的威胁，但是南宋一百多年间，书院数量却远远超过唐、五代、北宋所有书院的总和，这些书院以宋理宗时期（1225~1264年）最为繁荣，这一时期所建书院占到了宋代书院的一半，这是书院发展史上的重要时期。《续文献通考·学校考》述及当时书院兴盛的情况曰"宋自白鹿、石鼓、应天、岳麓四书院后，日增月益，书院之建，所在有之。衡山有南岳书院，应天有明道书院，建阳有考亭书院、庐峰书院，崇安有武夷书院，金华有丽泽书院，宁波有甬东书院，衢州有柯山书院，绍兴有稽山书院，黄州有河东书院，丹徒有淮海书院，道州有濂溪书院，兴化有涵江书院，桂州有宣城书院，全州有清湘书院"[1]。全祖望在《答张石痴征士问四大书院帖子》中说"故厚斋（王应麟）谓岳麓、白鹿，以张宣公朱子（朱熹）而盛，而东莱（吕祖谦）之丽泽、陆氏（陆九渊）之象山，并起齐名，四家之徒遍天下，则又南宋之四大书院也"[2]。这些书院所在地大多具有悠久的办学传统，文风鼎盛，自然环境宁静、景色秀丽，书院即在前代基础上改建或者增建而成，如位于著名避暑胜地庐山五老峰的白鹿洞书院是在五代庐山国学的基础上创立的，湖南长沙城西岳麓山和湘江间的岳麓书院唐代曾为马燧的道林精舍，石鼓书院原为唐元和中李宽中秀才书院，睢阳书院为五代后晋时期的睢阳学舍。

传统儒学在漫长的发展过程中，吸取了佛、道二教的思想精华，在宋代形成新的学说理学，理学在南宋时期成为一种显学。南宋书院在理学大师的指导下，作为一种文化教育组织完全确立，如著名的东南三贤——朱熹（1130~1200年）、吕祖谦（1137~1181年）、张栻（1133~1180年），都曾经创建书院，并且讲学于著名书院。南宋书院功能更完备，书院制度在这一时期也完全确立，形成了研究、讲学、藏书、刻书、祭祀、学田六大规制，对应功能的建筑为讲堂斋舍、书楼书库、祠堂庙宇、仓廪厨房。南宋书院园林景观也营造得越来越好，迎来了其发展的全盛期。

1.2.2 宋初三先生：泰山书院

陈寅恪先生说："华夏民族之文化，历数千载之演进，造极于赵宋之世。[3]"如果说宋以前的士人是为了避乱读书山林，抑或是为金榜题名而苦读林下的终南捷径，那么到了宋代，士人已经不满足于在环境清幽之地读书陶冶性情，而是主动地将自然陶冶纳入到书院的教育体系和园林体系中来了。胡瑗（993~1059年）认为教育不但要重视读书，而且外出游

---

[1]（清）钦定续文献通考. 卷50. 清钦定四库全书. 史部. 政书类. 通制之属。
[2]（清）全祖望. 鲒埼亭集外编. 卷45. 四部丛刊。
[3] 陈寅恪. 金明馆丛稿二编. 上海：上海古籍出版社，1980：240。

学、考察和学术交流同样非常重要，他认为"诸生食饱未可据案，或久坐，皆于气血有伤，当习射、投壶、游息焉"[1]；又胡先生翼之尝谓滕公曰"学者只守一乡，则滞于一曲，隘吝卑陋。必游四方，尽见人情物态，南北风俗，山川气象，以广其闻见，则为有益于学者矣"[2]。俗语曰"行万里路，读万卷书"，书院将游历山川作为一种教育手段，成为教化育人的途径，更富于积极的意义。宋理学大师多酷爱山泉林壑，书院在理学大师思想的影响下也与自然山水发生了千丝万缕的联系。

孙复（992～1057年），字明复，号富春，晋州平阳（今山西临汾）人，屡次登科不第，后隐居泰山，潜心治学授道，"乃以泰山之阳，起学舍，构堂聚先圣之书，满屋举群弟子而居之"[3]，即在泰山南麓、群山环抱、清流围绕之地创建了泰山书院；石介（1005～1045年），字守道，兖州奉符（今山东泰安）人，在山东徂徕山创建了徂徕书院；胡瑗（993～1059年），字翼之，泰州海陵（今江苏如皋）人，因曾世居安定（今陕西安定）故号称"安定先生"，后来在他过化之地多有以"安定"为名的书院。孙复、石介、胡瑗三人是宋初理

学先驱，世人称之为"宋初三先生"。宋初三先生与书院结下了不解之缘，相传胡瑗曾与孙复、石介两人相伴，于泰山书院读书长达十年之久，为了专于治学，每每收到家书，不读便投入山涧之中，后人将他投书的地方称之为"投书涧"，他们在泰山书院浪漫不羁的野性和专注的精神，开启了宋理学与书院园林相结合的先河。

1.2.3 周敦颐：濂溪书堂

宋明理学家中对书院园林宇宙观、审美观影响最大的是理学的奠基人周敦颐。周敦颐（1017～1073年）原名敦实，又称周元皓，因避宋英宗旧讳改名敦颐，字茂叔，号濂溪，人称濂溪先生。周敦颐出生在湖南道州营道县（今湖南道县）的书香世家，族众而业儒，其父周辅成为真宗大中祥符八年（1015年）进士。在周敦颐家乡道州，周家世代居住的地方，山川秀美，"营道之西，距城十八里，有水曰濂溪，发源于大江岭，汇为龙湫，东流二十里至楼田，其乡曰营乐，其保曰濂溪。广横数百亩，溪行其中，虽大旱而不竭。周氏家其上，即濂溪先生之故居也"[4]（图1-5）。村后石山环护，山势陡峭，灌木丛生，

---

① （宋）朱熹. 宋名臣言行录. 前集. 卷10. 清钦定四库全书. 史部. 传记类. 总录之属。
② （宋）王铚. 默记. 卷下. 清钦定四库全书. 子部. 小说家类. 杂事之属。
③ （宋）石介. 泰山书院记. 徂徕集. 卷19. 清钦定四库全书. 集部. 别集类。
④ （清）龚维蕃. 重建先生祠记. （宋）周敦颐. 周元公集. 卷6. 清钦定四库全书. 集部. 别集类。

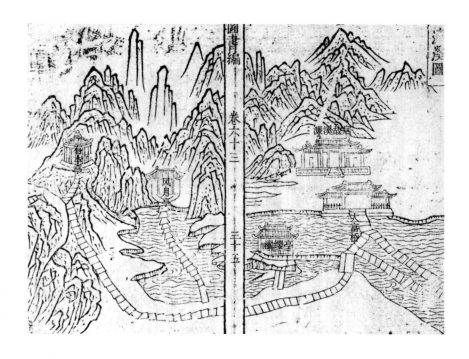

图1-5
濂溪（明·章潢《图书编》第15册．卷63）

淌碧流翠，形成一道天然屏障，山势自西往东渐高，远远望去，就像一只静卧休息的大虫，名为豸岭（豸：没有脚的虫），又名道山。

在周子故里濂溪之西5公里有一座奇特的山洞，名为月岩（图1-6）。相传曾经是周子读书悟道之地，据南宋学者度正《濂溪先生年谱》记载"濂溪之西有岩，东西两门，中虚，顶圆如月，出入仰视，若上下弦，名月岩。先生筑室读书其间，相传睹此而悟'太极'"。"洞高可四五十丈，宽可容数千人，中有濂溪书堂，盛夏无暑，奇石峭壁，如走猊相逐，如伏犀俯顾，如龟蹒跚，如凤翱翔，如龙

蛇蜿蜒，而石液凝注，望之如滴，西壁有窦石笋矗立，如入定僧，在龛又一窦，深黑不可入，蛩鸟之音，行人之声，经其中如奏笙簧，诚天造奇观也"①。后元人欧阳元将周子出生地"道州"、居所周围的"道山"和他创建的"道学"联系起来，他在《道州修学记》中说"道之得名，相传因营道二字见于记载。山有是名而州遂名，宜非偶然者。子周子得孔孟不传之绪，为百世道学之倡，实生道州，岂偶然哉"。之后，这里形成了著名的"道州八景"：元峰钟英、宜峦献秀、月岩仙踪、含晖石室、莲池霁月、濂溪光风、宭樽古酎、开元胜游。

---

① （明）章潢．图书编．第15册．卷63．扬州：江苏广陵古籍刻印社。

图1-6
月岩洞（明·章潢
《图书编》第15册.
卷63）

　　童年故乡的山水对周公影响深厚，周敦颐一生嗜好山水，为官任职每到一处都不忘寻访胜迹，黄庭坚曾称周敦颐"虽仕宦三十年，而平生之志，终在丘壑"[1]。康定元年（1040年），周敦颐在分宁（今江西修水）创办书院以延四方游学之士，书院位于修河对岸的旌阳山麓，有楼台、亭阁，四周以围墙，后人名之曰"濂溪书院"。嘉祐六年（1061年）周敦颐升迁国子监博士，出任虔州通判，途经江州（今江西九江），首次领略到庐山的美景，不禁怦然心动，因爱庐山之胜，有卜居之意，即筑书堂于其麓，即江西九江濂溪书堂（**图1-7**）。在庐山北莲花峰下，有一条小溪从山洞蜿蜒流出，注入溢江，与周敦颐家乡的溪流非常相似，于是周子"濯缨而乐之，遂寓名以濂溪"，即以"濂溪"命名书堂，并赞美园林景致曰"庐山我久爱，买田山之阴。田间有流水，清泚出山心。山心无尘土，白石磷磷沈。潺湲来数里，到此始澄深。有龙不可测，岸木寒森森。书堂构其上，隐几看云岑。倚梧或欹枕，风月楹中襟。或吟，或冥默，或酒，或鸣琴，数十黄卷轴，圣贤谈无音。窗前即畴圃，圃外桑麻林。……吾乐盖亦足，名溪以自箴"[2]，周敦颐晚年退隐庐山脚下、鄱阳湖畔，于濂溪书堂中讲学、

①（宋）黄鲁直. 濂溪诗并序. 山谷集. 卷1. 清钦定四库全书. 集部. 别集类。
②（宋）周敦颐. 题濂溪书堂. 周元公集. 卷2. 清钦定四库全书. 集部. 别集类。

图1-7
江州濂溪书院（作者改绘）

图1-8
赣县濂溪书院（清同治《赣县志》）

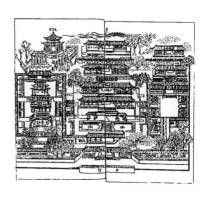

会友，"乘兴结客，与高僧道人，跨松萝，蹑云岭，放肆于山巅水涯，弹琴吟诗，经月不返"[①]，他曾经以"静思归旧隐，日出半山晴。醉榻云笼润，吟窗瀑泻清"[②]来形容自己远名利、宿山岩、临溪畔的快活隐居生活，并写下了流传世代的名篇《爱莲说》，莲中通外直、亭亭净植的形象具备太极之妙，莲又是隐逸君子的象征，这些都是中国古代读书人所追求的理想境界，成为后世书院园林的永恒主题。

濂溪书堂代表的是文化繁荣、学术昌明的时代，对理学始祖周敦颐的崇敬，也代表了对理学的纪念，具有道学宗主的正宗性，后来发展成为书院时代特有的文化仪式"制度化的祭祀活动"，如湖南道州（今道县）至今还保留一所建于周子故里的书院——"濂溪书院"，它的前身是祭祀周敦颐的专祠，后来逐渐发展成为书院。之后，与周氏生前活动相关，抑或后人为纪念他创建的书院都

以"濂""莲"两字或其谐音命名（图1-8），如景濂、宗濂、希濂、爱莲等，总数达到四十所以上，以广东、湖南、江西三省最盛，周敦颐所创建的学派被称之为"濂学"。

濂溪书堂是园林生成期第一个具有典型代表性的作品，在书院园林发展史上具有重要意义。首先，园林所体现的中正平和、尚雅自然、冲融和谐的风格成为后世书院园林的审美标准和追求境界。其次，周敦颐所树立的莲君子的主题，在后世书院园林内反复出现，一是"赏荷"成为书院园林内读书人的一种课余游赏活动；二是演变成带有象征喻义的符号化景观"莲池"。最后，从濂溪书院开始，书院园林开启了从被动陶冶于自然到主动经营自然的阶段。

1.2.4 二程：嵩阳书院

程颢（1033～1107年），字伯淳，学者称明道先生，河南洛阳人，出生

---

① （明）吕楠. 周子抄释. 附录. 清钦定四库全书. 子部. 儒家类。
② （宋）周敦颐. 静思篇. 周元公集. 卷2. 清钦定四库全书. 集部. 别集类。

于湖北黄陂，北宋哲学家、教育家。程颐（1032～1085年），字正叔，洛阳伊川（今河南洛阳伊川县）人，世称伊川先生，出生于湖北黄陂，北宋理学家和教育家，为程颢之胞兄。他们都是周敦颐的学生，也是北宋理学的奠基人，后来学者将其合称二程，二程的学说被合称为"洛学"。程颐在洛阳讲学十年，后得文彦博（1006～1097年）所赠鸣皋镇私人庄园一处，创建伊川书院，作为著书讲学之处，但是程颐英年早逝，其弟程颢讲学时间比其兄长，达30年之久。二程在宋神宗熙宁、元丰年间（1068～1085年），在嵩阳书院讲学。嵩阳书院是继周敦颐讲学濂溪书院后又一所宣扬理学的书院，嵩阳书院也因此成为北方理学的中心，全国著名的书院之一。嵩阳书院在北宋时期发展达到鼎盛，是北宋书院园林艺术的典型代表。

嵩阳书院位于河南登封嵩山南麓太室山下。太室有二十四峰，其中中峰逶迤南下平衍数十亩结为书院，东面有万岁、虎头诸峰，西北有玉柱峰、七星岭、三公石，西侧有象鼻山，前有县城作近案，殿阁楼台掩映参差，再西为少室山，少室山向西折而南，万叠层峦、势若奔马，即位于南侧的大熊山和小熊山，大小两熊朝拱，作为远案，呈来朝之势，箕山

横亘巽方（东南方）。书院门前有双溪，溪水一来自法王寺东涧，另一来自嵩岳寺西涧，在书院门前交汇缠护，向南流，最终汇入南侧的颍水（图1-9）。此为书院选址的山水大势。书院东北逍遥谷有叠石溪，"溪源自高登岩澎湃而下，经象极洞、承天宫，一路崩崖仄涧，或泻而为瀑，或渟而为渊，或溅而为濑，至书院门前交西溪"[①]，宋邵雍有诗赞美叠石溪的景色曰"并辔西游叠石溪，断崖环合与云齐。飞泉亦有留人意，肯负他年尚此栖"[②]，书院西北七星岭下有七孔相连、清冷澄清的七星泉，此泉周边茂林翳翳、川岩廻合，是一处环境幽胜的谷地，相传曾是北宋枢密张昇（992～1077年）的隐居读书之地。可见，此处的园林水景特色有二，一是水景类型丰富。水体呈现洞、瀑、渊、濑、溪、泉等不同的形态，

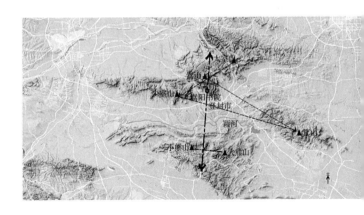

图1-9
嵩阳书院位置（作者自绘）

①（清）康熙. 嵩阳书院志. 姜亚沙等编. 中国书院志. 第九册. 北京：全国图书馆文献缩微复制中心，2005：42。
② 河南通志. 卷7. 清钦定四库全书. 史部. 地理类。

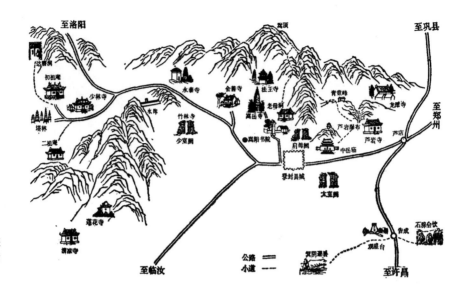

图1-10
中岳嵩山名胜古迹分布图（引自《嵩山》）

多种水体组合在一起相互映衬变换，形成襟带之趣。二是水景动静对比之趣。嵩阳山东北的叠石溪和西北的七星泉以景观丰富的动态水景为主，嵩山南侧的颖水以平静广阔的静态水景见长，即"嵩下之水皆约束于陡峡峭壁，喷薄春激，独此（颖水）平阔广衍、一望浩渺"①。总之，嵩阳书院踞全嵩胜慨之地，不但自然山水环境独特，而且书院周边人文胜迹丰富，如法王寺、嵩岳寺、会善寺、崇福宫、承大宫，书院处于众多佛寺道观的包围之中（图1-10）。

嵩阳书院前身为佛、道的活动场所，原为嵩阳寺、嵩阳观、天封观，唐代时曾经是武则天的行宫称奉天宫。五代时期战乱频繁，为躲避战乱、传授孔道，许多硕学大儒选择到山间隐居读书教学，太室山麓风景秀丽，后周显德二年（955年）世宗柴荣创建太乙书院；宋至道三年（997年）赐名太室书院，景祐二年（1035年）更名为嵩阳书院，宝元元年（1038年）朝廷赐学田，嵩阳书院发展达到鼎盛。由于史料的缺乏，关于北宋时期嵩阳书院主体建筑群的具体形制不详，从北宋文学家李廌（1059～1109年）的《嵩阳书院诗》"崇堂讲遗文，宝楼藏赐书。赏田逾千亩，负笈昔云趋。劝农桑使者，利心巧阿谀。飞书檄大农，鬻此奉时须。垣墙聚蓬蒿，观殿巢鸢乌"②

① （清）康熙. 嵩阳书院志. 姜亚沙等编. 中国书院志. 第九册. 北京：全国图书馆文献缩微复制中心，2005：44。
② （宋）李廌. 济南集. 卷2. 清钦定四库全书. 集部. 别集类。

中可推测书院在北宋时期有讲堂曰"崇堂"，有藏书楼曰"宝楼"，周边自然景色朴野，书院墙垣周围布满蓬蒿，鸢鸟在观殿上筑巢，周围还有千亩学田。金元时期，受中原战乱的影响，士子纷纷南迁，嵩阳书院发展低迷。明嘉庆年间对书院曾有修复，但不曾达到北宋时期的盛况。

清初，嵩阳书院又重新受到重视，康熙十三年（1674年）到二十八年（1689年），曾四次修复书院，这期间并将汉代的将军柏（图1-11）圈入院内，清代的嵩阳书院是主体院落和周边自然山水以及山水中镶嵌的单体建筑的组合系统，康熙重修后主体院落内的建筑包括：先圣殿、先贤祠、诸贤祠、丽泽堂三楹、观善堂三楹、辅仁居三楹、博约斋五楹、敬义斋五楹、藏书楼五楹、三益斋五楹、四勿斋五楹、讲堂三楹、崇儒祠三楹（图1-12）；周边山水中的建筑包括：仁智亭、川上亭、天光云影亭、观澜亭、君子亭（图1-13）。清乾隆四年（1739年）对书院又进行了一次大规模的修葺，之后书院开始衰落。现状的嵩阳书院主体院落基本保持了清代的建筑布局，坐北朝南，共分成五进院落，经过大门之后是供奉孔子的先圣殿，左右为博约斋和敬义斋，院内殿左侧为碑林；向北走穿过一片竹林是讲堂，讲堂左侧是乾隆御碑亭，讲堂右侧是胸径12.2米的汉封将军柏；再向北过泮池是道统祠，左右分列三益斋和四勿斋；祠后是藏书楼，两侧辅以观善堂和崇儒祠（图1-14、图1-15）。整体建筑风格古朴雅致、素

图1-11　嵩阳书院现存汉将军柏（作者自摄）

图1-12　清康熙嵩阳书院建筑布局（作者改绘自《中国书院志》第九册）

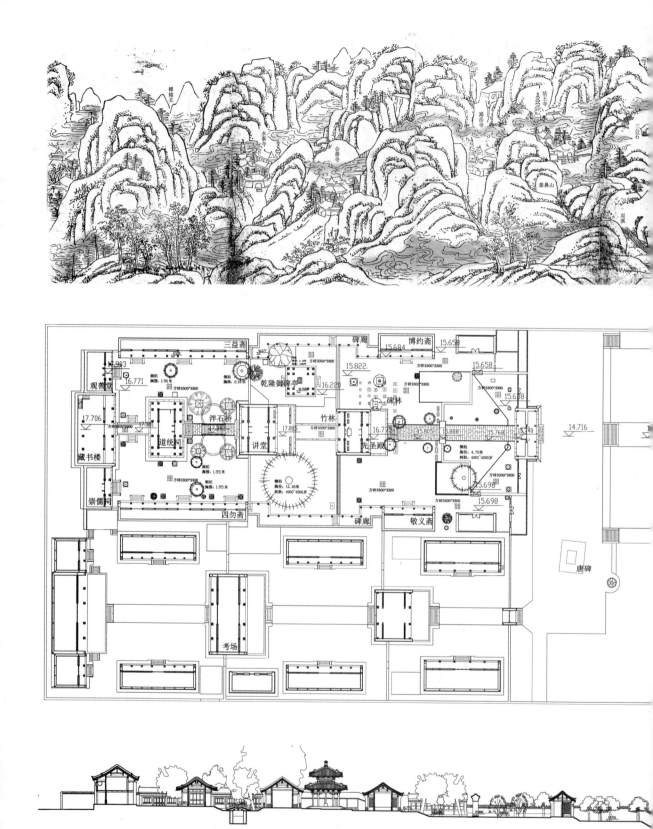

图1-13
清康熙嵩阳书院形胜（作者改绘自《中国书院志》第九册）

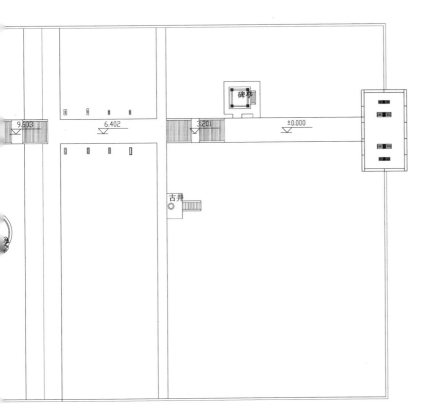

图1-14
嵩阳书院现状平面（清华大学建筑学院）

图1-15
嵩阳书院现状剖面（清华大学建筑学院）

淡恬静，多为硬山屋顶，透出一种清幽淡然的气息。

1.2.5 朱熹：武夷山书院群

朱熹（1130～1200年），字元晦，又字仲晦，号晦庵，别字考亭、紫阳、遁翁、云谷老人、沧洲病叟等，晚称晦翁，世称朱文公，南宋著名思想家和教育家，考亭学派的代表人物，理学集大成者，是孔孟之后封建社会地位最高、影响最大的思想家。朱熹出生于福建南剑州尤溪（今福建尤溪县），其父朱松（号韦斋，1097～1143年），祖籍徽州婺源（今江西婺源），进士出身，为北宋二程再传弟子。北宋朝廷灭亡，南宋政权建立才一年的时间，金兵南侵，时逢朱松从尤溪县尉去官，本欲往建州任职，但为了躲避叛军，全家不得已寄宿在好友郑安道家中，以设馆教学度日，前后达十年之久。朱松一家寄居郑氏书馆的第三年，即高宗建炎四年（1130年）朱熹出生。朱熹在此度过了孩提时光，后来郑氏馆舍因此成为"南溪书院"的前身。

朱熹18岁考中举人，19岁中进士，71岁去世，自他登第进士后的五十余年，虽在宦海沉浮，但是实际从政的时间非常短，六任实职共计八年四个月，有"仕宦九载，立朝四十六天"之说，并且，朱子从政大多担任的是祠官的闲职，无职事，可以说朱熹的大部分时间都是在从事教学和著述的活动，主要活动遗迹在福建崇安和建阳一带，有"海滨邹鲁"、"福建孔子"的赞誉。朱熹一生亲自创建了寒泉精舍、云谷晦庵草堂、武夷精舍、沧洲精舍四所书院，修复了白鹿洞书院、岳麓书院两所书院，他对于书院的选址、设计、营建有着自己的想法，他的书院园林理念对今后七百年书院园林的发展产生了重要的影响。

乾道五年（1169年），朱熹40岁时母亲去世，由于朱熹父亲朱松之墓"所藏地势卑湿，惧非久计"[1]，故未将其母与父同葬，而是和精于风水的蔡元定另外择地，将其母祝氏夫人葬于建阳县西，崇泰里后山天湖之阳，旧名"寒泉坞"的地方。由于为母丁忧期间，要居于墓侧，所以，于墓侧建精舍，一面守墓、一面著述讲学，学生听讲于墓庐。"寒泉精舍"规模虽然不是很大，有才至便宾客满座之说，形制非常简单，但这是朱熹创建的第一所书院，在朱熹的人生中有着非常重要的意义。

朱熹认为山石林泉之间的优游是一种重要的教育方式，他说"远游以广其见闻，精思以开其胸臆"[2]。乾道六年（1170年）朱熹41岁的时候，路过建阳县崇泰里云谷庐峰，见其山水

---

① （宋）朱熹. 晦庵集. 卷97. 清钦定四库全书. 集部. 别集类。
② （宋）朱熹. 朱子全集. 送画者张黄二生。

清幽，大加赞赏，并为周边景物命名，如怀先台、挥手台、赫曦台、云社、仁石、义石等。在他撰写的长篇山水散文《云谷记》中曰"云谷在建阳县西北七十里庐山之巅，处地最高，而群峰上蟠，中阜下踞，内宽外密，自为一区。虽当晴昼，白云坌入，则咫尺不可辨；眩忽变化，则又廓然莫知其所如往。……自外来者至此，则已神观萧爽，觉与人境隔异，……盖此山自西北横出，以其脊为崇安，建阳南北之境，环数百里之山未有高焉者也。此谷自下而上得五之四，其旷然者可望，其奥然者可居。昔有王君子思者，弃官栖遁，学练形辟谷之法，数年而去，今东寮即其居之遗址也。然地高气寒，又多烈风，飞云所沾，器用、衣巾皆湿如沐，非志完神旺、气盛而骨强者不敢久居；其四面而登，皆缘崖壁，援萝葛，崎岖数里，非雅意林泉，不惮劳苦，则亦不能至也"[1]。可见，此地处于远离市井的深山之中，景色优美，谷深树茂，环境幽邃，谷中有充满生机野趣的自然山水，如曲折的南涧、斗绝的石瀑、层叠的危石，亦有桃蹊、竹坞、漆园、茶坡、池沼、田亩、井泉、云庄、东西寮等淳质清净的田园风情。但是，由于地高温低，

风力和空气湿度都较大，只有对山水非常喜爱并不怕辛苦、不惧危险的人才能到达。由于从朱熹家走八十余里才能到达，加之朱熹要在寒泉精舍为母亲丁忧三年，故遂委托门人蔡元定在此建草堂三间，希望在此"耕山、钓水、养性、读书、弹琴、鼓缶，以咏先王之风，亦足以乐而忘死矣"[1]。淳熙二年（1175年）建成，书院位于云谷庐峰之巅，朱熹号曰"晦庵"。明嘉靖《建阳县志》载"云谷山在西山之东，庐峰之巅，翠峦环绕，内宽外密，地高气寒，上多飞云，蹬者缘崖攀葛，崎岖数里始到其上，朱文公喜其幽邃，号曰云谷，构草堂于中，匾曰晦庵，为讲道之所"[2]，这是朱熹创建的第二所书院。元代杜本（1276~1350年）《云谷山诗》赞美朱熹云谷晦庵草堂曰"晦庵筑室此山巅，梁栋亲题乾道年。苔藓斑斓封断石，松杉郁密护流泉。精神已与天相遇，文字犹如世所传。袖疏往来嘉遁吉，至今遗像尚依然"[3]。云谷山之东为赫曦台山，四围皆剜削数百丈，绝顶平坦，依瞰群峰，云涛彩翠，昏旦万状，朱文公曾游此山，命名其曰"赫曦台"。云谷山之西为西山，与云谷对峙，西面壁立，山顶平旷，有绿畴数十亩可耕可

---

① （明）冯继科修. 嘉靖. 建阳县志. 卷6. 天一阁藏明代方志选刊. 上海：上海古籍书店. 1962
② （明）冯继科修. 嘉靖. 建阳县志. 卷4. 天一阁藏明代方志选刊. 上海：上海古籍书店. 1962
③ （清）李再灏，梁舆主修，江远青总纂. 道光十二年版建阳县志. 福建：建阳县地方志编纂委员会，1986：68.

桑，山下有涧水可以通舟。朱熹四大弟子之首的蔡元定在西山上建"西山精舍"与"晦庵草堂"遥遥相对。有疑难则彼此悬灯，相约次日聚首以解难疑。

朱熹在他71年的生命中，有60多年在闽北度过，一生绝大部分时间生活在福建的闽北地区，崇安的武夷山、五夫里、尤溪、建阳是朱子的重要活动地，朱熹理学的孕育、形成和发展与武夷山有着密不可分的关系。朱子徜徉山壑，穷究理学之道，在山水胜境筑室读书，携诸生讲学山中，园林山水环抱之中，一片弦歌诵读之声，是讲学的天然学堂。武夷的山山水水滋润着朱熹的心田、孕育了他的学问，他用理学家的视野关照自然山水，与天地上下万物万类交流，在大自然山水中体验静中气象，从中格物致知、穷理悟道，从而激发人的内在智慧。朱子理学美学中以物观物的体认方式，突破了唐代形似美学的传统，重视内理、弱化外观，将美引入到追求神似的高度。武夷山天生禀赋、奇秀幽深的自然景观本身就是一座精致的天然山水园林，得天独厚的自然条件孕育了众多的书院，仅武夷山风景区内可考的就有30多处，主要集中在九曲溪两岸（图1-16）。朱熹之前的书院，有五曲东岸云窝内李贽（1527~1602年）创建的"叔圭精舍"（图1-17），北宋理学家游酢（1053~1123年）在武夷山风景区云窝内接笋峰西北麓铁象岩

上建的"水云寮"，八曲溪南岸芙蓉滩后笋洲上吴达构建的"丽泽堂"等。朱熹之后，其门人弟子或再传弟子，在武夷精舍附近，或武夷山中，或九曲溪畔，继志传道、筑室讲学，形成了围绕朱子的理学文化带，如刘爚（1144~1216年）筑"云庄山房"；蔡发（1110~1149年）于武夷山南郊的太极岩东麓兜鍪峰之后创建"南山书堂"，后来扩建为"九峰书院"；熊禾（1253~1312年）于武夷山五曲之畔晚对峰麓创建"洪源书院"，此书院左有武夷山第一的城高岩、响声岩和太姥岩，右为玉柱峰和仙人更衣台，面对五曲溪，与朱熹创建的武夷精舍隔溪相望；其他还有南山书堂、西山精舍、潭溪书院、云庄书院、梦笔山房、幼溪草庐等（图1-18）。武夷山天然胜景成为书院群的天然后圃，同时蔚为壮观的书院群又是武夷山水的点缀，建筑与自然环境融为一体，使武夷山成为自然和文化共荣的山水园林、理学名山，被誉为"道南理窟"，并赢得了"中国古文化，泰山与武夷"的崇高地位和赞誉。

南溪书院坐落在尤溪县城南玉溪南岸，玉溪自西向东环带书院前，汇入尤溪。书院背靠公山，面向文山，公山是书院的镇山，文山是书院的宾山，公山之左为屏山，之右为鲤山，溪之北书院正对的案山为玉釜山，其后又有双峰，为书院的第三重案。书院前水岭西岸为画卦洲，玉溪中近北

岸有青印石，南溪书院左界为茂树坑，右界为唐坑，唐坑内的水四时不竭，并经由活川圳流入书院内的源头活水塘。书院周边十景包括：玉溪青印（青印石）、西泽龙潜（西津石峡）、东岩虎啸（虎啸岩）、二水明霞（巾石）、狮麓春云（伏狮山）、牛岭耕烟（鲤山）、双峰挂日（双峰）、虹桥晓月（玉溪桥）、龙台钓雪（卢坑峰）、金鲫湛泉（通驷井）。朱熹去世37年后，被批为"伪学"的朱熹哲学思想得到封建统治者的肯定，为了纪念韦斋宦游之乡、文

图1-16
清乾隆武夷山九曲（清乾隆《武夷山志》）

图1-17
叔圭精舍遗址照片（武夷精舍展馆）

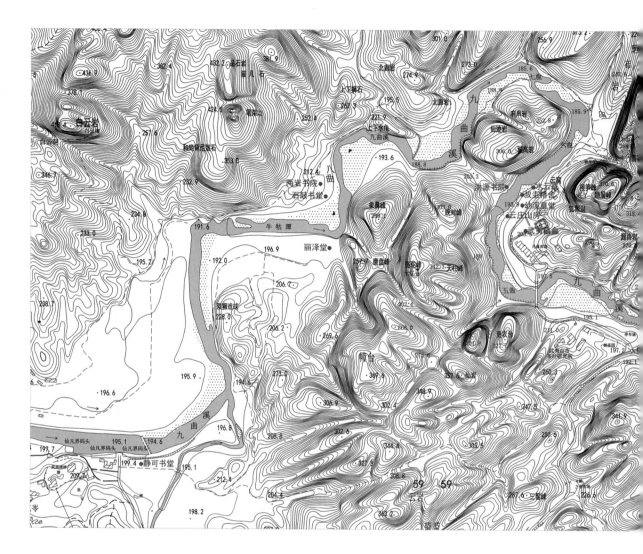

图1-18
武夷山九曲溪书院
遗迹分布示意

公延育之地，宋嘉熙丁酉邑令李公修始建"作屋三楹，中设二先生祠位，翼以两斋，曰景行、传心……敞前楹，跨池为梁，中植蒲荷，左右松竹，背山面溪，景物自胜"[1]。宋宝祐元年（1253年），宋理宗御题"南溪书院"，书院由此得名。元至正四年（1344年），金宪赵承禧认为父子同祠，于礼未安，于是分建韦斋祠和文公祠。明正统十三年（1448年）沙县农民起义，书院遭到毁坏。明弘治十一年（1498年），知县方公溥将书院扩大，"新建堂五间，中祀文公相，左右为两廊，……东西为斋舍

---

① （明）李文充修，田顼纂. 嘉靖尤溪县志. 卷2. 建置志. 天一阁藏明代方志选刊。

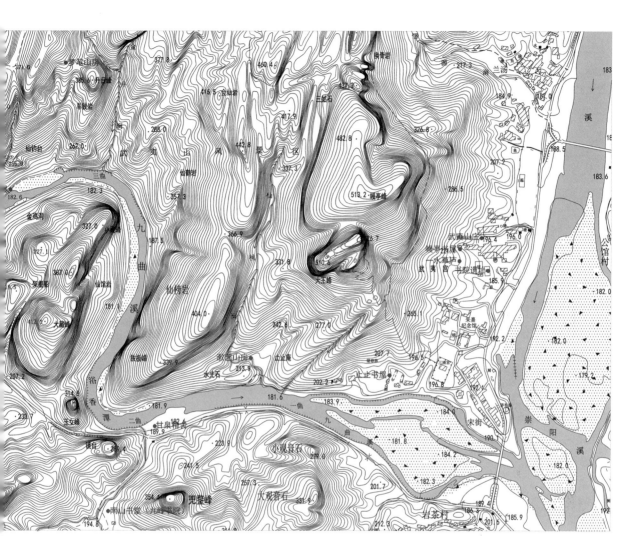

房，又前为方塘，架亭石柱上为活水亭，通以石桥，临衙为华表，大门额曰南溪书院[1]"。明正德六年（1511年）邑令储宏济"于韦斋祠前建堂五间，曰韦斋，又前为池，池上架亭，为天光云影亭，有罳狗通往来，临衙为华表，大门额曰闽中尼山，……观书第坊横跨通衙之西，毓秀坊横跨通衙之东"[1]（图1-19）。清康熙年间，御赐书院"文山毓哲"，重加修葺，形成了文公祠、韦斋祠、观书第、源头活水亭、天光云影亭、溯源处、半亩方塘等园林景观（图1-20～图1-23）。

---

① （清）康熙. 南溪书院志. 卷2. 见: 赵所生. 薛正兴. 中国历代书院志. 第十册. 南京: 江苏教育出版社. 1995。

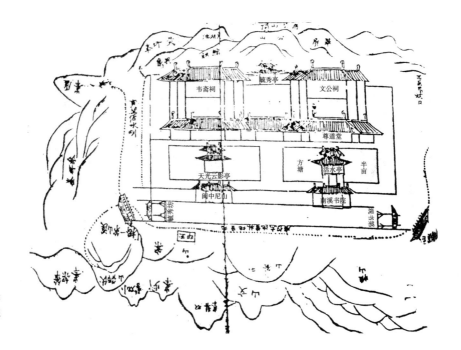

图1-19
明万历南溪书院示
意（明《南溪书院
志》）

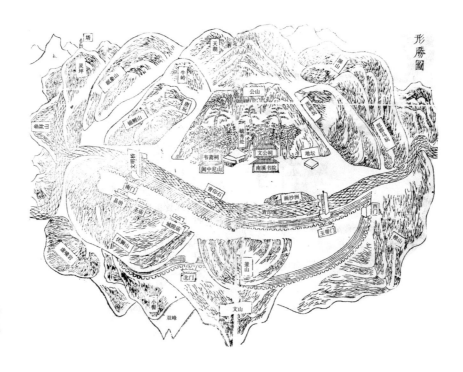

图1-20
南溪书院形胜（清
康熙《南溪书院
志》）

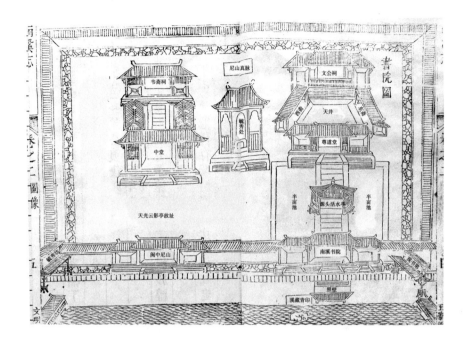

图1-21
南溪书院建筑布局
（清康熙《南溪书
院志》）

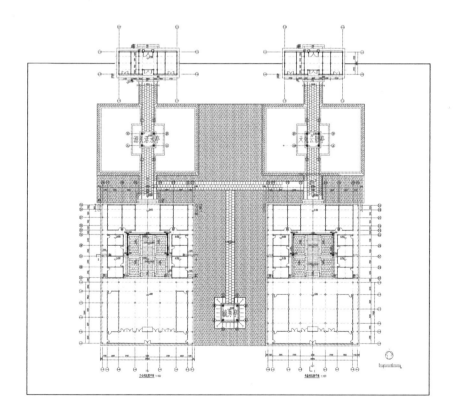

图1-22
清代南溪书院复原
示意Ⅰ（清华同衡
提供）

图1-23
清代南溪书院复原
示意Ⅱ（清华同衡
提供）

1.2.6 陆九渊：象山精舍

陆九渊（1139~1193年），字子静，自号存斋，又号象山，江西抚州金溪人，卒谥文安，南宋著名理学家、思想家和教育家，"心学"的开山之祖，象山学派的代表人物。陆九渊"宇宙便是吾心，吾心便是宇宙"[①]的学说，将"心"作为生成万物的原初，认为"理"不需要外求，指出"心外无理、心外无物"[②]，人的本性本心就是"良知"，强调"知行合一"。陆九渊的书院教学方法主要是自学，无学规，多讲论，少读书，强调体悟，这些都对后来明代的王阳明产生了重要影响。

淳熙十四年（1187年），陆九渊在江西信州贵溪创建象山精舍，精舍园林优美，"先生既居精舍，又得胜处为方丈，及部勒群山阁，又作圆庵。……居仁斋、由义斋、养正堂……濯缨池、浸月池、封庵、批荆。各因山势之高、原坞之佳处为之"[③]。此精舍规制非常特别，以草堂为中心，四周依据地形山势，遍布数百间生徒自己构建的讲庐书斋，精舍不置田产，生徒的日常生活全靠自己解决。陆九渊主讲象山期间，前后五年，生徒逾千人，成为"陆学"的重要基地。宋绍定四年，江东提刑袁甫将精舍改建于县南三峰山下，并请赐额"象山书院"，书院的大体形制"中为圣殿，翼以两庑，后为彝训堂，翼以居仁、由义、志道、明德四斋，堂后为仰止亭，有池，上建濯缨、浸月二亭，堂左为储云、佩玉二精舍，右为梭山、复斋、象山三先生祠"[④]。

1.2.7 小结：自然为宗 四方纳景

（1）择址

两宋是书院园林发展的全盛期，这一阶段书院选址虽然将周边微气候环境纳入到考虑因素中，但是，从总体上讲，对于自然环境，精神上的追求仍然高于物质享受，明嘉靖《建阳县志》载"云谷山在西山之东，庐峰之巅，翠峦环绕，内宽外密，地高气寒，上多飞云，蹬者缘崖攀葛，崎岖数里始到其上，朱文公喜其幽邃，号曰云谷，构草堂于中，匾曰晦庵，为讲道之所"[⑤]。可见，园林选址倾向于具有内向性"藏修息游"气质的地僻景胜之地，为了追求出尘、幽邃的世外桃源而不惮劳苦、跋山涉水的现象仍然存在，如朱熹之云谷书院"地高气寒，又多烈风，飞云所沾，器用、

---

① （清）黄宗羲. 明儒学案. 卷24. 清钦定四库全书. 史部. 传记类. 总录之属。
② （清）黄宗羲. 明儒学案. 卷25. 清钦定四库全书. 史部. 传记类. 总录之属。
③ （宋）陆九渊. 年谱. 陆九渊集. 卷36. 北京：中华书局，1980：501。
④ （清）光绪. 江西通志. 卷22. 清钦定四库全书. 史部. 地理类。
⑤ （明）冯继科修. 嘉靖. 建阳县志. 卷4. 天一阁藏明代方志选刊. 上海：上海古籍书店. 1962。

衣巾皆湿如沐，非志完神旺、气盛而骨强者不敢久居；其四面而登，皆缘崖壁，援萝葛，崎岖数里，非雅意林泉，不惮劳苦，则亦不能至也"[1]。值得注意的是，这一时期堪舆思想对于书院园林选址的影响并不明显。

（2）山水

两宋时期书院园林的山水理法以围绕自然山水进行园林化处理为主要手段，审美主题倾向于欣赏山石和水体的自然状态。如白鹿洞书院围绕门前贯道溪两岸进行了多处景观建设，城南书院十景中有一半以上是围绕自然山水展开的。书院园林不再只是将优美的自然环境作为陶冶情操的场所，而是更注重与周边自然山水的关系，将自然山水体系主动纳入到园林的景观体系中来，使自然山水园林化，并成为建筑的延伸。这时期书院园林的规划尺度较大，园林范围并不限定在垣墙内具体而有限的景物，而是通过借景、点景等园林化的手法将诸多景物布景于周边整个自然环境中，悬崖、山谷、峰巅等自然景致成为书院园林的构景要素和审美对象，如北宋著名的嵩阳书院东北逍遥谷有叠石溪，"溪源自高登岩澎湃而下，经象极洞、承天宫，一路崩崖仄涧，或泻而为瀑，或渟而为渊，或溅而为濑，至书院门前交西溪"[2]，宋邵雍有诗赞美叠石溪的景色曰"并辔西游叠石溪，断崖环合与云齐。飞泉亦有留人意，肯负他年尚此栖"[3]。

（3）建筑

两宋书院园林建筑布局上一般遵循"中以为堂，旁以为斋，高以为亭，密以为室"[4]的原则。虽然建筑之间存在主次关系的经营，但总体上是从风景园林的角度出发来布置单体建筑，根据峰峦、崖畔、水边、洞穴、山间等不同自然景观的特点，运用园林化的手法将书院建筑和谐布置于自然环境中，实现建筑与自然景观间抱、临、依、纳、藏、凌、贴的镶嵌关系。建筑群之间不过分强调轴线对称和院落空间，布局自由多变，甚至有些书院建筑群根本就没有形成院落，而是根据地形和溪流散点布置，自然山水成为串联这些建筑的主线索，如江西信州贵溪的象山精舍，以草堂为中心，四周依据地形山势，遍布数百间生徒自己构建的草庐书斋。这种建筑的园林化布局方式，使得处于园林化环境之中的建筑本身的可观赏性也有所增强（表1-1）。

①（明）冯继科修. 嘉靖. 建阳县志. 卷6. 天一阁藏明代方志选刊. 上海：上海古籍书店. 1962。
②（清）康熙. 嵩阳书院志. 姜亚沙等编. 中国书院志. 第九册. 北京：全国图书馆文献缩微复制中心，2005：42。
③ 河南通志. 卷7. 清钦定四库全书. 史部. 地理类。
④（清）董天工. 武夷山志. 卷10. 觇光楼藏版。

两宋创建的著名书院园林举要　　　　　　　　表1-1

时代	名称	主要人物	园林环境	建筑形制
开宝九年 （976年）	岳麓书院	潭州太守朱洞创建	湖南岳麓山抱黄洞下，背依岳麓山，前临湘江。张舜民评价："清泉经流堂下，景德极于潇湘"①	开宝九年：初作讲堂五间，斋序五十二间，辟水田。 咸平二年：规模扩大，中开讲堂，揭以书楼，扩大舍宇，塑先师十哲像，画七十二贤。 祥符五年：广其居
兴国二年 （977年）	白鹿书院	唐代李渤兄弟隐居读书处； 知江州周述言请赐五经	江西庐山五老峰东南，背靠庐山，面对鄱阳湖，三山夹岸，一水中流，四面环绕的河谷小盆地	唐代：洞创台榭，环以流水，杂植花木。 五代：建学置田，称庐山国学。 咸平五年：重修，塑先圣十哲像。 皇祐五年：学馆十间
至道三年 （997年）	石鼓书院	李宽后裔李士真重建	湖南衡阳城外之北的石鼓山，左为蒸水，右为湘水，耒水横其前，为三水汇合处	唐：在石鼓山之石建合江亭。太守宇文炫题东岩和西溪。 至道三年：列屋数间，规模不大，比较简陋
祥符二年 （1009年）	睢阳书院	曹诚出资修建； 培养学生范仲淹、晏殊	河南省商丘古城南湖畔，天下州府有学自此开始	祥符二年：聚书千五百余卷，前庙后堂，旁列斋舍百五十间。 景祐二年：赐田十顷
景祐二年 （1035年）	嵩阳书院	程颐和程颢讲学之地	河南登封之北，嵩山南麓峻极峰下，西依少室山，东临万岁峰，两侧峰峦合拱，东面逍遥谷溪水和西面嵩阳寺溪水汇集在书院前，名双溪河，东南注入颍河	有讲堂曰崇堂、藏书楼曰宝楼、学田千亩，其他规制不详
景祐二年 （1035年）	泰山书院	宋初三先生之一孙复创建	山东泰安泰山之南，中麓凌汉峰下，三面环山，夹抱于两水之间	不详
宝元元年 （1038年）	徂徕书院	宋初三先生之一石介创建	山东泰安，泰山东南徂徕山长春岭，峰势嵯峨，林木繁茂，古迹众多，山上多松柏	不详
嘉佑六年 （1061年）	濂溪书堂	理学奠基人周敦颐创建	江西九江庐山北麓莲花峰下，前临濂溪	构书堂于溪上，堂外有畴圃，圃外有桑麻林
建隆至靖康	胡氏书堂	徐铉	洪州华山之阳、玄秀峰下，开池沼养鱼，"列植松竹，间以葩华，涌泉清池，环流于其间，虚亭菌阁，鼎峙于其上，处者无斁，游者忘归"②	筑室百区，聚书千卷，有水阁、山斋、亭、华表

① （宋）张舜民. 画墁录. 卷8. 清钦定四库全书. 集部. 别集类。
② （宋）徐铉. 骑省集. 卷28. 清钦定四库全书. 集部. 别集类。

续表

时代	名称	主要人物	园林环境	建筑形制
建炎四年（1130年）	屏山书院	朱熹幼年求学处，其幼年启蒙老师刘子翚建，五夫三先生之一，南宋理学家、教育家、文学家，称屏山先生	福建崇安县五夫镇屏山麓府前村，屏山下桂岩旁，屏山三峰耸立，前临潭溪的海棠州，背靠苍松茂林、环境清幽，处于潭溪十七景园林的环抱之中	绍兴十四年：复斋、艮斋、东西书庵、膳食起居所。淳熙二年：规模扩大，门前有坊，正门悬朱熹书匾额"屏山书院"，设杏坛、书庑、六经堂、二琴堂，东为复斋，西为蒙斋，书坊回廊曲折，共三进
绍兴十四年（1144年）	紫阳书堂	朱熹义父刘子羽为朱熹母子修建	福建崇安县五夫镇前村，屏山对面，潭溪之滨，周围有潭溪十七景。有地可以树，有圃可以蔬，有池可以鱼	五开间小楼，前为朱熹书房晦堂，寝室名曰韦斋，堂旁左为敬斋，右为义斋
乾道七年（1171年）	寒泉精舍	朱熹创建	福建建阳崇泰里后山天湖之阳寒泉坞，朱熹母亲祝氏墓地旁	墓庐，规模不大
淳熙二年（1175年）	晦庵云谷草堂	朱熹创建	福建建阳西北云谷山巅。周围景物包括南涧、怀仙台、挥手台、鸣玉亭、云谷、桃蹊、竹坞、漆园、茶坂、丛篁、莲沼、木桥、农田、泉峡、石池、山楹、药圃、井泉、小山等	东寮，西寮，云庄，草堂三间，方庐
淳熙十年（1183年）	武夷精舍	朱熹创建	福建崇安武夷山，九曲溪之五曲北岸的隐屏峰下	占地三亩许，屋三间，中仁智堂，左隐求室，右止宿堂，石门坞、观善斋、寒栖馆、铁笛亭、晚对亭、茶圃、钓矶、茶灶、渔艇
淳熙十四年（1187年）	象山书院	心学创始人陆九渊创建，并主讲	江西信州贵溪，县西南八十里应天山（象山）麓	以草堂为中心，四周依地形山势，遍布数百间学生自建的草庐书斋
绍熙三年（1192年）	考亭书院	朱熹创建	福建建阳考亭，前环西溪碧水，后依玉枕峰峦，有考亭八景。四周有苍松、翠竹、稻田、菜圃围绕	清邃阁、沧洲精舍
嘉定八年（1215年）	明道书院	刘珙创建	建康学宫西北，园林中有荷池，泽物泉，静观亭，植桂树、槐树	前有尊贤坊，中有三开间祠堂，东西两廊各十五间，祠堂之后为七开间春风堂，旁有主敬塾和行恕塾，春风堂上为五开间御书楼，春风堂后是三开间主敬堂，再往后为燕居堂，其他建筑还有读易室、近思斋、尚志斋、明善斋、敏行斋、成德斋、省身斋

续表

时代	名称	主要人物	园林环境	建筑形制
嘉熙元年（1237年）	南溪书院	朱熹诞生地，宋理宗赐匾"考亭书院"	福建尤溪县城南公山之麓，玉溪之南，毓秀峰下。跨池为梁，中植蒲荷，左右松竹，背山面溪，景物自胜	作屋三楹，中设二先生祠位，翼以景行斋、传心斋
淳祐元年（1241年）	白鹭洲书院	朱熹再传弟子江万里创建	江西吉安，赣江中流白鹭洲上	文宣王庙、云章阁、道心堂、风月楼、斋舍、六君子祠、万竹堂、浴沂亭、棂星门

（4）植物

两宋书院园林中最常出现的植物景观单元就是植物与自然景致的组合，园林中经常出现兰涧、梅堤、柳堤、幽谷竹成荫、修竹缘高丘的自然山水植物小景，园林还常用植物、微地形分割空间和营造景观，或是垒土为小山并在山上栽种植物，或是利用植物的密植起到竖向上分割空间、遮挡视线的作用。如云谷书院"草堂前，隙地数丈，右臂绕前起为小山，植以椿桂兰蕙，……其左亦皆茂树修竹，翠密环拥，不见间隙"[①]，再如札溪书院门外垒土为台，并在四周环植杏树，土台上面做小亭，植物起到围合空间和渲染气氛的作用。

两宋时期，理学天人之际的宇宙观不断强化着园林对于境界的追求，由此，在书院园林中"观物"的意义被着重强调，"观物之乐"在理学家的园林中反复出现，其中观草木是书院审美中"观生意"的重要景观元素。"周元公不去庭前草要存生意，盖方究夫阴阳动静之际，欲人即显以识其隐也"[②]，又"明道书窗前有茂草覆砌，或劝之芟。明道曰不可，欲常见造物生意"[③]，可见，两宋书院园林植物景观具有自然疏朴的风貌。

（5）景题

宋代理学思想发达，书院园林中的景物开始出现景致命名。理学家常常把寓意理学义理的词汇和园林景物命名相结合，使园林中的山水、草木、建筑等都成为理学思想的代言，如敬斋、义斋、景行斋、传心斋、行恕塾、春风楼、仁石、泽物泉、尊贤坊、静观亭，寄情以物，寓理于景，达到吟咏书院园林美景、劝学励志、阐发儒家义理的目的，对园林景物起到了藻绘点染的升华作

① （明）冯继科修. 嘉靖. 建阳县志. 卷6. 天一阁藏明代方志选刊. 上海：上海古籍书店. 1962。
② （明）王行. 半轩集. 卷2. 清钦定四库全书. 集部. 别集类。
③ （宋）朱熹，李幼武. 宋名臣言行录. 外集卷2. 清钦定四库全书. 史部. 传记类. 总录之属。

用，是周敦颐"文以载道"的文艺美学观最直接的表现。

1.3 书院园林成熟期——元明

1.3.1 历史背景概述：元

公元1271年忽必烈建立元代，公元1279年灭南宋，统一全国。元代是蒙古贵族统治的朝代，元世祖忽必烈曾经一针见血地指出蒙古族"武功迭兴，文治多缺"①的现状，为了征服汉族，加速本民族封建化和汉蒙融合，统治集团内部采取"汉化政策"，尊孔崇礼，施文德之政，行礼义之教。重用儒士，网罗大批亡金儒士大夫，如耶律楚材、元好问、赵复、姚枢、许衡等，这些儒士大夫在元代受到重用，居官从政，设学兴教，为元代政治、经济、文化、教育的建设贡献了力量。书院作为重要的文化教育设施，得到了元代朝廷的大力支持。蒙古族最初入驻中原的时候就对书院采取了保护政策，后来随着元王朝的统一，统治者积极推行倡导建立书院，创造了"书院之设，莫盛于元"②的记录。被定为"伪学"、只

能在书院中传播的朱子理学在元代统治阶层内部受到了空前尊重，取得了至高无上的地位，成为官方认可的学问。元代科举采用的教材是朱子的注释本，宋代理学和书院相结合的形式在元代最终得到了官方确认，书院获得了一种与危害自身发展做斗争的政治和经济力量。元代书院虽然得到政府在政治和经济上的支持，但只是统治者汉化政策的一部分，书院在得到政府庇护的同时，"官府之拘牵"也使书院教育失去了原有的自由灵魂，虽以书院名之，但是很多书院其实和官学并无差别，千院一面，形实相悖。元代书院虽然在数量上空前庞大，但是形同虚设，在学术影响和历史地位上较之宋明书院逊色不少，书院教育官学化倾向严重。

1.3.2 元代书院园林

为了躲避元代官府对书院的控制，一些不愿在元政府做官，也不愿到元办官学中任教的儒学士大夫往往不把讲学的场所以"书院"命名，而改用"精舍"、"草庐"、"山房"、"斋"、"堂"之类，虽托以庐堂之名，实则为书院。元代著名的理学家吴澄（1249～1333年），字幼清，晚年自号伯清，抚州崇仁人，对元代书院的官学化批评尖锐，认为元代的书院都是虚设其名，先生酷爱山

① （明）宋濂. 元史. 卷4. 清钦定四库全书. 史部. 正史类。
② （清）英廉. 钦定日下旧闻考. 卷49. 清钦定四库全书. 史部. 地理类. 都会郡县之属。

水，宋末咸淳八年（1272年），在故乡山间自建草庐数间授徒讲学，并自题其牖曰"抱膝梁父吟，浩歌出师表"[①]，后人称其为草庐先生。吴澄的同门程钜夫（1249~1318年），号雪楼，曾建正中学堂，此学堂周围山清水秀，并先庐之阴而行不一里有谷焉，广可十亩，山冠水带，密卫环趋，前曰清，后曰白，流之合而近者也；南华盖，北临川，西北芙蓉峙之，远而最者也；苍翠不可悉数，明霭不可得摹"[②]。元代著名理学家郑玉（1298~1358年），字子美，安徽歙县人，他一生绝意仕途，勤于授徒讲学，潜心著述，讲学于故里师山，人称师山先生，先生酷爱山川泉石，尤其甚爱覆船山的深邃清幽，每年夏天都携书避暑于山中，其门人为先生在眠云石下构招隐草堂。

元代在北方创建的第一所，也是最著名、影响最大的书院当推太极书院，元太宗十年（1238年）在燕京创建太极书院，以"太极"命名，用以纪念理学创始人周敦颐的《太极图说》，供奉理学开山祖师周敦颐，以程颐、程颢、朱熹等六位理学名臣配祀，体现了弘扬理学的精神。书院首位主持人和主讲是赵复（生卒年不详），字仁甫，湖北德安人，人称江汉先生，亦是传程朱理学于北方的第一位学者。太极书院的建立缩短了南

北文化差异，成为北方传播儒学和理学的重要基地。

1.3.3 历史背景概述：明

元代之后天下大乱，二十多年战争使宋元以来兴盛的书院大多毁于战火。明初一百年政府不支持书院发展，书院几乎成了一片废墟。在明宪宗成化和明孝宗弘治年间（1465~1505年）共四十一年，书院才恢复了发展势头。明正德年间，书院由于和王守仁（1472~1528年）、湛若水（1466~1560年）的学说结合而再次鼎盛，成为王湛学说的学术阵地，开启了中国历史上继南宋以来，第二个书院与学术互为表里、一体发展的趋势。明代书院普遍施行的讲会制度严重讥讽了朝廷，引起了统治阶级的不满，书院分别在嘉靖年间（1537年和1538年）、万历年间（1579年）和天启年间（1625年），遭到了禁毁之祸，尤其是天启年间，宦官魏忠贤残害东林学派，东林书院被夷为平地，并且殃及天下书院二十六所。明代政府毁尽天下书院的行为抑制了书院发展的强劲势头，终结了书院在明代的兴盛局面，使得书院发展受到了前所未有的冲击，对书院的毁坏严重，几乎到了气绝的程度。明代的书院不但在元代官学化的基础上继续向前，而且还与科举捆绑在一起，双重

---

① （元）吴澄. 吴文正集. 附录. 清钦定四库全书. 集部. 别集类。
② （元）程矩夫. 正中堂记. 雪楼集. 卷12. 清钦定四库全书. 别集类。

力量的控制使得书院原初之独立精神大为丧失。由于王阳明提倡讲求圣贤之道与从事科举考试相结合的思想，使得明代书院普遍提倡考课制度，学生累于应试，无暇顾及自由研习，致使部分书院后来沦为科举的附庸品。

1.3.4　王阳明：龙岗书院

王阳明（1472~1529年），名守仁，字伯安，因曾在离家不远的阳明洞天结庐，自号阳明子，所以学者称其为王阳明。王阳明出身于书香门第，家学深厚，其祖先为琅琊人，第二十三世迁居浙江绍兴府余姚县，祖父王伦是一位风流儒士，其父亲王华是成化十七年（1841年）进士，历任翰林院学士、礼部右侍郎、南京吏部尚书等职。王阳明21岁中举，28岁进士及第，是明代著名的哲学家、文学家、教育家和军事家，明代心学运动的代表人物，宋明理学中独具特色的一派。

王阳明创建的第一所书院是贵州的龙岗书院，当时王阳明遭奸臣陷害，谪居在贵州龙场，虽然外部生存环境恶劣，但却迎来了他学术上的重大转折和重生。王阳明在龙岗山洞日夜端居澄默，大悟朱子的"格物致知"之旨，终于开悟向身外求道、求理之大误，创立了"知行合一"学说，将理学发展到了一个新的高度。自此，开始在龙岗山洞授徒讲学，明正德三年（1508年）创建了龙岗书院，并建有何陋轩、君子亭、宾阳堂

等；次年，正德四年（1509年），王阳明受邀主持贵州贵阳书院（文明书院）；嘉靖四年（1525年）王阳明修建了越城的阳明书院。王阳明继承了陆九渊的心学思想和教学方法，经常把课堂设在山水之间，开展开敞式的野外教学，略如王阳明在龙岗书院教学期间，经常同学生游山探胜、赏月抚琴；王阳明任滁州督马政时，曾与门人日游琅琊震泉间，月夕数百人环座龙潭旁，讲学问道，歌声振山谷。

1.3.5　东林书院

王阳明开启并恢复了自宋兴起的书院讲会制度。讲会制度兴起于南宋，南宋乾道三年（1167年），朱熹从福建崇安出发到长沙岳麓书院，与张栻进行了三天的会讲，盛况空前，史称"朱张会讲"，从此开启了书院讲会的先河。南宋淳熙二年（1175年），吕祖谦为了调和朱熹和陆九渊的异同，邀请两家到铅山鹅湖寺会讲论辩，当时百余人聚会鹅湖，朱熹和陆九渊分别代表了理学的两大派别，他们在学说上各执一端，彼此不和，朱陆双方辩论了三天，但是始终未能折中调和，这就是中国哲学史上的重要事件"鹅湖之会"。后来理学门徒为了纪念这次书院和理学发展史上的重要论辩，建起了四贤祠，这就是后来江西著名的、与白鹿洞书院并称齐名的鹅湖书院。南宋淳熙七年（1180年），朱熹兴复白鹿洞书院后又邀请与他学术观点不同的陆九渊前来升堂

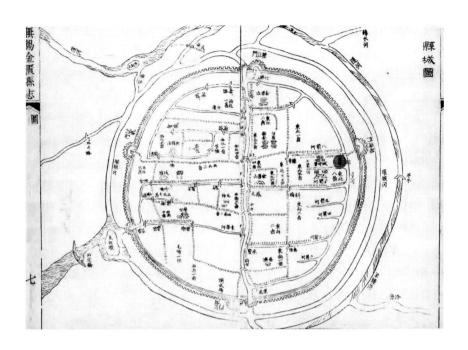

图1-24
东林书院位置（清嘉庆十八年《无锡金匮县志》）

讲学。讲会不但将社会上的不同学派、舆论引入书院，同时也弘扬了书院自由平等的精神。南宋以后，由于元代政府对书院的控制，得讲会制度曾沉寂一时；明中后期，讲会制度又重新盛行起来。与之前相比，再度兴起的讲会不但规定了讲会的时间、地点，还确立了制度，并产生了若干著名的讲会，如姚江书院讲会、东林书院讲会、紫阳书院讲会、关中书院讲会，这些著名讲会发生的书院就是明代特色的讲会式书院。

东林书院创建于北宋政和元年（1111年），位于无锡城东弓河上（**图1-24**），弓河环绕在书院的东南两侧，是书院的天然屏障。书院创建者

为当时著名理学家杨时（1053～1135年），杨时是宋理学家程颢的学生，程门四大弟子之一，人称龟山先生，他在东林书院讲学18年，后来书院毁于战火。书院以"东林"命名是因为创建者杨时非常喜爱庐山的景色，尤其是对庐山西麓的东林寺情有独钟，故以"东林"命名之，其作《东林道上闲步》诗曰"寂寞莲塘七百秋，溪云庭月两悠悠。我来欲问林间道，万叠松声自唱酬"[1]，此诗后来成为东林书院的院歌。东林书院之所以闻名天下是由于明代的东林讲会和东林学派。明万历三十二年（1604年），东林书院得到官府批准原址修复，顾宪成（1550～1612年）和高攀

---

① （宋）杨时. 龟山集. 卷42. 清钦定四库全书. 集部. 别集类。

龙（1562~1626年）负责主持。秉承朱熹考亭书院和白鹿洞书院的传统，订立《东林会约》，书院定期举行讲会活动，开书院讽议朝政、裁量人物的先例，顾宪成撰写的著名对联"风声雨声读书声声声入耳，家事国事天下事事事关心"就是真实的写照，反映了读书人胸怀家国天下的气魄和理想，赓续着中国的人文传统。

明代东林书院选址讲究，书院东面和南面两面临河，西面与北面隔有一条小巷，周边绿水环绕，院内古柏森森，具有虽处市井但无车马喧嚣之优处。并且，书院用地分为基地和园地两种，基地是书院内用于建筑建设的用地，园地指环绕书院建筑周边的园林用地。明代东林书院的整体布局采用"中轴对称"和"左庙右学"的结构，左边是祭祀龟山先生的道南祠，右边是书院。东林书院坐北朝南，前凿池，池上架木桥，桥前有十丈长的入院道路，路前建有"洛闽中枢"和"观海来游"的石坊，石坊前是连通左右的道路，再向前就是弓河。书院前有大门二楹、仪门一楹，穿过大门、仪门后为三楹的丽泽堂，过丽泽堂后为三楹讲堂依庸堂，过讲堂后拾级而上是祭祀孔子的燕居庙，燕居庙左右翼以楼，用以贮存祭祀用的祭器和书院藏书，庙左右有长廊通往书院大门。崇祯年间增建中孚堂和

来复斋。清顺治十二年（1655年），重建燕居庙，并在庙右侧增建三公祠，左侧增建再得草庐，杨时有《此日不再得示同学》之诗，此处之"再得"寓意"废而修复"之意。高攀龙之子，明末清初的学者高世泰有诗描写再得草庐的园林景致曰"素王宫畔缀吾庐，左属贤祠樾荫余。虽听嘤鸣终日静，待裁修竹一庭虚"[1]，清代官吏朱士达《再得草庐合韵》中描写了草庐周边的植物景观"森森松涛廻碧间，层层竹径引清风"[1]（图1-25），可见，园林以草庐为中心，周边绿水环绕，苍松翠竹，景色清幽，虽处城阙，但却无闹市之喧嚣，是书院师生理想的藏修之所。

1.3.6 虞山书院

虞山书院建于明万历三十四年（1606年），位于常熟城内虞山之麓，常熟县治西北半里许（图1-26）。由于受到周边民房和官街的影响，书院建筑群虽坐北朝南，但大门开在东侧的文学里街上，即书院正门和主体建筑不在同一条轴线上，虞山书院建筑布局采用整体无轴线、局部采用轴线的不规则形式（图1-27）。主要建筑群包括学道堂、言子祠、大中馆、弦歌楼、智圣堂、讲武厅。学道堂建筑群以三楹的学道堂为中心，内尊奉孔子像，

①（清）雍正. 东林书院志. 续卷53. 光绪七年重刻本影印。

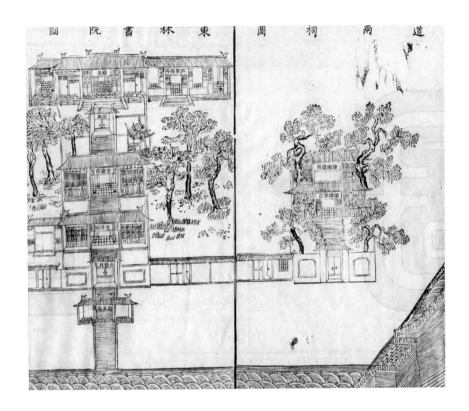

图1-25
清雍正东林书院建
筑布局（清光绪七
年《东林书院志》）

图1-26
虞山书院位置示意
（清《常昭合志》）

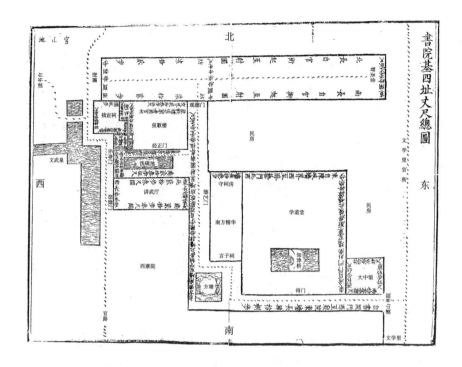

图1-27
明万历虞山书院平面布局示意（《中国书院志》第一册）

两侧有体圣堂，周边鳞次栉比安排有供奉众多先贤的不同精舍，学道堂前有渊源池，池上架知津桥，知津桥前有三楹的得门，门左右各有三开间碑亭一座，另有厨房、浴房、茶寮等附属建筑（图1-28）。言子祠建筑群以言子祠为中心，西有杨公祠，东有王公祠，均为三开间建筑。弦歌楼在言子祠西北，上下各三楹，左有三开间易经房，其他还有书经房、诗经房、春秋房、礼经房、乐经房，共计经房六座，均为三开间建筑，庭前东侧有墨井，洗砚池在经正门前，有洞通往西侧的文武泉。

书院虽有处于城邑内部之拘，但是临近虞山，山中的诸岩、诸涧、诸峰、诸木为书院提供了秀丽的风景之源，为营造良好的读书环境提供了保障。虞山自西向东长一十八里，明嘉靖时期据山之东南筑城，素有“十里青山半入城”[1]之称。虞山横列如障，南有尚湖亘其下，湖光平挹，相传为当年太公尚垂钓之处，书院位于虞山南麓，从书院南侧循岗南顾，全湖胜景恍存眉睫间。书院周边胜迹诸多，包括达观亭、清权祠、巫贤祠、致道观、子游墓、梁昭明太子读书

---

① 过海虞. 吴都文粹续集. 卷51. 清钦定四库全书. 集部. 总集类。

图1-28
明代虞山书院学道
堂布局示意（《中
国书院志》第一册）

台、萧梁七桧、莞尔亭、影娥川、影娥亭、石梅涧、丹井等，影娥川在书院西侧，上建影娥亭，为文人游憩之所，川上有初平石，石高而顶平，登石俯瞰，整个虞城尽收眼底。书院内部的水景亦非常丰富，主要包括方塘、洗砚池、文武泉、渊源池；据《虞山书院志·树艺志》载书院的乔木种类包括柏树、槐树、梧桐、柿树、桂树、杨树、桧柏、松树，其他种类不详。可见，虞山书院整体上采用"左庙右学"的学宫结构，但布局上随基址的现状条件比较灵活多变，书院内祭祀建筑的比重很大，主要园林景观位于西侧靠近虞山之麓，并且通过路线布置和开门位置的安排将园内的景致和园外虞山的风景、古迹连

成一体，是明代城邑内部书院园林和自然风景结合的佳例（图1-29）。

1.3.7 关中书院

关中书院始建于明万历三十七年（1609年），位于陕西西安城南门内（图1-30）。当时工部尚书冯从吾（1557～1627年）因规谏遭万历皇帝贬官，归居关中，于城南宝庆寺讲学，由于听者甚多，地难容众，遂布政使汪可受等人在宝庆寺东苑囿创建关中书院，冯从吾主讲其中，长达二十年之久。关中书院是一所著名的讲会书院，由于定期举行活动的需要，书院选址在城邑内部，书院内中有讲堂五间，名曰允执堂，盖取关中"中"字意也，即"允执厥中"之

图1-29
明万历虞山书院形胜（《中国书院志》第一册）

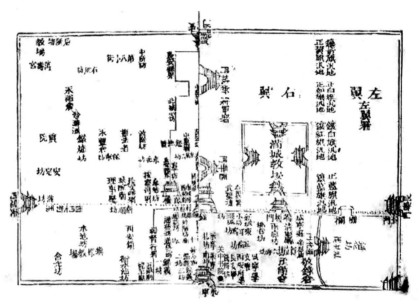

图1-30
关中书院位置示意（清嘉庆二十四年《咸宁县志》）

意，三年后，布政使汪道亨又建斯道中天阁，用以祭祀先师孔子。允执堂两侧有屋四楹，皆南向若翼，东西有作为学生书斋的号房六楹，囿于周边用地的限制，书院用收购周边民居的方法满足多种功能的需求，如"二门四楹，大门二楹，旧开于南，缘邻官署，冠盖纷沓深山野，人不便厕迹，因改于西巷，境益岑寂，且不失吾颜氏陋巷家法也。西巷地基，乃用价易民居，大门外复构屋，南北相向各三楹，门北隙地复构小屋数楹，仍居数家，以供洒扫之役，前后稍为修葺，未及数月，焕然成一大观矣"①。书院

---

① （清）黄家鼎. 康熙七年. 咸宁县志. 卷2。

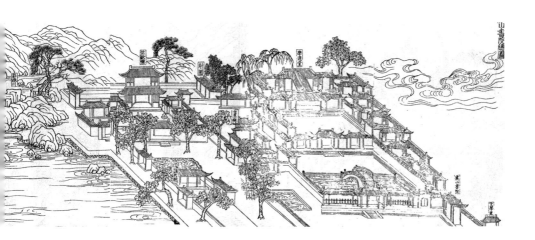

大门内凿方塘半亩，塘中有亭，并且有石桥与岸相连，冯从吾撰写的《关中书院记》中详细描述了书院的园林环境，"堂后假山一座，三峰耸翠，宛然一小华岳也。堂前方塘半亩，揽亭于中，砌石为桥，偏西南不数十武，掘井及泉，引水注塘，并覆以亭。……松风明月，鸟语花香，令人有春风舞雩之意，而刘郡丞孟直复为八景诗以壮之"[①]。关中书院由于囿于城郭内部，周边自然条件不佳，为了营造良好的读书环境，开始转向内部空间的写意化处理，允执堂后有假山、前有方塘，处于人工的山水之间，造园者虽然拘于咫尺堂奥，但是却从小假山上联想到五岳之一的华山，充分显示了读书人突破一切见闻之知、胸有丘壑的宇宙情怀。可见，明代讲会书院由于周边用地环境的限制，园林经营更多是转向内部的自我经营和完善，明代书院园林内部景观更趋于精致化、写意化，较注重人工山水的营造。

清代复建关中书院，将原来明代西向的大门改为南向，并在书院前门外和书院内泮池边竖石牌坊，在允执堂后增建精一堂院落，正堂和两厢皆五楹，原有书院规模显著扩大；现状关中书院建筑布局基本保持了清代的原貌（**图1-31**），但遗憾的是书院园林已非原貌，门外牌坊，门内的钟楼、鼓楼、池、桥、假山、小坊均已无存，唯有中轴路两侧的几棵古槐树依稀可见当年园林的旧貌。

1.3.8　小结：咫尺堂奥　立象沧溟

（1）择址

由于元明时期书院的官学化，作为书院园林的载体发生了变化，给园林营建产生了重要影响。书院官学化

---

① （清）黄家鼎. 康熙七年. 咸宁县志. 卷2。

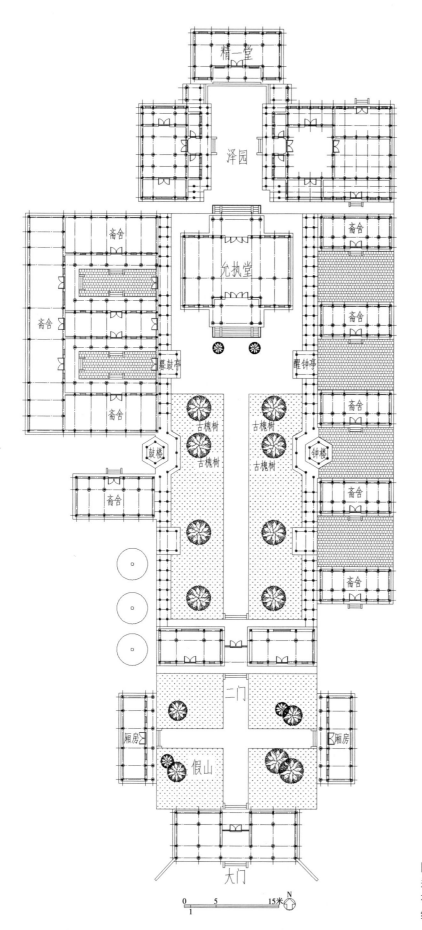

精一堂

泽园

斋舍

斋舍

斋舍

允执堂

斋舍

斋舍

斋舍

斋舍

擂鼓亭

醒钟亭

古槐树

古槐树

古槐树

古槐树

鼓楼

钟楼

斋舍

斋舍

斋舍

二门

厢房

厢房

假山

大门

0 5 15米

1

N

图1-31
关中书院现状建筑
布局示意（作者自
绘）

的直接结果是选址的改变。纳入官学教育体系后的书院，为了便于政府管理，选址大多在交通方便的城邑近郊或是城邑内部风景较好之处，尤其是明代特色的讲会式书院，为了方便定期聚会，基本都选择在城邑内部辟址兴建，如著名的讲会书院东林书院选址在无锡城东的弓河上，关中书院选址于陕西西安城南门内。这种周边外环境的改变，使得原本类似小风景区的书院园林在尺度和范围上都受到了严格的限制，原本作堂湖山的书院园林不得不开始转向内部咫尺天地的自我经营完善中去，景观精细化和人工化程度都较高。

（2）山水

元明书院园林在园址条件较好之处延续上代利用自然山石的传统，如杭州万松书院巧妙利用园址西侧天然的石林，去石障，平险通碍，蜿蜒石间，因高卑之地开辟道路，共若千丈，人步行其间，可观石之百态，堪称书院胜境。此外，由于选址条件的变化，元明书院园林在选址无自然山水可兹因借的情况下，开始出现"作假山"的记载，如关中书院"堂后假山一座，三峰耸翠，宛然一小华岳也"[1]，从小假山上联想到五岳之一的华山，充分体现了园林发展成熟期写

意化的手法。书院内山石和假山的体量一般都较小，山石多与花木组合成景，成为庭院的配景和点缀；假山多用园山的形式，与水景结合，成为庭院的核心景致。

元明书院园林中水景比较简单朴素，经常以方池的形式出现，这是宋代朱熹观"半亩方塘"以求"理"的抽象欣赏方式的延续。方池与园林景致有多种结合方式。①方池与建筑结合。水池往往位于建筑周边，并与小桥、虚亭搭配组合，成为园林景致的焦点，如"堂前则砌石台，环以栏杆。西凿方池，为翼亭其上"[2]，又"门内为池，树以绰楔，表曰洙泗渊源"[3]。②池山结合。如瀛山书院"山下凿池引泉注之于方塘，以便游息"[4]。一方面，方池规则的形状与建筑秩序之间相互映衬呼应；另一方面用斗水为池表达自然水体的意象，达到立象沧溟的目的。明代书院园林中另一种常见的水景为泉井，由于书院位于城邑内部，周围无自然溪流引水，故"凿井引泉"即成为园内水景之水的主要来源，如关中书院"堂前方塘半亩，揽亭于中，砌石为桥，偏西南不数十武，掘井及泉，引水注塘，并覆以亭"[5]。其他如涧、溪、潭、瀑等比较自然活泼、透迤曲折的

---

① （清）黄家鼎. 康熙7年. 咸宁县志. 卷2.
② （明）吕柟. 重修还谷书院记略。
③ （明）瞿景淳. 重建文学书院记. 江苏府志. 卷27. 清光绪九年刊本。
④ （明）王畿. 瀛山书院记。
⑤ （清）黄家鼎. 康熙七年. 咸宁县志. 卷2。

水景，多是在有自然条件可兹因借的情况下为之，书院园林内很少人工特意营造此类复杂水景。

（3）建筑

元明书院园林建筑风格和布局较之前有了显著变化，其一，由于受官方学宫的影响，元明书院园林内主体建筑群仿学宫布局，强调中轴对称，布局严谨，普遍采用"左庙右学"的形制，如无锡东林书院、常熟虞山书院。其二，建筑处于景致之中，除了本身的功能外，还是重要的观景和点景场所。如白鹭洲书院的聚秀楼"负隍瞰江，与洲相望，左峙神冈，右挹螺山"[1]，江山景色颇胜，甘泉行窝"窝门北有银杏树一株，就树筑土为壝，上壝筑基为堂，题曰'至止堂'"[2]。其三，书院建筑、牌坊、匾额、楹联等命名多托以理学寓意，如集义堂、道心堂、丽泽堂、颜乐亭、曾唯亭、载道亭、飞跃轩、德牟天地坊、道贯古今坊，用以表达理想人格追求，起到教化生徒的作用。其四，元明时期的书院都以传播理学为目标，统治阶级为了标榜以儒治国的方针，在书院中渲染祭祀气氛，所以

书院又有"祠学"之称。祭祀内容的强化使得书院内部祭祀建筑的数量较之前大为增加，这从一定程度上影响了书院整体的精神气质和风貌，在此背景下，书院园林更多是以一种纪念性景观的面貌出现，与宋代那种水竹扶疏、藏修息游的自由静洁的风格迥异，如元代创建的洙泗书院就是一所祭祀性书院，完全没有教学功能。

（4）植物

元明书院园林中重视植物景观的作用，以此在建筑为主体的园林化环境中获得游观的乐趣。其一，建筑墙垣外常用植物加以围合，用以减弱建筑严整的秩序感，增添活泼的气氛，如"垣外有沟，沟外有树"[2]，"堂外为垣，树桃李若竹箭"[3]，"前有门垫四，缭以围垣，荫以佳木"[4]，"阁之后植竹万竿"[5]。其二，园林中重视花卉的单独观赏，园林方池中往往植素莲，以供观瞻；除了单独观赏外，花卉还与其他乔灌木搭配共同成景，如"堂前为石台，台前砌石莳花，为观物楼。……闲地辟为桃李圃"[6]，"缭以周垣，杂植竹柏花卉于隙地"[7]，也有与山石组合成景的，如"出奇石，

---

① （明）邹守益．聚秀楼记．白鹭洲书院志．卷5．清同治十年刊本。

② （明）吕柟．甘泉行窝记．增修甘泉县志．卷6．清光绪七年刊本。

③ （明）汪道昆．重修紫阳书院记．陈谷嘉，邓洪波主编．中国书院史资料．杭州：浙江教育出版社．1998：566。

④ （明）张焕．重建稽山书院记略．嘉庆山阴县志．卷19。

⑤ （明）刘应秋．重修白鹭洲书院记．江西通志．卷8。

⑥ （明）东山书院．祁门县志．卷18．清同治十二年刊本。

⑦ （明）杨茂元．重修岳麓书院记．湖南通志．卷68。

第1章 书院园林渊薮与历史沿革 —— 061

杂种花竹"①。其三，书院园林在植物种类选择上常选用儒学化的植物，如桃、李、桂、松、柏、槐、桐、莲、菊、竹、梅、兰等，这些植物在书院中都有特殊的象征性，具有托物言志的"比德"作用。

1.4 书院园林成熟后期——清代

1.4.1 历史背景概述

清代统治者对书院的态度经历了由抑制到松动的转变，清初政治不稳定时期，出于对汉族知识分子号召力的畏惧，清统治者采取了"不许别创书院"的抑制政策。清初期顺治（1638～1611年）到康熙（1654～1722年）这段时期是书院的恢复期，这一时期国家对书院的政策是由防患到疏引、由抑制到开放，最终的目的是将书院由外到内地纳入到国家的教育体系中来。清顺治十四年（1657年）衡阳石鼓书院得到允许修复，自此各地书院开始修复和创建。雍正和乾隆时期，政治稳固，遂对书院的政策也大加开放，但是，书院始终没有逃脱被官学化的命运，清代书院政策就是

构建官办教育体系，根据研究水平和教育水平的不同，将书院划分成联省书院、县立书院、家族书院、乡村书院的由高到低的等级体系。雍正十一年（1733年）下诏命令各省会建立一所省会书院，朝廷提供经费作为书院的膳食费用，各总督巡抚择一省文行兼优之士，学习其中，以为兴贤育才之道。

清政府支持构建官办教育体系的事件是书院城市化运动的开始，书院文化的主体精神也由此在政治斗争中逐渐丧失殆尽。由于国家力量的推动，书院最终结束了留居山间的历史，走进了城市。这种官办的省会书院是清代书院的主流，他们经费充足、规模宏大，生源和课程都受到朝廷的严格控制，并且经常受到皇帝御赐匾额和频频光顾，有些书院甚至成了清代皇帝巡幸驻跸的行宫。清代著名的省会书院共有二十三座，略如长沙岳麓书院、苏州紫阳书院、保定莲池书院、济南泺源书院、太原晋阳书院、开封大梁书院、南京钟山书院、成都锦江书院、杭州敷文书院、福州鳌峰书院、南昌豫章书院、安庆敬敷书院、长沙城南书院、桂林宣城书院、桂林秀峰书院、昆明五华书院、贵阳贵山书院、广东越秀书院、西安关中书院等。清代书院已经非常普及，并且在城市中已经非常普遍，书

---

① （明）胡荣. 重建濂溪书院记. 广东通志. 卷237. 清同治五年刊本。

院最终结束了山间的清雅生活走向了城市。光绪二十七年（1901年）清政府下令改书院为学堂，自此中国书院900年教育史就此画上了句号。

1.4.2 康熙：书院情结

康熙自五岁开始读书，对于儒家经典非常熟悉，尤其对于理学的理解非常深刻透彻，非常推崇朱子理学。康熙认为朱熹在推动理学发展的作用上是无人能及的，"自宋儒起，而有理学之名。至于朱子能扩而充之，方为理明道"[1]。为了提倡朱子理学，康熙命令李光地等儒臣搜集朱子的名言警句，编写成《朱子全书》，并亲自为之作序，他在《朱子全书序》中曾高度评价朱熹曰"至于朱夫子，集大成而继千百年绝传之学，开愚蒙而立亿万世一定之规，穷理以致其知，反躬以践其实。释大学则有次第，由致知而平天下，自明德而止于至善，无不开发后人而教来者也"[1]。

康熙对于宣扬朱子理学的书院非常重视，对书院大兴赐匾之风，康熙二十五年（1686年），为江西庐山白鹿洞书院和湖南长沙岳麓书院颁御书"学达性天"四字匾额；康熙三十二年（1693年），颁御书"学达性天"匾额于安徽徽州紫阳书院；康熙三十三年（1694年），颁"昌明仁义"匾额于河南开封游梁书院；康熙

四十二年（1703年），御书"学宗洙泗"匾额于山东历城白雪书院；康熙四十四年（1705年），御书"正谊明道"匾额于胡安国书院，御书"大儒世泽"匾额于福建建阳考亭书院，颁布"济时良相"于苏州文正书院，颁布"正学阐教"于杭州崇文书院；康熙六十一年（1722年），颁御书"学道还淳"匾额于苏州紫阳书院。朱子理学自康熙始发展成为经世致用的实学，这种务实的理学观不但影响着清代书院园林的发展和演变，而且对于清代皇家苑囿的营建亦起到了非常大的影响，以至于自康熙开始，及其后的清代诸位皇帝，在皇家园林营建中无不赋予园林以深刻的理学思想，将理学的宇宙观、人格观、审美观外化于造园中，起到了扬德政、宣教化的重要作用，如雍正的碧桐书院、四宜书屋，乾隆的汇芳书院。

1.4.3 敷文书院

敷文书院坐落在杭州城凤山门外的凤凰山万松岭西侧，万松岭西带西湖，东抵钱塘江，书院三面环山，背山面城，地势高耸，可俯瞰整个西湖。书院周边胜迹诸多，有留月崖、芙蓉岩、圭峰、石匣泉，景色极其幽静。最初，书院在唐代是报恩寺，寺中主要建筑包括舞凤轩、万菊轩、浣云池、铜井。明弘治十一年（1498

---

[1] 理学论. 清圣仁皇帝御制文集. 第四集. 卷21. 清钦定四库全书. 集部. 别集类。

年)，浙江右参政周木废寺创建万松书院，明代万松书院的规模较大，主体建筑采用"左庙右学"的形制，东侧有三开间孔子殿，殿前有颜乐亭和曾唯亭，西侧有万松门、"德牟天地"石坊、"道贯古今"石坊、五开间明道堂和两翼的斋舍。康熙十年(1671年)，浙江巡抚范承谟恢复重建明代的万松书院，并更名为太和书院。康熙五十五年(1716年)，御赐"浙水敷文"的匾额，书院遂更名为敷文书院，在明道堂的基础上重建正谊堂，增建载道亭、存诚斋、表里洞然轩、玩心高明亭。康熙三十一年(1692年)，重修夫子殿。雍正四年(1726年)再次重修，包括太和元

气石坊、戟门、正谊堂、魁星阁、载道亭、观风偶憩亭。道光年间书院被毁，分别于道光八年(1828年)和同治五年(1866年)重修(**图1-32**)。

敷文书院位于万松岭上，原是清代西湖二十四景"凤岭松涛"的所在地。南宋以前，岭上松树密集，宋以后由于开发建设，岭上松树所剩无几；雍正四年(1726年)曾补植松、柏、桐、桂、梅、杏、桃、李等植物；光绪五年(1879年)，又补植许多松树，力图恢复"凤岭松涛"(**图1-33**)之旧观，每当天风戛击、洪涛澎湃，与江中涛声相应答。《西湖志》曰"怪石狰狞，奇特不可名状，夹以桃柳梅杏怪桐杉桂之属四时，繁

图1-32
清光绪敷文书院示意(《杭州府志》)

图1-33
西湖二十四景之一
"凤岭松涛"（清乾
隆《西湖志纂》）

英缤纷，绿荫暴霈，凡肄业诸生藏修息游，足畅胸臆，湖滨胜概，此为巨丽云"[1]，一语道破了敷文书院园林景致"石"与"松"的两大特色。

书院园林位于主体建筑群的西侧，临近西湖南岸，通过因地制宜、将自然环境园林化的方法，为书院师生课余营造游憩的佳处。建造者巧妙利用天然的石林，去石障，平险通碍，蜿蜒石间，因高卑之地开辟道路，并分别在前山、后山和山麓修建振衣亭、卧萃亭、寒椒亭三座。路自书院西门而上，直达山巅留月岩，又自山腰而下达圭石，共若千丈，人步行其间，可观石之百态，如端伟壁起

之石，若正人立朝、不可侵犯，磊落廉历之石，若众士布列，有的石雄踞如蹲狮，有的石斜趋如走兔，千姿百态，堪称书院胜境。乾隆年间，书院山长齐召南非常喜爱这片石林，常邀请朋友共同欣赏这片天然假山，并在石林积极倡导"云根觅石"和"醉花赏石"的风雅活动，历代文人雅士到这片石林中游赏，留下了众多具有极高艺术价值的摩崖石刻，是园林中一笔宝贵的文化财富。

1.4.4 莲池书院

保定莲池书院位于河北古城保定中心（**图1-34**）。南宋时张柔

---

① （清）李卫. 西湖志. 卷9。

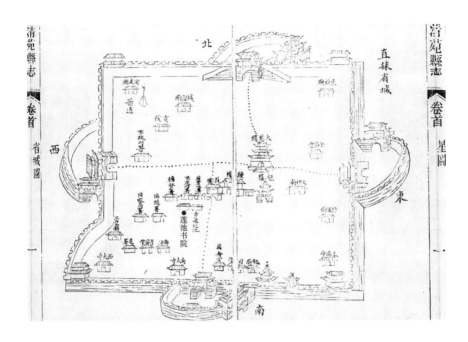

图1-34
莲池书院位置示意
（清同治《清苑县
志》）

（1190~1268年，字德刚，河北定兴县人）为了解决保定城内井泉咸卤不可饮食，引城外之东的"南北泉"，一曰一亩，一曰鸡距，两水由城西入城，流经城邑内部，最后由北水门而出。引水入城后，水占城邑面积的十分之四，并且在古城内形成四处著名的水景园，西曰种香，北曰芳润，南曰雪香，东曰寿春，张柔自居种香，将雪香拨给了手下第一大将乔维忠作为花园，此园景致优美，"一泓碧波澄澜荡漾，游鳞嬉戏，芙蓉满放。环池水畔茂树葱郁，轩榭玲珑，异卉分情，鸟语花香"[1]，元代文学家郝经在《临漪亭记略》中以"帘户疏越，澄澜荡漾，鱼泳鸟翔，虽城市嚣嚣而得三湘七泽之乐"赞美此处私人园第的景致。元代城内四园均废，但是唯独雪香园池水洼深经久不涸，明代曾经多次重修，并作为衙署园林"水鉴公署"，成为官员游赏、养性、饮宴聚会之处。自此，雪香园遂作为城市水利工程修建遗留下来的水利文化遗产得以保留下来，古莲花池"莲漪夏艳"的景观是保定古城著名的八景之一（图1-35）。

莲池书院：雍正十一年（1733年），政府下令全国设立省会书院。次年，清代直隶总督李卫（1686~1738年，字又玠，江苏铜山县人）由

① 孟繁峰等. 古莲花池. 石家庄：河北人民出版社. 1984：8。

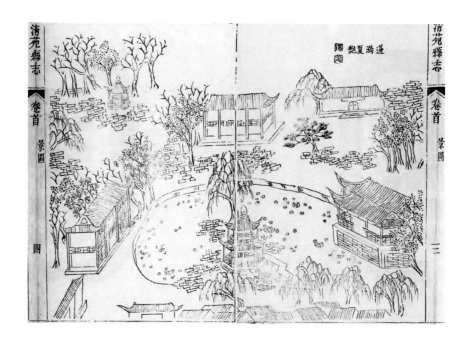

图1-35
保定古城八景之一
"莲漪夏滟"（清同
治《清苑县志》）

于省城内楹接垣连、择地不易，遂在古莲花池园林的基础上改建成以水景为胜的莲池书院，作为京畿最高学府。李卫认为古莲花池"林泉幽邃，云物苍然，于士子读书为宜。周回余址，宽闲爽垲，又于冠盖驻宿为便"[1]，于是，在莲池西北部、万卷楼的西侧建莲池书院，长十丈、宽十六丈，占地近三亩，构有南向厅事五间、精舍三间、廊庑十一间，群房共四十余间；分成东西两院，西侧有圣殿、考棚、院长室、校官室，东侧为学生斋舍，书院东甬道西也，构皇华亭馆若干楹，作为接待、居息之所；在莲池东南红枣坡一带建厅堂五间，瓦舍三间，凉亭一所，小山丛树，竹篱松牖，作为书院学生自学研讨的别馆，为垣三面，称曰南园，园内清荷飘香、环境幽静，可谓怡情养性的胜地。乾隆十年（1745年）将莲池改建成行宫，将莲池书院的南园改建成行宫的绎堂，"绎"在古代为"射"之义，《礼记·射义》中曰"射之为言绎也，绎者，各绎己之志也"，绎堂即为皇帝观看武举射箭比赛之地。光绪四年（1878年），由于慕名而来书院求学的人数众多，遂将万卷楼划归书院，作为藏书之所，乾隆时期万卷楼前为平台，台外为池，并有花架寿藤，此次改建在楼前修建学古堂，作

---

① 畿辅通志. 卷144. 清光绪十年刻本。

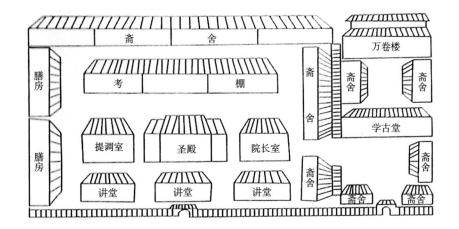

图1-36
光绪时期莲池书院
建筑示意（莲池书
院展厅）

为讲舍，西院增建九间，东院增建十一间，书院规模扩大到五六亩（**图1-36**）。

莲池行宫：乾隆十年（1745年）古莲花池中扩建岛屿、增植花木、修建亭台楼阁，形成春午坡、万卷楼、花南研北草堂、高芬阁、宛虹亭、鹤柴、蕊幢精舍、藻泳楼、绎堂、寒绿轩、篇留洞、含沧亭十二大景观（**图1-37**）。乾隆十二景中以山景为特色的有两处，即春午坡和篇留洞，"春午坡"为园林北门进门入口处障景的大假山，清乾隆《莲池行宫十二景图咏》中载"春午坡，入门秀障也。锦亭斜透，修廊翼然，叠石透纡，坡陀掩映。高下杂植牡丹数百本，每春日花开，暖香延袖"，这是古典园林入口常用的欲扬先抑的手法，用以增加园林景致深邃气质，并引游人遐想之意。春午坡由南北两座假山组成，北山陡峭，南山势缓，北山中有可供人穿行游览的石蹬道，高下错落，南山下种植牡丹、芍药，形成山石花卉的

组合小景，唱和了苏东坡"午景发秾艳，一笑当及时"的诗意，从现存莲池入口的假山来看，南北假山采用了不同的山石类型，北假山玲珑多孔，南假山纹理刚健，形成鲜明的对比（**图1-38**）；"篇留洞"位于入园内含沧亭南侧，游廊的西侧，是园内最大的一座假山，"篇留"取苏东坡"清篇留峡洞"的诗句，乾隆皇帝也曾四次题诗于此洞，石洞深邃，山洞中云根苍翠，水气充沛，洞顶山巅有亭；"鹤柴"是十二景中以动物为景致主题的一处，是园林中养鹿和养鹤之所；十二景中其他九景中都有建筑作为主景，类型包括楼阁、堂、轩、亭、草堂、精舍等多种形式。古莲花池除了万卷楼西侧的莲池书院外，其余之地都作为皇帝的行宫，乾隆皇帝曾经六次来此游赏，遂演变成皇帝行宫和士人书院相并存的局面，并获得了胜甲畿南的"城市蓬莱"之美誉。乾隆之后，嘉庆、光绪皇帝都曾来莲池驻跸巡幸，光绪四年又增修

春午坡　　　　　　　高芬阁　　　　　　　含沧亭

寒绿轩　　　　　　　鹤柴　　　　　　　花南研北草堂

蕊幢精舍　　　　　　宛虹亭　　　　　　　万卷楼

绎堂　　　　　　　　藻泳楼　　　　　　　篇留洞

图1-37　清乾隆莲池行宫十二景（孙待林、苏禄烜《古莲花池图》）

莲池，除了个别建筑密度增加和易名外，古莲花池仍然保持了之前的风貌，院内奇花争艳、古木森荣，从光绪《古莲花池全景图》中可窥见一斑（图1-39）。1900年，四国联军入保定，园林被毁；1903年，袁世凯将园林修复为慈禧太后的行宫御苑。

现状古莲花池基本保持了清代山水骨架，整体山形水系依旧，以莲池为中心，以池中岛屿为界分成南北两塘，北塘湖中有宛虹亭，将原来笠顶凉亭改建为上下两层的楼亭，作为古莲花池的标志景点，环绕莲池依据旧貌复建有十二景，已非原貌，园内西北侧的莲池书院也已经不复存在（图1-40）。

1.4.5 城南书院

城南书院为湖南四大书院之一，旧在善化县城南三里许，始创者是南

图1-38
春午坡南北假山现状

图1-39
清光绪古莲花池全景图（孙待林、苏禄烜《古莲花池图》）

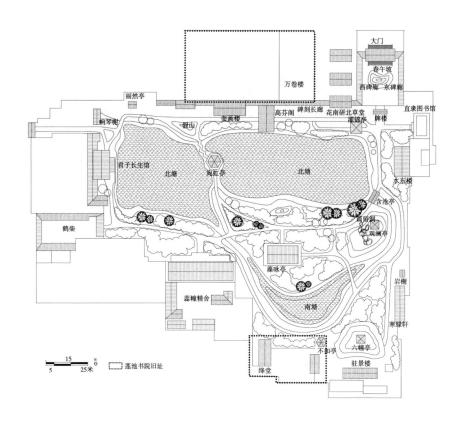

图1-40
莲池书院和古莲花池现状示意（作者自绘）

宋的著名学者张栻和其父亲张浚。书院选址在城南妙高峰之阳的琼珵谷下，背靠高阜、前面湘江，江流环带、诸山屏列，木茂泉清、花香鸟语，为城南佳胜之最处，张栻有诗描写城南书院自然恬静的如花风景，"城南才里所，便有山林幽。崇莲炫平堤，修竹绿高丘。方兹闵雨辰，亦有清泉流。举网鲜可食，汲井瓜自浮。丝桐发妙音，更觉风飀飀。喜无举业累，独有讲学忧"[1]。宋乾道年间，张浚亲书"城南书院"四字榜之

学舍，舍前有池，蛙声喧聒，先生以砚投之，声遂绝，所以池得名禁蛙池。书院形成著名的十景：纳湖、听雨舫、采菱舟、琼珵谷、南阜、丽泽堂、书楼、蒙轩、卷云亭、月榭，并有朱熹和张栻往来题咏的十景诗，成为当时的胜地。纳湖在县南，又名南湖、东湖，引水来自善化县东南三里许锡山下的龙潭，水与湘江相通，湖中有听雨舫和采菱舟；琼珵谷在妙高峰下，中多美竹；丽泽堂、书楼、蒙轩、卷云亭、月榭位于书院内部。

---

① （宋）张栻. 南轩集. 卷2. 清钦定四库全书. 集部. 别集类。

元明时期，书院败落，曾经被僧寺占据，建寺于上，书院一直没有恢复宋乾道时期的规模。明嘉靖四十二年（1563年），推官翟台曾建堂五间于高峰寺下。清乾隆十年（1745年），江右杨锡认为岳麓书院不录童试，中隔湘江，风涛阻碍士子赴课，遂在城内东南隅都司旧署兴建学舍，主要建筑包括讲堂、御书楼、礼殿、正谊、主敬、居业、存诚、明道、进德六斋，亦命名为城南书院，但是，实则为杨公首创，并不是宋乾道之城南书院（**图1-41**）。

清嘉庆二十八年（1795年），左辅任江藩认为城内之书院基址不可扩充，且临近善化县，胥狡猥杂，不利于士子读书，遂决定将书院重新迁回到南轩先生旧址，欲恢复宋代十景之旧观。修复后的城南书院外墙一周百八十七丈，院前有一处屏墙，夹在两坊之间，左曰岳峻，右曰湘清，右坊后为月榭。屏墙内有禁蛙池，以甃石为栏杆，内有两重门，两门之间，左边有监院署，中为蒙轩门，后为讲堂，讲堂左有居业、进德、主敬、存诚四斋，右有正谊、明道二斋，左右有斋舍各二十间，堂后为书楼和堂长住所，楼左为丽泽堂、听雨轩，为讲课燕息之所（**图1-42**），楼后高阜为卷云亭，后建南轩先生祠，楼前为文星楼，楼外有洼地如池，可莳芰，其旁有桥，迤带冈阜，随其高下，建草亭，罗植花竹，作为学生息游之地（**图1-43**）。

1.4.6 汉学书院

由于清代文字狱盛行，学者失去了宋时期自由的文化空间，许多学者便将精力投入到无风险的考据中去，形成了以考据为主、不为科举的乾嘉

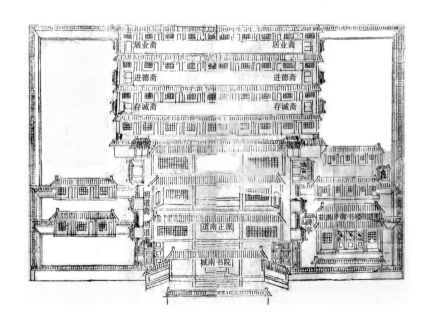

图1-41
城内之城南书院示意图（清乾隆《善化县志》）

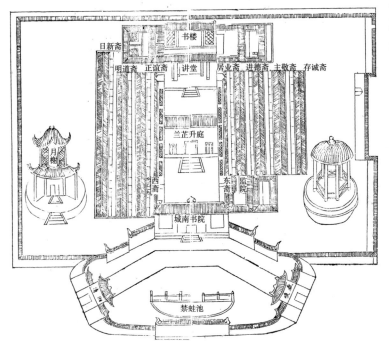

图1-42
城外之城南书院示意图（清光绪《善化县志》）

学派。乾嘉学派专门讲授汉学的学院就是清代特色的汉学书院。最著名的两所汉学书院是由清代著名学者阮元（1764～1849年）创建的诂经精舍和学

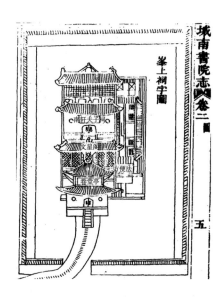

图1-43
南轩先生祠布局示意（《中国历代书院志》第五册）

海堂。阮元，字伯元，号芸台，江苏仪征人，进士出身，是乾嘉道三朝元老，清代著名学者和大教育家。诂经精舍创办于嘉庆六年（1801年），位于杭州西湖孤山上，供奉汉代大儒许慎和郑玄，精舍教学活动活跃，教学不以科举应试为目的，学生课后可到附近宴集、饮酒品茶，在山水间吟诗作赋，过着诗性的生活，一派性灵风骨。

学海堂创建于道光四年（1824年），位于广州城北粤秀山上，山之脉源自白云山，蜿蜒入城至此耸拔三十余丈，是广州城的镇山。学海堂坐落在粤秀山半山，山上乔木繁翳、木棉参天，堂外群峰环绕、枕城面海、景色绮丽。学海堂主要建筑包括学海堂、启秀山房、至山亭、竹径、

此君亭、新建启秀山房、离经辨志之
斋（**图1-44**）。学海堂在周垣之中，
三楹九架，东西南三面有深廊环绕，
两旁别有画栏，堂北隙地连接土山，
是启秀山房的前导空间。学海堂周围
遍布木棉花，堂北墙之东，尊藏仪徵
公小像，北墙之西嵌苍山洱海图，堂
前有三门，两侧翼以短垣，从堂前可
遥望城中万户炊烟，周围翠色葱茏，
绿荫如云，犹如世外桃源，登堂坐久
人人有观于海之意。启秀山房为三楹
七架，三面深廊，其后为粤秀山巅，
前有大湖方石，地势高爽，景色开
阔，是聚会雅集的佳处。至山亭位于
东北隅，其后可至山椒亭，由于亭位
于山巅，故其前可俯瞰一切，亭本为
圆式，寓意荷盖亭亭，后改圆为方。
竹径是堂阶下的蹬道，径两侧杂花树
木，径深处南侧有一小池，可泻山
水、可养芙蕖。此君亭在竹径之南。
新建启秀山房在外门之内，是藏书之
处。离经辨志之斋在新建启秀山房东
壁外的空地，是学海堂的书斋。学海
堂所在的粤秀山上旧有许多木棉、松
树、柏树，苍翠茂盛，为藏堂于密林
之中提供了天然的背景，另外还有鸡
冠花和月季花等花卉点染其中。

1.4.7　小结：近市不喧　泮山泮水

（1）择址

　　清代由于政府控制的加强，使得
书院完全城市化，新建书院选址一般
都位于城邑内部，并且都与当地的县

图1-44
清学海堂布局示意
（《中国历代书院
志》第三册）

学、府学、学宫临近，一方面便于政
府管理和方便学生科举考试，另一方
面亦是彰显"贤关"、"圣域"神圣
之地位置的显要。堪舆中有"巽位主
文运"和"文崇东南"之说，因为东
南方有主管学习考试的文曲星，从八
卦看与东南四宫巽卦相对应，文曲临
宫、百事皆宜，是主文化考试升官的
大吉之星，故而古代城市多将书院、
学宫等文化建筑置于城邑内部的东南
方，如沈阳书院位于沈阳儒学学宫之
左、苏州紫阳书院位于学宫之旁、鳌
峰书院位于福州城内的东南隅、山西
晋阳书院在省治南门内、开封大梁书
院在省城南薰门内。

（2）山水

　　清代继续延续明代书院园林中
"作假山"的传统，造园手法更趋精
微，山、水、植物、建筑之间的组合
关系更为融洽，如"前凿池以种莲，

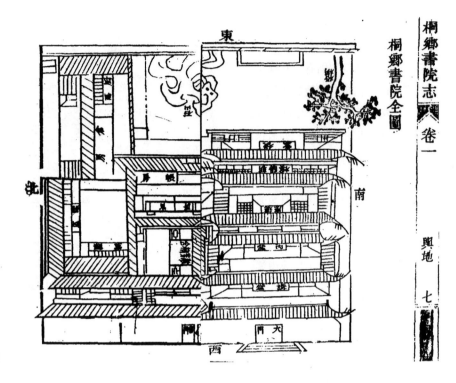

图1-45
桐乡书院石山(《中国书院志》第九册)

后聚石为山，植花木于旁以为游息地。又循唐人远上寒山之句，于山后右基筑室曰'白云深处'，于左幽篁中创亭曰'弹琴处'，盖取王维《竹里馆》之余意"①。假山除了和其他要素组合成景外，还经常单独作为庭院中心的主景，如"其前为后圃，方四丈，中累假山，外缭周垣"②（图1-45），并且重视假山的游观体验，假山构景的复杂性亦显著增加，如敬一书院"北为掌教书屋。其东侧石蹬嶙峋，苔藓层叠，有连理木笔一株，

虬枝叶密，花时朵无算。又多梧桐、槐、柏，与修篁杂植，望之排空一碧，不数怀素绿夫"③；鳌峰书院池南置假山，山上安排有石蹬道、山洞等多种形式的景物，游览体验丰富，登上假山能俯瞰书院前府城街巷市井风俗的全貌。清代书院举业兴盛，在书院园林上亦有映射，园林内常置峰石，用以象征魁星，如睢宁书院"后于尘埋中掘得巨石，玲珑透瘦，移置书院，以为文峰，曰滴泉石，作诗三章，用东城雪浪石韵，勒石纪事"④，

---

① （清）吕民服. 大吕书院碑记. 新蔡县志. 卷9. 清乾隆六十年刊本。
② 桐乡书院志. 卷6。
③ （清）鲁昱. 敬一书院记. 盱眙县志稿. 卷5. 清光绪十七年刊本。
④ 睢宁县志. 卷8. 光绪十二年刊本。

充分体现了园林景致对于科举文化的诠释。

清代书院园林内仍常用池塘的形式，池塘临近建筑布置，强调了建筑的亲水性，如"堂后偏东为莲池，池后为近光亭"①，"乃相地势，择西雍，前后池塘，翼以巍楼，形胜既佳"②。由于采取人工营造山水的方式，所以书院园林非常重视土方平衡，如梅花书院"墙下浚方塘，植柳栽苇，……更以浚塘之土累积于右，树以梅，以复梅岭旧观"③。受学宫的影响，清代书院前常设置半月形的泮池，如条山书院"大门之外，为坊一道。为水池为半月形"④，泮池常与棂星门和状元桥组合成为书院前符号化的景观标志，但是，作为园林水景的游赏性大为减弱。

（3）建筑

清代堪舆思想盛行，堪舆思想认为一地文风的兴盛与否与科甲鼎盛兴衰密切相关，书院作为文人聚集之所，自然成为主一方文脉的重要因素。在兴文风、鼎科甲思想的影响下，一方面清代书院园林中出现了很多魁星楼、文昌阁之类的体量高大的景观建筑；另一方面为了便于科举考

试，书院内又增设了监院署、考棚类的建筑。所以，总体来讲，清代书院内的建筑密度较高。清代书院建筑群强调中轴对称，大量运用廊庑连接各个建筑，形成严谨的院落空间，并且书院门前常用牌坊、棂星门、照墙之类的建筑，一方面起到标识的作用，另一方面亦有旌表之意。

由于城邑内选址所囿，园林内常建高楼或是于高阜修造建筑，利用竖向上的优势借景园外，如梅花书院"西有土阜，高丈许，即梅花岭也。岭上构数楹，虚窗当檐，檐外立，平塽而立，四望烟户，如列屏障。下岭则虚亭翼然，树以杂木"⑤，桐乡书院"由是而升左转为后堂之楼，楼曰朝阳。前敞窗棂正对桐子山，每朝夕登楼，树色风光来会于襟带之际"⑥，毓文书院"院中自讲堂与横舍外，又就冈阜之高下曲折，建为亭馆廊庑，有塔焉，以备远眺"⑦。

（4）植物

其一，清代书院园林内由于建筑密度增加，园林空间显得更为局促，园林植物多以单株、若干株或是成排的形式出现，成为建筑空间的点缀，起到烘托气氛的作用，如"甬道左

① 端溪书院. 肇庆府志. 卷6. 清道光十三年刊本。
②（清）王如辰. 华掌书院记. 临桂县志. 卷14. 清光绪六年补刊本。
③（清）李斗. 梅花书院. 扬州画舫录。
④（清）牛运振. 重建条山书院碑. 空山堂文集. 卷9. 清嘉庆六年校刊本。
⑤（清）李斗. 梅花书院. 扬州画舫录。
⑥ 桐乡书院图说. 桐乡书院志. 卷1. 清刊本。
⑦（清）洪亮吉. 洋川毓文书院碑记. 洪北江诗文集. 卷4。

右杂植花木，……讲堂前后古槐两株，……堂后东西泮池，……阶前古柏两株"①。其二，除了重视植物比德的精神性之外，园林植物还具有兴文风之寓意，如龙岗书院"前堂后舍，豁然宏敞。阶下杂植榆槐数百株，以兆百年树人之瑞"②。其三，清代书院园林兼顾植物的景观性和经济性的双重作用，园林中常有栽种果树的记载，如湘川书院"东舍之砌与竹径对，大桃双株曰：'桃蹊'；其下高砌，三橘树迤逦墙阴而上下，曰'橘磴'。殆取春华秋实，成蹊不化枳之义。"③，奎文书院"旁有空地，杂莳栗枣松韭之属，因颜曰东园"④，银冈

书院"乃于居室之旁结茆三间，圆户亮槅，颜之以丹，后植山果十余本，筑台于中，略有园林之致"⑤，这也正是书院园林发展后期园林空间局限、园内游赏活动增加、"娱于园"的一种表现。其四，清代书院园林在植物种类运用上注重体现地域特色，如嘉庆十一年（1811年）《鳌峰书院记》中提到鳌峰书院的植物种类包括榕树、荔枝、竹、柳树、荷花、果树等共12种，福州素有榕城之美誉，生产亚热带植物，九仙山一带竹亦生长茂盛，这些地域特色浓厚的植物在书院园林植物景观中都有所体现。

---

① （清）王先第. 桑泉书院碑记. 临晋县志. 艺文卷. 清乾隆三十八年刊本。
② （清）李一鹭. 创建龙冈书院碑. 栾城县志. 卷14。
③ 黄鉴. 湘川书院艺圃序. 贵州通志. 学校志. 卷3。贵州省文史研究馆点校，2008. 贵州：贵州人民出版社。
④ （清）杨芳灿. 奎文书院碑记. 灵州志. 清嘉庆三年刊本。
⑤ （清）董国祥. 银冈书院记. 铁岭县志. 卷9。

第 2 章

名园解析与考证

2.1 武夷精舍

2.1.1 武夷精舍的择址观

2.1.1.1 朱熹武夷精舍之择址观

淳熙五年（1178年）初秋，朱熹49岁时，与妹夫刘彦集、隐士刘甫游武夷，见到九曲溪和隐屏峰的胜景，就萌发出创建书院的念头，朱熹认为武夷山景致的精华在于九曲溪，九曲溪景致的精华又在第五曲，第五曲景致开阔，与其他几曲形成鲜明的对比，朱子曰"诸曲惟五曲地势宽旷，隐屏峰下紫阳书院在焉。面向晚对，远近拱立者为玉华、接笋、城高、天柱诸峰，溪过其前，萦绕如带，冲融淡泞，流若织交，此九曲正中也，溪山之胜极也"[①]（**图2-1**）。淳熙九年（1182年）朱熹的理学开始受到政敌的攻击，淳熙九年（1182年）他在浙东提举任上奏弹劾唐仲友受挫，归武夷，淳熙十年（1183年）在此创建"武夷精舍"（后称武夷书院、紫阳书院）。之后的六、七年时间，朱熹一边在精舍讲学，一边著述，先后完成了《易学启蒙》、《中庸或问》、《中庸章句》等大批著作。寒泉精舍是朱熹创建的第一所书院，云谷"晦庵草堂"是朱熹建造的第二所书院，武夷精舍是朱熹创建的第三所书院，这三所书院都位于远离市井喧嚣的山野，朱熹在这三所书院内苦心著书立说，并与门人经常往来于武夷、云谷、寒泉之间，将悠游与讲学活动紧密结合，通过登山临水来体察天地万物之理，格物致知，如登云谷山时，感悟到霜、露、雨、雪的成因，使其研究领域向古代天文、地理、自然方面拓展，并且还丰富了讲学内容。

2.1.1.2 择胜与选址

广义的武夷山是指江西和福建两省交界处，由东北绵延到西南的诸多山脉，此处所指的是狭义的武夷山，即指福建省境内的武夷山风景区。武夷山在崇安县（今武夷山市）南三十里，山脉发自西南的白塔山，由笔架山一带逶迤百里，踰超峰棠岭融结为山，武夷山周围百二十里，大峰有三十六座，最高峰为三仰峰，海拔718米。武夷山景区东抵崇阳溪，北为黄龙（柏）溪，西至蒋村里，南至蓝原，四面皆欲壑。崇阳溪在武夷山的东部，由北向南流；黄柏溪在武夷山的北侧，发源于桐木关东南角，自东向西流动，在宫庄流入景区内，后在下林洲注入崇阳溪。九曲溪在武夷山景区内，为山内风景的精华之处。九曲溪发源于三保山，出大源山、马月岩，入武夷折为九曲，自西北流向东南，在武夷山中盘绕约二十里，

---

① （宋）朱熹. 武夷精舍杂咏诗序.（清）董天工. 乾隆武夷山志. 卷10. 觐光楼藏版。

图2-1
武夷山五曲溪
（作者自摄）

在武夷宫处汇入武夷山东侧的崇阳溪内。朱熹非常喜爱武夷山的九曲溪，为此他做《九曲棹歌》（表2-1）描绘九曲溪的山水风貌，后历代有唱和者。

北宋元符初，理学家游酢在武夷山九曲溪之第五曲的隐屏峰麓创建了理学南传来的第一所书院"云水寮"，在此读书著文，教授学生；南宋刘珙于溪南晚对峰麓兴建有仰高堂和迎绿亭。"五曲溪之左有大隐屏、伏羲洞、罗汉岩、黑洞、接笋峰、铁象岩、云窝、撞冠石、升真洞、茶洞、清隐岩、玉华峰；溪之右有晚对峰、天柱峰、更衣台；溪水之滨有茶灶石、平林渡"①。武夷精舍位于九

---

① （明）袁仲儒撰. 武夷山志. 卷1。

（宋）朱熹《九曲棹歌》　　　　　　　表2-1

景致	诗文
	武夷山上有仙灵，山下寒流曲曲清。欲识个中奇绝处，棹歌闲听两三声。
一曲	一曲溪边上钓船，幔亭峰影蘸晴川。虹桥一断无消息，万壑千岩锁翠烟。
二曲	二曲亭亭玉女峰，插花临水为谁容？道人不复阳台梦，兴入前山翠几重。
三曲	三曲君看架壑船，不知停棹几何年？桑田海水今如许，泡沫风灯敢自怜。
四曲	四曲东西两石岩，岩花垂露碧㲯毵。金鸡叫罢无人见，月满空山水满潭。
五曲	五曲山高云气深，长时烟雨暗平林。林间有客无人识，欸乃声中万古心。
六曲	六曲苍屏绕碧湾，茆茨终日掩柴关。客来倚棹岩花落，猿鸟不惊春意闲。
七曲	七曲移舟上碧滩，隐屏仙掌更回看。却怜昨夜峰头雨，添得飞泉几道寒。
八曲	八曲风烟势欲开，鼓楼岩下水潆洄。莫言此地无佳景，自是游人不上来。
九曲	九曲将穷眼豁然，桑麻雨露见平川。渔郎更觅桃源路，除是人间别有天。

曲溪之第五曲的隐屏下（又称大隐屏），去精舍只能依靠舟楫先到达精舍前的平林渡，"凡溪水九曲，左右皆石壁，无侧足之径，唯南山之南有蹊焉，而精舍乃在溪北，以故凡出入乎此者，非鱼艇不济"[①]。精舍背靠隐屏峰（又名大隐屏），高耸峭拔，夷上直下，方正如屏（图2-2），玉华峰和接笋峰依于左右，拱卫隐屏峰，接笋峰在大隐屏的右侧，高度比大隐屏稍稍逊色一些，峭削无比，峰右贴壁一石，尖锐直上，形类立笋，横裂三痕，断而仍续，故名接笋；接笋、隐屏、玉华三峰为精舍的坐山，其中隐屏峰为主山，是五曲山水环境的制高点，形式奇特，是五曲内空间构图的主要参照。武夷精舍前临五曲溪水，为精舍的朝水，隔水有天柱峰、晚对峰为精舍的朝山，坐山决定了精舍建筑群的地势，朝山和朝水的形状和方位决定了精舍建筑群从西南向东北的轴线朝向（图2-3）。大隐屏左右有伏羲洞和罗汉洞，伏羲洞（又名先天洞），位于书院右侧大隐屏山腰，广可数亩，洞中有石若列卦，伏羲洞前有两石高耸，中隔一峡，上横石矼，名曰云桥；罗汉洞，位于罗汉岩的下面，罗汉岩在隐屏峰左侧，上为铁笛亭旧址，罗汉洞附近还有黑洞（图2-4）。武夷精舍所在地是武夷九曲中地势最为开阔、景色最胜之处，朱熹认为"武夷之溪东流凡九曲，而第五

---

① （宋）朱熹. 武夷精舍杂咏诗序.（清）董天工. 乾隆武夷山志. 卷10. 觐光楼藏版。

图2-2
武夷精舍选址（作者自摄）

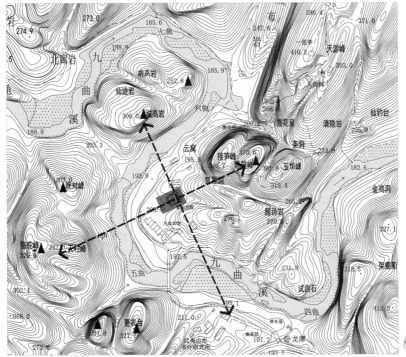

图2-3
武夷精舍选址示意
（作者自绘）

图2-4
武夷精舍形胜图
（清乾隆《武夷山
志》）

曲为最深"①，精舍选址在两麓相抱中的数亩平地上，"抱外溪水随山势从西北来。四曲折始过其南，乃复绕山东北流，亦四曲折而出。溪流两旁丹崖翠壁林立环拥，神剜鬼刻，不可名状。舟行上下者方左右顾盼错愕之不暇，而忽得平冈长阜，苍藤茂木，按衍迤靡，胶葛蒙翳，使人心目旷然以舒、窈然以深若不可极者，即精舍之所在"①，上面描写了人舟行在九曲溪中，从四曲南行一路上两边都是令人错愕的陡峭石壁，有一种身在深谷的压抑感，到了第五曲突然出现了平冈长阜、古木参天，使人心情豁然开

朗，朱熹就将精舍的位置选在了周边山石环抱最完整的第五曲的平地上。

2.1.2 武夷精舍之变迁和各时期艺术特色

2.1.2.1 朱熹肇创

淳熙十年（1183年）四月，武夷精舍落成，占地三亩，朱熹在《武夷精舍杂咏诗序》中描述了精舍的大致布局，"直屏下两麓相抱之中，西南向为屋三间者，仁智堂也。堂左右两室，左曰'隐求'，以待栖息；右曰'止宿'，以延宾友。左麓之外，复前引而右抱，中又自为一坞，因累

---

① （宋）朱熹. 武夷精舍杂咏诗序.（清）董天工. 乾隆武夷山志. 卷10. 觀光楼藏版。

石以门之，而命曰'石门之坞'。别为屋，其中以俟学者之群居，而取《学记》相关而善之义，命之曰'观善之斋'。石门之西少南又为屋，以居道流，取道书《真诰》中语，命之曰'寒栖之馆'。直观善前山之巅为亭，回望大隐屏最正且尽，取杜子美诗语，名以'晚对'。其东出山背临溪水，因故基为亭，取胡公语，名以'铁笛'，……寒栖之外，乃植楗列樊，以断两麓之口，掩以柴扉，而以'武夷精舍'之匾揭焉。……钓矶、茶灶皆在大隐屏西。矶石上平，在溪北岸。灶在溪中流，巨石屹然，可环坐八九人，四面皆深水，当中科臼自然如灶，

可爨以瀹茗"①。可见，精舍初建时有主屋三楹，中间为师生授课的"仁智堂"，左为朱熹起居室"隐求堂"，右为接待宾朋的客室"止宿寮"，主屋左侧有一幽深山坞，坞口垒石为门，名"石门坞"，坞中建"观善斋"，以供求学的士子群居，坞中还有"寒栖馆"，接待道流来访的专用场所。"观善斋"前左右各建"晚对亭"和"铁笛亭"，供生徒和来宾课余闲暇游憩，"铁笛亭"旧名"夺秀亭"，位于书院左侧的罗汉岩上，临溪，最早为宋学士胡寅建，朱熹重建，并更名为"铁笛亭"，书院建成时，朱熹高兴地赋诗十二首，名《精舍杂咏十二首》（表2-2）。

（宋）朱熹《精舍杂咏十二首》②　　　　表2-2

景致	诗文
精舍	琴书四十年，几作山中客。一日茅栋成，居然我泉石。
石门坞	朝开云气拥，暮掩薜萝深。自笑晨门者，那知孔氏心。
仁智堂	我惭仁智心，偶自爱山水。苍崖无古今，碧涧日千里。
观善斋	负笈何方来，今朝此同席。日用无余功，相看俱努力。
隐求室	晨窗林影开，夜枕山泉响。隐去复何求，无有道心长。
寒栖馆	竹间彼何人，抱瓮靡遗力。遥夜更不眠，焚香坐看壁。
止宿寮	故人肯相寻，共寄一茅宇。山水为留行，无劳具鸡黍。
晚对亭	倚筇南山巅，却立有晚对。苍峭矗寒空，落日明幽翠。
铁笛亭	何人轰铁笛，喷薄两崖开。千载留余响，犹疑笙鹤来。
茶灶	仙翁遗石灶，宛在水中央。饮罢方舟去，茶烟袅细香。
钓矶	削成苍石棱，倒影寒碧潭。永日静垂竿，兹心竟谁识。
渔艇	出载长烟重，归装片月轻。千岩猿鹤友，愁绝棹歌声。

① （宋）朱熹. 武夷精舍杂咏诗序.（清）董天工. 乾隆武夷山志. 卷10. 觐光楼藏版。
② （宋）朱熹. 精舍杂咏十二首.（清）董天工. 乾隆武夷山志. 卷10. 觐光楼藏版。

朱熹的好友、时任建宁知府的大诗人韩元吉为武夷精舍作记，他将武夷山形容为朱熹五夫里家的后圃，朱熹尝与门生弟子游之，并记述了朱熹亲自画图规划、其弟子一石一瓦亲自动手建设精舍的情形，"盖其游益数，而于其溪之五折，负大石屏规之，以为精舍，取道士之庐犹半也。诛锄茅草，仅得数亩。……使弟子辈具畚锸、集瓦木，相率成之。元晦躬画其处，中以为堂，旁以为斋，高以为亭，密以为室，讲书、肄业、琴歌、酒赋，莫不在是"①。当时在福建任帅的赵汝愚曾经派人来帮助朱熹建造精舍，但是被他拒绝了，他认为弟子们应该参加像建房子这样的体力劳动，武夷精舍建成后，四方学者多慕名而来，多以不能久居为憾，朱熹曰"四方士友来者亦甚众，莫不叹其佳胜而恨他屋之未具，不可以久留也"②，在他给蔡元定的书信中亦说"寒泉精舍才到即宾客满座，说话不成，不如只来山间，却无此扰"③，可见武夷精舍当时的规模较小，设施也比较简单。

2.1.2.2 宋元续修

朱熹去世后，武夷精舍受到封建统治者的重视，历代都有修葺。南宋末年，朱熹的第三子朱在和孙子朱鉴对书院进行了修葺，旧而广之，更名为紫阳书院，朝廷派使者潘有文、彭方拨田以供书院学者开支。淳祐元年（1241年）朱熹被封为徽国公，从祀于文庙，淳祐四年（1244年），崇安县令陈樵子扩大书院规模，王遂为之作《重修武夷书院记》。景定二年（1261年）崇安邑令林天瑞增建古心堂在书院的外面，并设山长教生徒。咸淳四年（1268年）朝廷命令有司对书院大为营建。

元初改山长为教授，邑士詹光祖当选，并对书院修葺一新。元至正二十七年（1290年）建宁郡判母逢辰又增建修葺，其后，书院教授游鉴、江应、詹天祥，学录詹天麟皆相继修缮。元至正二十五年（1365年）毁于兵燹。

2.1.2.3 明代续修

明正统十三年（1448年），朱熹的八世孙朱洵和朱澍尊祖敬宗，出钱重建书院，邱锡在《重修武夷书院记》中有详细记述，"依考亭书院制，仁智堂奉立文公神主，以文肃黄公幹、文节蔡公元定、文简刘公爚、文忠真公德秀配享，左庑仍匾曰隐求，右庑仍匾曰止寮，前为厅，匾曰武夷书院，门庭馆斋以渐而立"④。

---

① （宋）韩元吉. 武夷精舍记.（清）董天工. 乾隆武夷山志. 卷10. 觐光楼藏版.
② （宋）朱熹. 武夷精舍杂咏诗序.（清）董天工. 乾隆武夷山志. 卷10. 觐光楼藏版.
③ （宋）朱熹. 答蔡元定. 书九二. 朱文公文集·续集. 卷2.
④ （明）邱锡. 重修武夷书院记.（清）董天工. 乾隆武夷山志. 卷10. 觐光楼藏版.

明正德十三年（1518年），巡按御史周鸮清、军御史周震及金事萧乾元橄县令王和重新修葺，辟地百余丈，缭以周垣，前竖坊曰武夷书院，稍进为五开间小楼，曰高明楼，中为五开间大堂，两庑各有六开间堂斋，都悬挂文公的旧额，规制宏丽，并加置田百亩，作为以后祭祀及修缮的费用，又在旁边建屋若干间，选择朱氏后裔孙一人世居管理，并编门役一名。明徐问在《重修武夷书院》中证实了正德十三年书院增设小楼，并有增亭的记载"嘉靖戊子夏六月，余登而谒焉，顾瞻堂宇，咸若新构。前有楼，楼侧有二亭，旁有碑石，已礲治，横仆草间"[①]。

明万历十一年（1583年）少司马陈省结庐云窝时，书院非常衰废，曾有士人题诗于书院墙壁曰"紫阳书院对清波，破壁残碑半女萝。颇爱隔邻亭树胜，画栏朱拱是云窝"[②]，陈省见此笑曰"是其启我乎"[②]，遂出资修葺书院，使其焕然一新。明崇祯末年（1644年），黄门陈履贞又捐资重修。

2.1.2.4　清代续修

清顺治十六年（1659年）邑令韩世望又重新修葺书院，次年春天，大风拔木，文公祠尽圮，仅存二门。康熙二十六年（1687年）御赐"学达性天"匾额，重新修复书院，但是并没

有恢复之前宏敞的风格。康熙四十五年（1706年）督学、侍读沈涵同意王梓的请求，允许朱熹后裔朱炜为祠生，居书院以奉祭祀。康熙五十六年（1717年）闽浙总督觉罗满保捐奉倡修，相国李安溪（即理学家李光地，1642～1718年）先生遂欣然解囊赞成，使书院焕然一新，"今复重建文公精舍，广扬圣教，士林兴起，因建报功祠于书院之左"[③]（图2-5）。觉罗满保亲自撰写了《重修武夷精舍记》曰"于是就欹者扶之，废者新之，又从而增益补缀之。既立堂宇以祀朱子，且于其后复覆数橼，而以赵清献、胡文定、刘文靖数君子附焉"[②]。

2.1.3　武夷精舍园林理法

2.1.3.1　理水

武夷山五曲自然风景中水体自然形态丰富，包括潭、泉、溪、滩、渡、塘、沼多种形态，共同构成了书院周围生动活泼的园林环境。五曲内有潭一处，名曰镜潭，溪水自文成公祠而下，初折而南至石坪前，清深如镜，故而得名。有泉四处：雪花泉，又名瀑布泉，在溪北，胡麻涧水从天游顶飞下，势若万丈长虹，渐流入溪；澹泉，位于溪北，自清隐石罅迸出；玉华泉，位于溪北，从玉华岩石峡中流出；金淑泉，溪北，在伏虎岩

---

①（明）徐问. 重修武夷书院.（清）董天工. 乾隆武夷山志. 卷10. 觐光楼藏版。
②（清）董天工. 乾隆武夷山志. 卷10. 觐光楼藏版。
③（清）王复礼. 重修精舍报功祠.（清）董天工. 乾隆武夷山志. 卷10. 觐光楼藏版。

图2-5
武夷精舍建筑布局图（清乾隆《武夷山志》）

撞冠石下。有塘一处，名曰仙浴塘，在溪北，雪花泉注于清隐岩右深峡中，于伏虎岩下石洞流出赴溪。有渡一处，名曰平林渡，在武夷精舍前，册壁青林，自饶佳景，地名平林，舟渡以通往来。有滩一处，名曰平林滩，在武夷精舍前。有沼一处，名曰青莲池沼，在武夷精舍西侧。这些自然水景有动有静，成为精舍园林的重要组成部分。

2.1.3.2　山石

武夷山五曲内千变万化的自然山石为书院园林提供了各种不同的风景地貌，有峰、岩、石、洞、窝、坞、

台等多种形式，精舍充分利用和选择周围优越的风景地貌，发挥自然风景的特色，构成了绚丽多彩的园林景观。①有峰五座：隐屏峰、接笋峰、玉华峰、天柱峰、晚对峰；隐屏峰、接笋峰、玉华峰位于溪北，最高耸峭拔的是隐屏峰，为单斜断块山，以险峻著称；接笋峰和玉华峰稍低，位于隐屏峰左右，呈拱卫之势；天柱峰和晚对峰位于溪南，晚对峰为大隐屏南隔溪的案山，天柱峰为柱状山峰，位于晚对峰东侧，峭拔挺立；五座山峰又高又险，围绕精舍成为园林天然的背景和对景。②有岩六处：罗汉岩，

在溪北大隐屏之麓，近书院左侧；铁象岩，在溪北接笋峰下，书院的右侧；清隐岩，在溪北茶洞北壁；伏虎岩，俗名撞冠石，溪北铁象岩右，墙立数寻，其下有石如虎蹲伏五六，故名；仙迹岩，在溪南，晚对峰左，位于云路和云桥的对岸，石上有二窝，因此得名；丹炉岩，在溪南，仙迹岩之左。这些造型奇特的自然山石可观、可游，成为武夷精舍天然的园林之山，共同营造着精舍真山真水的园林境界。③有窝两处：云窝，在溪北，铁象岩前，巨石崎岖，负山临水；痴颐窝，又名栖霞所，溪北定心亭后，旧有小楼，今废。④有洞七处：先天洞，又名伏羲洞，位于溪北隐屏峰半山腰；茶洞，溪北，位于书院右侧接笋峰的半山腰；黑洞，溪北近罗汉洞，幽曲深黝，故而得名；罗汉洞，溪北罗汉岩下；嘘云洞和聚乐洞都在幼溪草庐；南溟靖洞，溪北，隐屏峰顶，南下半壁有洞，最险。山洞独特的自然地貌，丰富了精舍园林的游观体验，并为师生悠游畅情、接待来访道流提供了众多独具特色的、具有幽藏气质的小空间。⑤有石六处：云路石，溪北云桥右，斜立，是从此达云窝之路也；五老石，溪南天柱峰左麓，有五石因名；钓矶石和茶灶石都位于平林渡口溪中；曹家石，近镜潭水中；蝴蝶石亦在溪中。六处自然山石是精舍园林的天然置石，为周围大山大水的园林提供了精致的点缀，亦是除山川构图之外精舍园林在

人之行为尺度体系上的重要节点，决定并影响着精舍建筑群对近景环境尺度的趋避，如武夷精舍充分利用近处的钓矶石和茶灶石开展垂钓和烹茶活动。⑥有坞两处：石门坞，武夷精舍左麓之外，复前引而右抱，中又自为一坞，累石为门，故得名；竹坞在幼溪草庐。⑦有台四处：更衣台，位于溪南，又称文峰；研易台、生云台和问樵台都在幼溪草堂。

武夷山五曲内除了优美的自然山石外，还留有大量的文人墨迹、纪游题刻。山以人名、人以文名，武夷山的摩崖石刻赋予自然山水灵魂和生命，成为宝贵的人文资源，具有很高的文化价值。据清代学者统计，五曲内共有摩崖石刻十五处，其中朱熹留下的包括茶灶石刻、《九曲棹歌》第五曲石刻，还有游酢后人游九岩书于隐屏峰的云水寮石刻，明代名臣陈省亲书的隐屏峰上的大隐屏石刻和云路、云桥、留云、嘘云、伏虎岩刻等，包含了丰富的理学思想。

2.1.3.3　建筑

朱熹和弟子亲自动手修建精舍，建筑朴素，设施简单，规模较小仅三亩，这一时期精舍建筑并未以自我为体系中心，形成完整的秩序体系，而是结合自然山水条件，因山水筑园，如利用自然山坞垒石为门的石门坞，溪流中天然石矶形成的茶灶，利用周边高处建造观景和点景亭，如罗汉岩上的铁笛亭等，更多遵循的是"中以为堂，旁以为斋，高以为亭，密以

为室"①的自然原则。朱熹之后，武夷精舍累代修建，建筑类型不断丰富，有斋、馆、寮、堂、室、亭、楼等多种形式。这其中包括：斋一座，名曰观善斋；堂两座，名为仁知堂、古心堂；馆一座，名曰寒栖馆；寮一处，名曰止宿寮；室一座，名曰隐求室；楼一座，名曰高明楼；亭两处，名曰铁笛亭和晚对亭，其中铁笛亭旧名夺秀亭，溪北罗汉岩前，宋胡寅建，朱熹重建，晚对亭在武夷精舍隔溪南岸；艇一处，名曰渔艇。朱熹去世之后，历代官府、朱熹的仰慕者及其后裔都比较重视精舍的营建，历代都有续修，并且规模不断扩大。南宋末年增加古心堂；明正德年间不但扩大书院占地规模，还增建牌坊、五开间小楼，并且增加了书院学田，规制宏丽，书院规模达到鼎盛；清康熙时期书院得皇帝赐匾；但是，纵观书院的变迁，在朱熹去世之后，随着历代统治者对朱子理学的推崇，书院的祭祀性不断加强，往来凭吊、祭祀怀古者居多，书院逐渐失去了原有的自由讲学的独立精神和理学思想的活跃灵魂，渐渐发展成为祭祀朱子的宗祠（图2-6）。

"武夷本为仙窟。一山一水，一水一石，水贯山行，山挟水转，然其间琳宫梵宇，鸟革翚飞。自紫阳书院一开，而台、亭、庄、馆，接武而至"②。在武夷精舍之后，五曲溪内历代名人又修建了许多胜迹，略如祠包括王文成公祠、葛学使祠。堂包括宋刘衡在溪北茶洞兴建的小隐堂；宋末元初著名理学家熊禾于溪南晚对峰麓兴建的洪源书堂，里面有道源堂和傅裹堂；明崇士安如坤于溪北武夷精舍左兴建的景晦书堂。亭包括定心亭（溪北接笋峰顶）、仰止亭（溪北接笋峰下，明万历时建）、仙奕亭（玄元道院后，明嘉靖刘端阳建）、问渔亭（在昆石山房）、停云亭、红叶亭、碧漪亭、寒绿亭和迟云亭（都在幼溪草庐）、濯缨亭（在枕肱居内）、水月亭（云窝道院内）。草庐一座，曰幼溪草堂，位于五曲下溪北，合上、下云窝构屋以居，明陈省建。书屋一座，名曰留云书屋，溪北接笋茶洞内，清董茂勋建。别业一座，名曰武夷别业，溪北玉华峰下，清潘一锦建。居三座：半石居（溪南晚对峰麓，明游孟驭铳建）、煮霞居（溪北茶洞前，清中书李钟鼎建）、枕肱居（溪北云窝，明太守李时兴建，内有濯缨亭）。阁两座：栖云阁（幼溪草庐内）、栖真阁（幼溪草庐内）。楼一座：巢云楼（幼溪草庐内）。桥一座，名曰云桥（溪北黑洞右，伏羲洞前，两石高耸，中隔一峡，上横石矼）。山房两座：云庄山房、昆石山房。还有许多宗教建筑，如宋羽士陈

---

① （宋）韩元吉. 武夷精舍记. （清）董天工. 乾隆武夷山志. 卷10. 觏光楼藏版。
② （清）董天工. 乾隆武夷山志. 总志上. 觏光楼藏版。

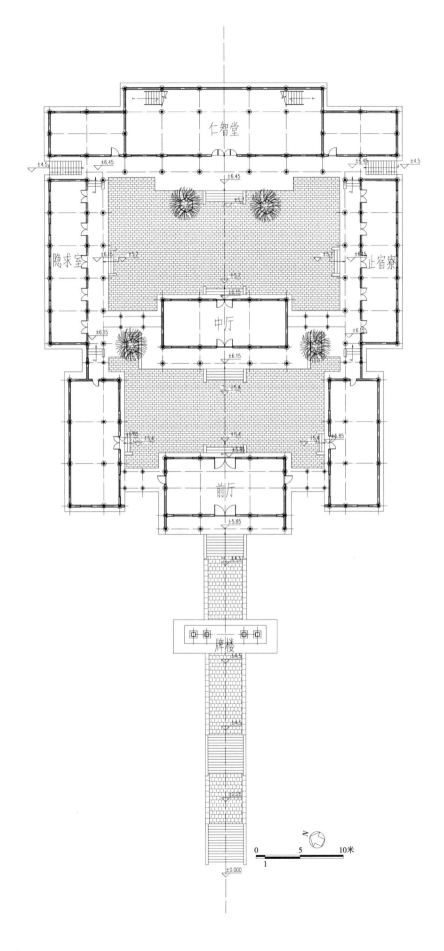

仁智堂

隐求室

止宿寮

中厅

前厅

牌楼

N

0 5 10米

图2-6
武夷精舍现状布局
示意（作者自绘）

册枢建于溪北隐屏峰前的云窝道院，明万历时建于溪北隐屏峰顶的清真道院，宋刘妙清建于溪北云窝右的棘隐庵、玄元道院、石堂寺等。

2.1.3.4 植物

清董天工《武夷山志》中载植物种类如下。艺属：茶；篁属：毛竹、方竹、双干竹、笛竹；果属：小李、山荔枝、仙橘；菜属：薸菜；药属：石菖蒲。

2.1.4 小结

武夷精舍是朱熹亲自创建的第三所书院，是他书院园林实践中较为成熟的第一个作品，号称当时武夷之巨观。精舍选址在武夷山内风景极佳的五曲溪畔，周边自然风光美如仙境，朱熹选择在山水间修建书院并不是为了游山玩水，所谓真乐山者不囿山，真乐水者不囿水，于山水间建书院的真正目的是山居读书穷理，安贫乐道，重在追求充实的精神生活。精舍在园林经营上充分利用自然山水，以凸显真山真水之特色，将人文景致广布在书院周边五曲溪的自然山水之中，通过安排活动、歌咏题刻的方式将自然风景加以人工点染，从而纳入精舍的大景观体系中来，充分体现了南宋书院园林全盛期的特色，是古代书院园林"整体设计思维"和"重于宜的设计哲学"的典型代表。

2.2 考亭书院

2.2.1 考亭书院的择址观

2.2.1.1 朱熹考亭书院的择址观

绍熙二年（1191年）朱熹长子朱塾去世，他以此为由辞去漳州官职，北上回家处理儿子的丧事。此次朱熹北归并没有回到五夫里紫阳楼的家中，而是暂时居住在建阳的同繇桥，准备迁居考亭。那么，朱熹为什么要迁居考亭呢？原因有四。①哀长子朱塾夭亡，使朱熹老年丧子，在此之前，朱熹40岁丧慈母、46岁又中年丧妻，朱子经历的这些人生不幸使得他认为五夫里风水太恶薄，不宜再久居。②朱熹不忘父亲先志，为了实现父亲生前的愿望；南宋建炎二年（1128年），朱熹的父亲朱松路过建阳，被考亭的秀丽风景所吸引，爱其山水清邃，并嘱后人，此处可以卜居。③朱熹与建阳有着非常深厚的渊源，朱熹的父亲朱松曾带着11岁的朱熹客居建阳的邱之野家中，并带朱熹拜访朱松的好友陈氏，朱松的好友、朱熹的恩师刘勉之后亦迁居建阳考亭萧屯，并将小女儿刘四清许配给朱熹，所以考亭是朱熹经常出入问道求学之处，可以说，朱熹与考亭是有着深厚感情的，他把父亲、母亲、长子都安葬在了考亭。④朱熹认为考亭"此间寓居近市，人事应接倍于山间，今不复成归五夫，见就此谋卜居。……其处山水清邃可喜，陈师道、伯修两殿院之故里也"①，即考亭离建阳县较近，生活便利，不但地理环境优越，而且人文环境良好。此前朱熹创建的三所书院都位于大山之中，如建于西山上的寒泉精舍、建在云谷山巅的晦庵云谷草堂、建于武夷山九曲溪旁的武夷精舍，虽说山水环境俱佳，但是生活相对来说并不便利，而且之前的三所书院对于朱熹来说都是别居，朱熹的家人一直都住在崇安五夫里，此次迁考亭，朱熹是准备晚年定居于此，所以对书院选址的要求不但要考虑对于读书的影响，而且还要满足生活便利的需求。

据后来的文献记载，朱熹从五夫里迁居考亭之后曾经有"东迁失计"的悔意，他说"昨日季通说旧居山水甚胜，弃之可惜。新居近城，以此间事体料之，必不能免人事之扰。只如使节经由，不容不见，便成一迎送行户。应接言语之间，久远岂无悔吝？今年尤觉不便，始悟东迁之失计。贤者异时亦当信此言也"②。在朱熹的《忆潭溪旧居》中也表达了这种悔意，朱子曰"忆往潭溪四十年，好峰无数列窗前。虽非水抱山环地，却是冬温夏冷天。绕舍扶疏千个竹，停崖

寒冽一泓泉。谁教失计东迁缪，惫卧西窗日满川"。

从上面的分析可以看出，朱熹在书院选址上是比较注重山水和人文两方面的，相比于物质生活的便利来讲，对于环境的精神需求更高，他对五夫里紫阳楼"非水抱山环地"的环境给予了肯定，可见，作为理学大师的朱熹对于书院选址并不是过分追求风水。

2.2.1.2 择胜与选址

建阳在建宁上游，是福建七邑中最西北处，多高山峻峭，东南地夷，群峰襟抱，二水带束，茶笋连山，称妙天下。建阳不但山川雄丽、钟灵敏秀，而且贤才辈出，北宋丞相陈升之、御史陈师道、著名理学家游酢，南宋尚书刘爚、神童张生，明代状元丁显等都出自建阳。"考亭"原名"望考亭"，南唐侍御史黄端公建亭于此，有《望考亭》诗曰"青山木笏尚初官，未老金鱼是等闲。世上几多名将相，门前谁有好溪山？市楼晚日红高下，客艇春波绿往还。人过小桥频指点，全家都在画图间"③，考亭遂由此得名。考亭位于建阳城西南面三贵（桂）里考亭村，由于宋时里有一门三子同举，因此更名为"三贵里"，三贵里距离建阳西门城关约2.5公里，它背负玉枕峰，面对翠屏山，

① （宋）朱熹. 晦庵集. 卷52. 清钦定四库全书. 集部. 别集类。
② （宋）朱熹. 晦庵集·续集. 卷3. 清钦定四库全书. 集部. 别集类。
③ （清）郑方坤. 全闽诗话. 卷1. 清钦定四库全书. 集部. 诗文评类。

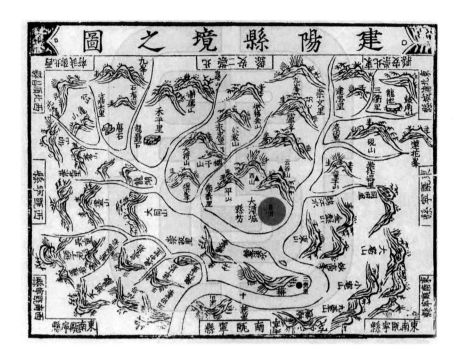

两山之间一水中通，三面有水环抱，风景秀丽、村舍相望、鸡犬相闻，一派田园风光，素有"考亭山水甲建阳"的美誉（图2-7）。明代这里形成著名的三贵考亭八景："书院贤关、鹫峰梵宇、玉枕晴云、翠屏蘸水、蟹谷腾骥、岩头树色、瀛洲晚渡、匙涧寒泉"①。

考亭书院在玉枕山下，书院背依玉枕峰，峰自云谷山来，过佛岭至考亭，高峻横亘，形如玉枕，故得名，此地是明代考亭八景之一"玉枕晴云"所指。"翠屏山"在考亭书院面前，是考亭书院的对景山，其上苍翠浮动，幽秀异于诸山，朱熹有《翠屏山诗》赞美其幽美景色曰"瓮牖山前翠作屏，晚来相对静仪型。浮云一任闲舒卷，万古青山只么青"②。"考亭溪"在考亭书院前，发源于西北部武夷山的麻阳溪，在考亭村的一段被称为考亭溪，溪水自西北而来，在考亭书院前遇到翠屏山的阻隔折而返北，水势变缓，湾环五里无滩，水波不兴，如平静的水面，明代

① （明）魏时应主修. 万历. 建阳县志. 卷1. 见: 日本藏中国罕见地方志丛刊. 北京: 书目文献出版社. 1991: 247。

② （清）李再灏，梁舆主修，江远青总纂. 道光十二年版建阳县志. 卷1. 福建: 建阳县地方志编纂委员会, 1986: 69。

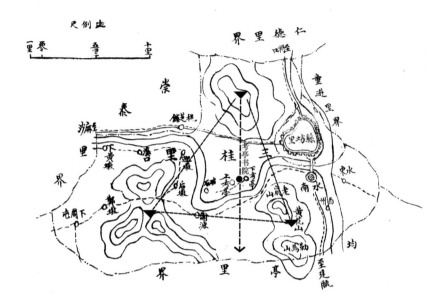

图2-8
考亭书院选址示意
（民国《建阳县志》）

考亭八景之一的"翠屏蘸水"描绘的就是书院前翠屏山四时苍翠、下有芳洲远渚、峰峦倒影溪中、影随波动、隔溪望之、风景极佳的境界（图2-8、图2-9）。考亭溪内有"龙舌洲"，宋曾经立社坛于洲上，久旱时村民会到洲上祈雨，据说龙舌头便会吐水，非常灵。《建阳县志·龙洲社坛》曾经记载曰"不生乾淳世，空羡乾淳人。龙洲远水中，衣冠集比邻。一寄耦耕兴，亦御田祖神。傍花随掷去，拍拍皆阳春"[①]；朱熹号龙舌洲曰"沧洲"，并作了一首《水调歌头·沧洲》，"富贵有余乐，贫贱不堪忧。谁知天路幽险？倚仗互相酬。请看东门黄犬，更听华亭清唳，千古恨难收。何似鸱夷子，散发弄扁舟！鸱夷子，成霸业，有余谋。致身千乘，卿相归把钓鱼钩。春昼五湖烟浪，秋夜一天云月，此外尽悠悠。永弃人间事，吾道归沧洲"。朱熹晚年定居考亭后称自己为"沧洲病叟"，可见他对门前水中洲渚景色的喜爱，"梅雨，溪流涨盛，先生扶病往观，曰：君子于大水，必观焉"[②]，后来先生在弥留之际还与弟子商量计划于洲上建小亭的事宜，从以上可见，考亭书院周边三

---

① （明）赵文等续修. 景泰. 建阳县志。
② （宋）黎靖德. 朱子语类. 卷107. 北京：中华书局. 1986。

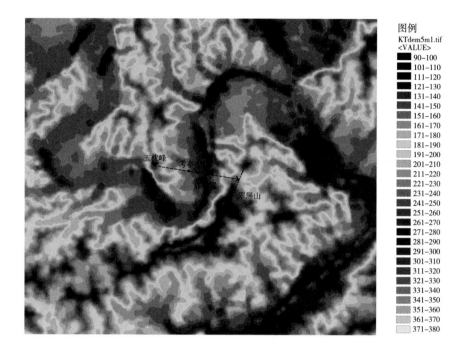

图例
KTdem5m1.tif
<VALUE>
■ 90-100
■ 101-110
■ 111-120
■ 121-130
■ 131-140
■ 141-150
■ 151-160
■ 161-170
□ 171-180
□ 181-190
□ 191-200
□ 201-210
□ 211-220
□ 221-230
□ 231-240
□ 241-250
□ 251-260
■ 261-270
■ 271-280
■ 281-290
■ 291-300
■ 301-310
■ 311-320
■ 321-330
■ 331-340
■ 341-350
■ 351-360
■ 361-370
□ 371-380

图2-9
考亭书院地形分析
（作者自绘）

面环水、一面背山，其环境特色以"水"为主。

2.2.2 考亭书院之变迁和各时期艺术特色

2.2.2.1 朱熹肇创

（1）朱熹家宅之清邃阁

绍熙二年（1191年）朱熹得知长子去世的消息，从潭州北归，准备迁居考亭，朱熹迁居考亭时由于手头拮据，只买得别人旧屋稍加修茸，绍熙三年（1192年）新居修缮完成，朱熹亲自撰写对联"爱君希道泰，忧国愿年丰"①，表达了先生忠君爱国的思想。《建阳县志》载"朱熹宅在三桂里考亭书院右，元熊禾有诗曰：峩峩云谷山，森森沧洲水，中有宅一区，过者视阙里，文献尚可征，岂不自鲁始，载诵邹氏书，千载若为俟"②，又《跋李参仲行状》中载"庆元元年十一月癸巳冬至，吴郡朱熹书于考亭所居清邃阁"③，这两则史料说明了两点：其一，朱熹家宅的方位，在考亭书院的右侧；其二，说明了朱熹在考亭的住所名为"清邃阁"，用"清邃"命名有缅怀先人之意，因为朱熹之父

① （宋）黎靖德. 朱子语类. 卷170. 清钦定四库全书. 子部. 儒家类。
② （明）冯继科修. 嘉靖. 建阳县志. 古迹. 卷7. 天一阁藏明代方志选刊. 上海：上海古籍书店. 1962。
③ （宋）朱熹. 朱文公文集. 卷83。

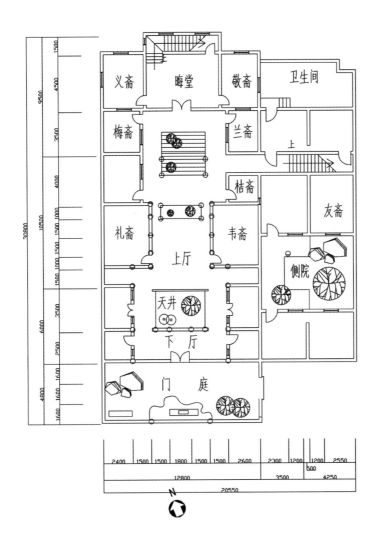

义斋　晦堂　敬斋　卫生间

梅斋　兰斋　上

桔斋　友斋

礼斋　韦斋

上厅　侧院

天井

下厅

门　庭

N

图2-10
紫阳楼现状（《武
夷山市五夫镇保护
规划2011—2030》）

朱松曾经说过"考亭溪山清邃，可以卜居"①，这与他将五夫里住所命名为"紫阳书堂"之意相同，亦因为朱松在徽州老家紫阳山读过书，所以用"紫阳"和"清邃"命名家宅都表示了对父亲的怀念和崇敬之义。紫阳书堂的主体建筑是一所五开间的小楼，

名曰"紫阳楼"，其左有敬斋，右有义斋，前有潭溪，周围有地可树、有圃可蔬、有池可鱼（图2-10）；清邃阁与紫阳楼都属于朱熹家宅，从功能和命名上推断规制亦应相似，亦是一座楼阁建筑，这点可以从蔡沈《梦奠记》中记载朱熹弥留之际的情景中

①（元）虞集. 道园学古录. 卷36. 清钦定四库全书. 集部. 别集类。

可证明，"庆元庚申，三月初二日丁巳，先生简附叶味道来约沈下考亭，当晚，即与味道至先生侍下。……四更方退，只沈宿楼下书院。初三日戊午，先生在楼下改《书传》两章，又贴修《稽古录》一段。……初四日已未，先生在楼下，商量起小亭于门前洲上。……初五日庚申，先生在楼下，脏腑微利。……初六日辛酉，……午后大泻，随入宅室，自是不复能出楼下书院矣"①。

朱熹在定居考亭书院时，规划书院是要具备藏书功能的，他在《答黄子耕》书中曰"今且造一小书院，以为往来干事休息之处，他时亦可以藏书宴坐"②，那么朱熹的小书院中是否有一座专门用于藏书的建筑呢?《朱子语类》中有载"先生书阁上只匾南轩'藏书'二字，镇江一窦兄托过禀求书其家斋额，不许。因云：人家何用立牌榜？且看熹家何曾有之？先是漳州守求新'贡院'二字，已为书去，却以此说：彼有数百间贡院，不可无一牌，人家何用！登先生藏书阁，南轩题壁上题云'于穆元圣，继天测灵；开此谟训，惠我光明。靖言保之，匪金阙赢；含金咀实，百世其承'，意其为藏阁铭也，请先生

书之，刻置社仓书楼之上。先生曰：只是以此记书厨（橱）名，待为别做"③，上面的材料中出现了张栻题匾曰"藏书"的"先生书阁"，又从朱熹认为"书阁"为"人家"与"贡院"不同，并不需要"立牌榜"来推断，朱熹这所书阁应该是居住和藏书功能兼有，并且是以居住功能为主的，材料中后面又提到"登先生藏书阁"，再结合当时朱熹迁居考亭"所费百出，假贷殆遍"的经济状况来看，书阁应该是一所与朱熹住宅结合的两层建筑，朱熹住在二层，藏书亦贮存在二层的不同空间，这也符合闽北气候潮湿，居室一般位于楼上，且藏书同样需要干燥通风的环境需求特征，也位于二层的要求。

（2）竹林精舍

朱熹定居考亭后曾经在家宅的东北处建有一所小书院，初名"竹林精舍"，《建阳县志》载"（先生）所居之东北建竹林精舍"④，朱熹书竹林精舍桃符云"道迷前圣统，朋误远方来"⑤。由于受资金困扰，精舍草创时期规模较小，只在新居左侧新建有小书楼一座，朱熹在《答吴伯丰》书中曰"已买得人家旧屋，明年可移。目今又架一小书楼，更旬月可

① （清）王懋竑. 朱子年谱. 卷4. 清白田草堂刊本。
② （宋）朱熹. 朱文公文集. 四部丛刊本。
③ （宋）黎靖德. 朱子语类. 卷107, 北京：中华书局. 1986。
④ （明）冯继科修. 嘉靖. 建阳县志. 卷6. 天一阁藏明代方志选刊. 上海：上海古籍书店. 1962。
⑤ （宋）黎靖德. 朱子语类. 卷170. 清钦定四库全书. 子部. 儒家类。

毕工也"①，精舍四周苍松、翠竹、稻田、菜圃围绕，充满田园风情。朱熹定居考亭后两年，即绍熙五年（1194年），65岁的朱熹再次出山担任湖南安抚史，为了在湖湘地区传播朱学，他在长沙修复了著名的岳麓书院和湘西精舍，并亲自讲课，使岳麓书院成为朱学在湖湘传播的大本营。这一年的八月，朱熹又被任命为帝师，他离开长沙赴临安，但是仅在朝46天，因直言批评皇帝而被逐出宫。此后朱熹愤归考亭，并表达了要永远远离官场、回沧洲讲学论道的决心，他在《水调歌头·沧洲》中说"收身千乘卿相，归把钓鱼钩。……永弃人间事，吾道付沧洲"。绍熙五年（1194年）十二月，朱熹将原来的"竹林精舍"更名为"沧洲精舍"，正式创建了第四所书院。

（3）沧洲精舍

"西有玉枕脉出云谷过考亭而抵县治"②，玉枕峰位于县治的西侧，呈南北走向与翠屏峰隔考亭溪相望，从玉枕峰、考亭溪、翠屏峰和建阳府治的关系看，沧洲精舍的朝向应是坐西朝东。在《答蔡季通》书中朱熹描述了沧洲精舍的大体情况，"书堂高敞，远胜云谷、武夷，亦多容得

人，他时尽可相聚也"③，在《答黄直卿》书中又曰"今冬上饶、括苍、兴国学者十余人到此，新书院亦可居矣"④。元熊禾《考亭书院记》中载"精舍创于绍熙甲寅，前堂后室，制甚朴实"⑤，"先生每日早起，子弟在书院，皆先着衫到影堂前击板，俟先生出。既启门，先生升堂，率子弟以次列拜炷香，又拜而退。子弟一人诣土地之祠炷香而拜，随侍登阁，拜先圣像。方坐书院，受早揖，饮汤少坐，或有请问而去。月朔，影堂荐酒果；望日，则荐茶；有时物，荐新而后食"⑥，可见沧洲精舍是"前堂后室"的布局模式，其中"前堂"兼具书堂和祭祀的功能，"后室"应该是供弟子居住之用；每早在读书讲学前，朱熹带领弟子在大堂点香祭拜，后再到楼上祭拜先圣的画像，祭祀结束后回到书堂，弟子向朱熹行礼，后开始疑难解答，之后弟子们开始自学。由此可推断，沧洲精舍是一座两层建筑，一层用于讲学，二层用于祭祀先圣孔子。黄干在《吴节推墓志铭》曰"君讳居仁，字温父，姓吴氏，建阳县考亭人。考亭溪山之胜甲建阳，文公朱晦庵先生卜居之，君其西邻也。先生以道学训后进，四方之士日造焉。暨

① （宋）朱熹. 朱文公集. 卷52。
② （民国）赵模. 建阳县志. 卷2. 山川。
③ （宋）朱熹. 朱文公文集·续集. 卷2。
④ （宋）朱熹. 晦菴先生朱文公文集. 卷47。
⑤ （宋）熊禾. 考亭书院记. 福建通志. 卷71. 清钦定四库全书. 史部. 地理类. 都会郡县之属。
⑥ （宋）黎靖德. 朱子语类. 卷107. 北京：中华书局. 1986。

君至，则竦然起敬，延之上座，语移晷乃退。干尝私请焉，曰：此真廉吏也，嗟异者久之。又数年，先生为干买地结庐，徙其家以居，则又为君之西邻焉"①，可看出，沧洲精舍西侧是吴居仁的家宅，后朱熹又为女婿黄干在吴氏家宅的西侧置地；又从"先生尝立北桥"②和明代"书院圮于水"的记载看，说明南宋时朱熹首创的书院离水边很远，可见，沧洲精舍离背后西侧的山体有一定的距离，书院建筑并未直接建在山上。

庆元二年（1196年）始，朱熹理学被官府定为"伪学"长达六年之久，史称"庆元党禁"，直到朱熹去世前他都生活在"庆元党禁"的白色恐怖中。但是，面对如此凶残的文化斗争，朱熹并没有退缩，而是勇敢面对，表现出了他鲜明的道学性格。"先生端居甚严，而或'温而厉'、'恭而安'；望其容貌，则见面盎背。当诸公攻'伪学'之时，先生处之雍容，只似平时。故炎祭先生文有云：凛然若衔驭之甚严，泰然若方行之无畔。盖久而后得之，又何止流行乎四时，而昭示乎河汉！②"庆元六年（1200年）朱熹在考亭走完了71年的人生，朱熹去世后他的门人勉斋和黄干在书院西侧建三间草堂为朱熹服丧，称"勉斋草堂"。

2.2.2.2　宋元续修

朱熹去世后，他的四大弟子、亦是其女婿的黄干成为考亭学派的领袖，曾继任朱熹在精舍讲学，之后书院历代均有修葺，或是重修，或是扩建，规模不断扩大。南宋开喜三年（1207年）朝廷为朱熹平反；宋理宗登基后，理学受到重视，宝庆元年（1225年）建阳县令刘克庄（1187~1269年）在考亭新建朱子祠，以纪念这位理学大师；淳祐四年（1244年），理宗御书"考亭书院"，沧洲精舍由此更名为考亭书院；淳祐十一年（1251年）福建转运使史季温在朱熹原住宅清邃阁的基础上重新修建燕居庙；咸淳九年，官府在县城通往书院的西关大道上建"文公阙里"坊，"阙里"为孔子故里和讲学之地的代称，"文公阙里"意为南闽孔子、朱熹故里和讲学之地。

元二十五年（1288年）书院进行过一次重修，宋末著名理学家、朱熹学生辅广的门生熊禾（1253~1312年）在《考亭书院记》中有所记述"精舍创于绍熙甲寅，前堂后室，制甚朴。宝庆乙酉，邑令莆阳刘克庄始辟公祠。今燕居庙，则淳祐辛亥漕使眉山史侯季温旧构也。书院之更造，惟公手创，不敢改。栋宇门庑，焕然一新"。元至正元年（1341年），建宁通判刘伯颜又重新修葺书院，元代

---

① （宋）黄干. 勉斋先生黄文肃公文集. 卷35. 见：全宋文. 卷656. 288册. 470页。
② （宋）黎靖德. 朱子语类. 卷107. 北京：中华书局. 1986。

著名学者虞集（1272～1348年）《重修考亭书院记》中有详细记述"共作新之，加葺更造，悉视其所宜，而不敢过。自堂徂基亦既合矣，而新作文公祠堂先成"①，此处新作的文公祠应指宋刘克庄所建。可见，在熊禾和虞集的两篇书院记中都表示了"惟公手创，不敢改"和"悉视其所宜，而不敢过"的对先贤大儒的崇敬之心，由此可以判断，书院的大体规制直到元代都基本保持朱熹首创时的风格。

2.2.2.3　明代续修

（1）书院第一次改创

建阳历史上曾经多次发生水灾，如"明永乐十四年七月十六夜，大水。城内外三坊，官方民居，漂流几尽"②，这次大水书院亦未能幸免，《建阳县志》载考亭书院"永乐丙申圯于水"③，宣德七年（1432年）知县何景春重建。正统十三年（1448年）参政彭森在从城关西门通往考亭的路上兴建"道学渊源"坊。

"天顺壬午，御史刘君釪改创"③，书院自此打破了元代之前"惟公手创，不敢改"的格局。嘉靖

《建阳县志》中载"前为明伦堂，又前为燕居殿，以奉先师孔子及四配像。……重新文公之祠，其堂寝廊庑库廪庖湢之所，先师孔子之燕居，先生之故寝，及天光云影亭已废而颓坏者，俱重修而增新之，……完美之有加于前，乃请学士同邑彭公记之矣，……后二年甲申，……始创先生祠，置贤关"④，文中提到的彭公（即明代名臣、内阁首辅彭时，1416～1475年）在《重修考亭书院记》中记载曰"天顺壬午，监察御史安成刘君釪、姑苏顾君俨同过而致敬焉。慨其敝坏，欲重新之。时建宁推官吉水胡君缉莅郡政，首捐俸为倡，先生之八世孙洵出己资以为助，如是兴复如故。中为堂，前为厅事，后为寝室，俱翼以廊庑。而库廪庖湢之所，则于寝室左右附焉。居之前，旧有池，池之上，有天光云影亭，亦已芜废。至是并新之，榜以故额。亭中立石，以'半亩方塘一鉴开'之诗刻焉"⑤。可见，明代书院改建中的情况变化有四点：①首次出现"明伦堂"和"燕居殿"的称谓，燕居殿为祭祀孔子之处；②堂寝两翼出现廊庑；③书院内增建

① （元）虞集. 道园学古录. 卷36. 清钦定四库全书. 集部. 别集类。
② （清）李再灏，梁舆主修，江远青总纂. 道光十二年版建阳县志. 卷18. 福建：建阳县地方志编纂委员会，1986：697。
③ （明）魏时应主修. 万历. 建阳县志. 卷2. 日本藏中国罕见地方志丛刊. 北京：书目文献出版社. 1991：302。
④ （明）冯继科修. 嘉靖. 建阳县志. 卷7. 陈文. 韦斋先生祠堂记. 天一阁藏明代方志选刊. 上海：上海古籍书店. 1962。
⑤ （清）李再灏，梁舆主修，江远青总纂. 道光十二年版建阳县志. 卷3. 福建：建阳县地方志编纂委员会，1986：136。

韦斋祠；④重修天光云影亭，明嘉靖《建阳县志》载"天光云影亭，在考亭书院之西，文公故居门外。绍熙三年壬子，朱文公所构，手书四字揭于门楣"①；《福建通志》中载"在考亭书院之西，宋绍熙二年，朱熹凿方塘半亩构亭其上，扁今名。明永乐十四年圮于水，天顺六年推官胡缉重建"②；景泰《建阳县志》中《沧洲飞雨》的诗曰"也曾冒雨到沧洲，拜罢祠堂雨未收。曲迳湿云连砌草，荒塘寒玉逐溪流"③。从以上的材料可考，天光云影亭和方塘的位置都位于书院西侧，朱熹家宅之前，亭构于方塘之上，并从考亭溪"导活水于方塘"④，这两处景观意象都来源于朱熹著名的《观书有感》，此诗是朱熹在造访了湖湘学派领袖张栻，其理学思想开始从"主静"到"主敬"转变，喜悦兴奋之余写下的，诗风格明快，所作时间大约在宋乾道三年（1167年），即朱熹38岁的时候，由于此诗脍炙人口、影响很大，所以在后来很多与朱熹相关的书院中都作为景观意象和建筑意象屡屡出现，如朱熹出生的福建尤溪的郑氏馆舍，后改为南溪书院，里面就有以此诗为意象的观书第、源

头活水亭、溯源处和半亩方塘的景观。但是，考亭书院中这些关于"方塘"和"天光云影亭"的记载在宋代的文献中均未发现，所以"方塘"和"天光云影亭"具体是否明代人的推测还不得而知。

（2）书院第二次改创

明代书院第二次改建发生在正德年间。正德六年（1511年）侍御史贺志同任福建巡按，途经建阳至考亭书院，拜见文公考亭之居，当时夫子燕居之祠在明伦堂的左侧，侍御君"病其隘"，即认为建于明伦堂之左的燕居祠甚为狭小，于是"檄所司拓而大之，堂之右亦构一祠，为先生燕居之所"⑤，自此，书院被扩建成左右对称的形式，即中为明伦堂，左右为燕居祠；正德十一年（1516年），御史胡文靖在书院前建"景星庆云"和"泰山乔岳"二坊；正德十三年（1518年）侍御史程昌和王应鹏认为现有书院规模与朱熹地位不符，将书院大规模改建，明林俊（1452～1527年）在《考亭书院建修记》中记载了详细情况，"垣伦堂前地，移夫子燕居其中，次以竹林精舍以奉安文公燕居之神总，

① （明）冯继科修. 嘉靖. 建阳县志. 卷7. 天一阁藏明代方志选刊. 上海：上海古籍书店. 1962。
② 福建通志. 卷63. 清钦定四库全书. 史部. 地理类. 都会郡县之属。
③ （明）赵文等续修. 景泰. 建阳县志. 卷1。
④ （明）冯继科修. 嘉靖. 建阳县志. 卷6. 天一阁藏明代方志选刊. 上海：上海古籍书店. 1962。
⑤ （明）冯继科修. 嘉靖. 建阳县志. 卷6. 晦翁先生燕居祠记. 天一阁藏明代方志选刊. 上海：上海古籍书店. 1962。

总其门'燕居'也，伦堂夹以敬、义二斋，取晦堂燕居之旧，别其门'继往开来'也，并祠而总垣之以为考亭书院。与凡为公之故，一皆饬而新之，位序有严，物采章丽。西南故趾室以居守祠者，公子孙也，既落告请记其成"①，这次扩建后，书院具有了明显的中轴对称的结构，中轴线上前为祭祀孔子的燕居庙，后为祭祀朱熹的燕居堂，之后为明伦堂并左右对称列敬斋和义斋，原来西侧朱熹的故宅改为朱子守祠后裔的居所。

嘉靖四年（1525年）"文公阙里"坊易名为"南州阙里"；嘉靖六年（1527年）《建阳县志》载"嘉靖丁亥，御史简公霄建庆云楼"②，有关书院增建庆云楼的具体规制、位置和大小均不详；万历十五年（1587年）朱熹的十四世孙世泽将竹林精舍改建为献靖公祠；万历二十年（1592年）"文公阙里"坊又易名为"南闽阙里"；万历二十六年（1598年）都御使金学曾在书院大门前增设匾额"儒学大成"。《建阳县志》载三贵（桂）

考亭八景之一"书院贤关"时曾详细描写了书院内的建筑和景观，"宋儒朱元晦晚筑之所，淳化间勅赐书院，理宗御书匾为祠，内松桂森列，野鹤文鹰巢栖其上，清风时至飞鸣戛然；有道源堂、庆云楼、敬义斋、孔子燕居、献靖公祠③、文公故居、平瓶方塘、天光云影亭"④，明郑潜有诗赞美考亭书院景色曰"先生自植庭前树，今日人看手泽存。元气敷荣关造化，孙枝繁衍荫丘园。四时不改风烟色，千载犹承雨露恩。更喜天香满书屋，远将孔桧与同论"⑤。

2.2.2.4 清代续修

（1）康熙重修

清顺治十一年和十二年（1654～1655年），郑成功在福建沿海一带的战争使得书院毁于兵燹，享堂、道源堂、庆云楼、敬斋、义斋、景星庆云、泰山乔岳二门坊等建筑遂遭毁废，栋宇摧落，碑板纵横。康熙二十九年（1690年）"蓝君勋卿来司邑铎，周视兴叹，乃慨然以修复自任。会郡司马刘君方摄邑篆，为捐奉以倡。其邑之人，于是酿金庀材"⑥，

---

① （明）林俊. 见素集. 卷12. 清钦定四库全书. 集部. 别集类。
② （明）魏时应主修. 万历. 建阳县志. 卷2. 日本藏中国罕见地方志丛刊. 北京：书目文献出版社. 1991：302。
③ 献靖公祠：元朝至正二十一年曾诏封朱熹父亲朱松为献靖公，献靖公祠应该为祭祀朱熹父亲朱松之所。
④ （明）魏时应主修. 万历. 建阳县志. 卷1. 日本藏中国罕见地方志丛刊. 北京：书目文献出版社. 1991：247。
⑤ （明）郑潜. 题考亭书院手桧. 樗菴类稿. 卷2. 清钦定四库全书. 集部. 别集类。
⑥ （清）李再灏，梁舆主修，江远青总纂. 道光十二年版建阳县志. 卷3. 福建：建阳县地方志编纂委员会，1986：138。

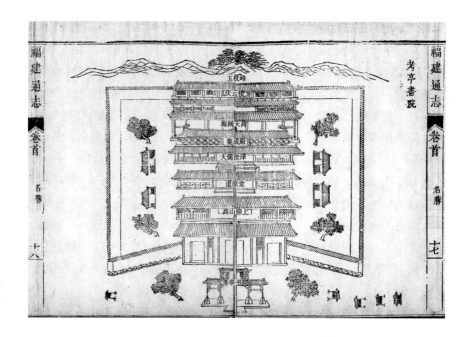

图2-11
清乾隆考亭书院
（清乾隆《福建通
志》）

修复工程始于康熙三十一年（1692年），落成于康熙三十六年（1697年）；康熙三十九年（1700年）冬，阳夏柳君莅潭，复捐俸增葺之"丹腹享堂廊庑，皆如旧观。又视学宫制，移韦斋先生祠于堂后，辟报德祠于堂左；以祀历代作兴书院之人"[①]；康熙四十四年（1705年）御书"大儒世泽"匾额，并御赐书院对联"诚意正心，阐邹鲁之实学；主敬穷理，绍濂洛之心传"，悬挂于大成殿（**图2-11**）；康熙五十一年（1712年）下令将朱熹从孔庙东廊先贤之位升至大成殿，并命理学名臣李光地（1642~1718年）编纂《朱子全书》，在《御纂朱子全书序》中康熙高度评价朱熹为"集大成

而绪千百年绝传之学，开愚蒙而立亿万世一定之规"，由于封建社会只有祭祀孔子的建筑才能称之为大成殿，可见，康熙将朱熹的地位提高到与孔子相提并论的高度。

（2）嘉庆重修

嘉庆之前书院二门规模卑狭，门以内是道源堂，为邑宰春秋致祭更衣之所，集成殿居其后，十贤祠在献靖公祠（即韦斋祠）之旁。嘉庆二十四年（1819年），巡抚叶世倬（1752~1823年，字子云，号健庵）为延建邵观察时谓"其礼制不合"乃改建，"健庵复亲往相度，殿庑前有道源堂甚广，行者由仪门甬道入，不得径达殿阶下，于春秋祭献不中礼。乃

---

①（清）李再灏，梁舆主修，江远青总纂. 道光十二年版建阳县志. 卷3. 福建：建阳县地方志编纂委员会，1986：138。

改为沧洲、寒泉（竹林）两精舍，舍各二楹，东西向，依朱子设教，故名也。堂去，而甬道衮深，则于中庭左右建碑亭二，宏规制也"[1]，此次改建于嘉庆二十五年（1820年）完成，改造后考亭书院的格局大致为"中建集成殿，以蔡（蔡元定）、黄（黄榦）、刘（刘爚）、真（德秀）四人配；旁为两庑，为竹林、沧洲两精舍；前为二门，门外之右为道源堂，其左为报德祠，祀历代之有功于祠者；前为碑亭二，又前为大门，为石坊，坊左右为'泰山乔岳'、'景星庆云'二坊；殿之后为献靖公祠（启贤祠），上有楼，祀文公远祖茶院公，其最上一层，曰十贤楼，祀濂溪（周敦颐）、明道（程颢）、伊川（程颐）、康节（邵雍）、横渠（张载）、涑水（司马光）、龟山（杨时）、廌山（游酢）、豫章（罗从彦）、延平（李侗）十先生"[2]（**图2-12**）。可见，重建后的书院中轴线突出，左右对称，以突出祭祀性为主，轴线末端共有两座楼阁建筑，一座是二层的集成殿，其后面是三层的十贤楼。

2.2.3　考亭书院园林理法

2.2.3.1　理水

考亭书院园林理水以因借天然水景为主，人工营造为辅，不尚华丽、

简单朴素。书院位于考亭溪河曲处的凸岸上，水流三面环绕缠护，形成"金城环抱"的冠带之势，周边园林环境以水为主。园林理水可以分成两种类型：一是自然溪流；二是园林池沼。"自然溪流"指的是书院周边环绕的考亭溪，水自西北来，由于受到翠屏山的阻碍，水势变缓，在书院门前形成平静如湖的天然半月形大水面和河心洲，景观层次丰富，水面的镜像映射着周边的山峦景色，是理学家观大水的佳处。"园林池沼"指的是书院内人工挖凿的规则形水池方塘和汲古水井，池沼之水与自然溪流之水二者相通，有源有流。

2.2.3.2　山石

书院中山石以欣赏朴素自然的山石形态为主，没有刻意堆叠假山的现

图2-12
清道光考亭书院
（清道光《建阳县志》）

---

① （清）李再灏，梁舆主修，江远青总纂. 道光十二年版建阳县志. 卷3. 福建：建阳县地方志编纂委员会，1986：140。
② （清）李再灏，梁舆主修，江远青总纂. 道光十二年版建阳县志. 卷3. 福建：建阳县地方志编纂委员会，1986：131。

象。首先，书院选址背有靠山，前有案山，本身就处在一个山水条件俱佳的环境中，故并没有像江南城中私家宅院那样喜好欣赏奇石，也没有以欣赏石态的瘦、漏、透、皱为美，而是更加欣赏自然大山的奇秀壮美。其次，书院中曾经有"亭中立石"的记载，但是立石的目的是为了题诗刻字，并不是为了欣赏石的自身形态。最后，书院在最初创建时由于朱熹理学审美的影响，并未在园林内单独放置山石、堆叠假山，朱熹之后，由于书院慢慢发展成祭祀朱子的宗祠，纪念性和庄重性不断强化，那种带有园林游赏娱乐趣味的置石和假山艺术并未在考亭书院内发展起来。

2.2.3.3　建筑

朱熹时期的书院建筑有三个特点。①非常重视建筑的环境选址，书院选择在临近考亭溪的水边，后有靠山，前有对景山，书院此时并未依靠山体的竖向变化修建在山上。②建筑形制非常朴素，不讲究轴线与秩序，不追求金碧辉煌与奢侈，但求与自然融为一体，这可能受经济拮据的影响，但更重要的是一代大儒崇尚简单朴素的儒雅之风，这亦是中国古代社会士人品格的典型象征；这一时期景观建筑类型简单，只出现了亭和楼阁两种形式，未见其他类型。③考亭书院在朱熹时期称为"竹林精舍"和"沧洲精舍"，从此命名来看，"竹林"和"沧洲"都指代书院周边的自然景物，有与自然同一之境的意味，

同汉私学一样，"精舍"更加注重精神感悟和传习内心，有避世清修的禅意。

朱熹之后的书院建筑：从考亭书院的变迁来看，书院建筑经历了由少到多、由自然到规整、由朴素到宏伟的三个转变。①最初书院主要建筑只有两座，即西侧的朱子家宅清邃阁和东侧的竹林精舍，规模不大，制式非常朴素；朱熹去世后为了纪念朱子，先是在书院内增加了用以祭祀朱熹的文公祠，后又增加祭祀朱熹父亲朱松的韦斋祠，这些祭祀建筑还只是单层建筑。发展到清代，朱熹地位不断提高到与孔子相媲美的高度，随之祭祀朱子的建筑规制不断提高，清代以二层殿阁的形式出现，体量较大，形制复杂，气势宏伟。②随着历代书院不断续修，建筑不断增多，建筑群组合之间的轴线关系也越来越突出，甚至到了清代出现了为强调祭祀的轴线感，将影响轴线路径上的建筑拆除的记载，重要的建筑物都置于书院中轴线上，并且利用山体的竖向变化强调中轴线的庄严感和祭祀性，轴线以山为轴，建筑与自然山体的走向融合在一起，台阶和轴线都面正东，指明了建筑群坐西朝东的朝向；从现状考亭书院的遗址可以看到，书院利用山体的竖向变化形成三段长台阶和三层台地，第一层台阶数为58个，第二层台阶有52个，第三层台阶有70个，从底层平台到顶层平台的高差约27米（图2-13）。③随着书院的祭祀性不断增

图2-13
考亭书院现状遗址
（作者自摄）

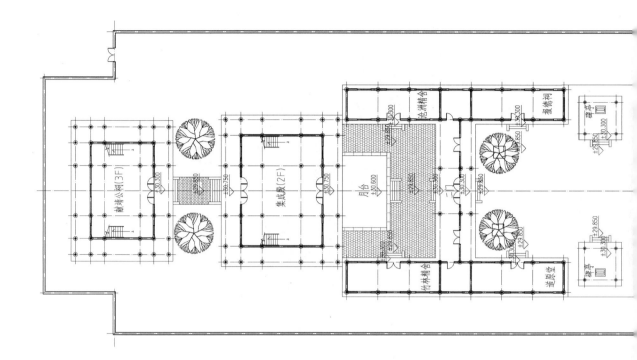

强和官府控制的加强，书院的整体风格已经不是朱熹当年朴素雅致的气质，而是向着宏大祭祀和纪念性的风格转变（**图2-14**）。

2.2.3.4　植物

史料中关于考亭书院植物种类的记载包括：竹、松、桂、柏。

2.2.4　小结

考亭书院是朱熹亲自创建的最后一所书院，朱子在经过创建寒泉精舍、云谷晦庵草堂、武夷精舍，以及修复白鹿洞书院和岳麓书院后积累了丰富的经验，这最后一所他亲自督建的书院比之前创建的三所书院规模都要大，设施更完备，能满足居住、讲学、读书、藏书、祭祀等多种功能。考亭书院园林在朱熹时期理学化特点突出，表现出简单朴素的田园风情和抽象化的观物审美，充分借景自然、融入自然；朱熹之后，随着朱子及其理学地位的不断提高，后代人为了纪念朱熹和考亭学派，书院园林更多是以严整肃穆的纪念性景观的方式出现，这也正印证了书院发展后期官学化的大趋势。

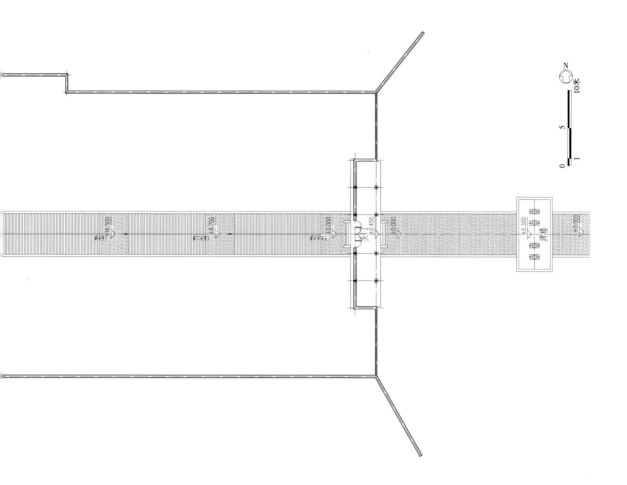

图2-14
清考亭书院复原示意（作者自绘）

2.3 白鹿洞书院

2.3.1　白鹿洞书院的择址观

2.3.1.1　宏观环境

　　庐山位于长江中游平原地带，矗立在长江和鄱阳湖之间的赣鄱大地上。长江自古便是维系中国东西交通运输的命脉，鄱阳湖是北方进入南方的必经之路，同时庐山所在的九江又是荆楚和吴越的交汇之处，春秋时期分别隶属于吴、越、楚三国，这种"傍湖通江"、"吴头楚尾"的地理优势使得庐山自古交通便利，是重要的交汇点和聚居处（**图2-15**）。

　　庐山又名匡庐、匡山，南北狭长，东北到西南最长29公里，宽约16公里，周围250公里，最高峰大汉阳峰高1473.8米。鄱阳湖古称"彭蠡"，长约百十公里，宽约70公里，面积2780平方公里，是中国第一大淡水湖。长江是中国第一大河，从庐山西北滚滚而来，在庐山急转了一个直角，折向东南流去。庐山恰巧矗立在

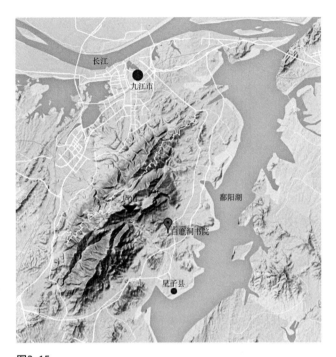

图2-15
白鹿洞书院区位图
（作者自绘）

图2-16
白鹿洞书院周边山
水形胜图（明·章
潢《图书编》卷65）

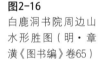

长江南岸，鄱阳湖入江的西北岸，南接星子县，北依九江市，长江和鄱阳湖将庐山包围在中间，形成江湖环绕的布局，使得庐山湖光山色俱佳，形成一幅天然的水墨山水画卷（**图2-16**）。

2.3.1.2 中观环境

庐山自然景观秀美壮丽，素有"匡庐奇秀甲天下"的口碑，其自然景观的特色可以归结为奇峰、瀑泉、壑谷、岩洞、怪石和云雾几种类型。庐山山体东南和西北方位陡峭，展现着"高、险、幻"的雄浑之美，东北和西南山势平缓，尽显舒缓之美。庐山有鹤飞千点、鄱阳烟雨、鄱阳日出、庐山佛光、瀑布云飞、梦幻云海、庐山烟云、银河落天、雾鸣天籁、天池佛灯、玉树琼花、万顷松涛、乱云飞渡、海市蜃楼、雾飘花香、天下壮观十六处著名的自然景观。一方面庐山优美的自然山水地貌成了滋养文化和荟萃文化的载体；另一方面，特殊的山水环境造就了庐山独特的性格，它与那些地处封闭区域、特定地理条件下形成的相对静态的山水文化不同，更具有包容性和开放性。

所谓"仁者乐山，智者乐水"，庐山远离尘嚣、令人沉思的宁静气氛吸引了众多名贤、名僧、隐士来此，山上文化丰富，各种遗迹遍布全山。东汉神医董奉（220～280年，字君异，侯官人）晚年时到庐山隐居，施医救世，开创了生态和谐、药食同

源的杏林园，现庐山般若峰下和庐山
山北莲花峰下都留有董奉杏林遗址。
公元373年东晋高僧慧远（334～416
年）驻锡庐山创建龙泉精舍，后又卜
居庐山三十六年，开辟道场，于庐山
北麓西林寺东创建东林寺，并创立为
社会各个阶层所接受的净土宗，慧远
的东林寺成为中国佛教文化传播的重
镇和南方佛教文化的中心。公元461
年庐山又迎来了道教的有缘人陆修
静，陆天师在庐山隐遁七年，建立简
寂观，整理道教典籍一千多卷，统一
道教仪式，使南方的道教仪式得以统
一和规范。东晋时期著名书法家王羲
之（303～361年）任江州刺史时，在
庐山山南建别墅，后将别墅赠予西域
僧人为寺，成为归宗寺。现寺前仍然
保留有王羲之亲植樟树一棵，已经有
1600年的历史；王羲之在归宗寺后山
凿池，并在池中养鹅，观鹅之态，取
鹅之势，创作了一笔"鹅"的书法作
品；归宗寺前还有王羲之开凿的用以
洗笔的"洗墨池"，旁边的石壁上刻
有王羲之、王献之及其后著名书法家

真迹的《宗鉴堂法书》（图2-17），可
见归宗寺在中国书法艺术史上的地
位。东晋时期山水田园诗大家陶渊
明（365～427年）隐居庐山，常常醉
卧庐山南麓的醉石上，并创作了大量
的田园诗作品，其中就包括依据庐山
南麓康王谷风光创作的名篇《桃花源
记》，成为后世知识分子的理想精神
家园，其他作品还包括《归去来兮
辞》（图2-18）、《归田园居》等。这
是庐山迎来的第一次文化高潮，包括
有中医中药、山水田园文学、佛教净
土宗、本土道教、书法艺术，可见庐
山文化的包容性和开放性。
　　唐宋时期庐山又迎来了第二次
文化高潮，这次是以山水和书院文

图2-17
王羲之归宗祠题刻
（庐山博物馆）

图2-18
明·夏芷归去来兮
图（庐山博物馆）

化为代表。唐代浪漫主义诗人李白（701～762年）曾经五次造访庐山，为庐山留下了二十余首诗词。理学师祖周敦颐爱庐山山水之胜，晚年定居庐山莲花峰下，建濂溪书堂传道讲学。名士们都一致认为庐山是身心双修、天人合一的至高境界，他们自此隐遁读书、修建黉舍，与佛道和谐相处，白鹿洞书院便是在这次文化盛宴中由理学集大成者朱熹兴复并繁荣起来的。庐山得天独厚的自然景观和丰富的人文景观在书院周围形成了优厚的山水和文化土壤，两者相映生辉，共同砥砺着书院千载不辍的弦歌，正是这种自然和人文环境的给养，使得白鹿洞书院不断影响着中国近代七百年理学的大趋势。

2.3.1.3　微观环境

（1）择胜

"匡庐彭蠡甲西江，而白鹿书院又匡庐彭蠡之最胜也"[1]。白鹿洞书院位于江西省北部的九江，庐山东南五老峰的南麓，海会镇和星子县白鹿镇的交汇处，背靠庐山，面对鄱阳湖，是"山屏水障，藏精聚气"的佳处。五老峰在书院西北十里，五老云端，拱若宝主，第二峰顶有星岩，霁光可瞩，其中峰之脉逶迤南下，如五云翩然欲飞而下入洞，唐李白有诗曰"庐山东南五老峰，青天削出金芙蓉"[2]，又曰"予行天下，所游览山水甚富，

峻伟奇特，鲜有能过之者，真天下之壮观者也"。此地三山夹岸、一水中通、山林环合，东侧大排岭海拔384米，汪家山海拔124米，南侧排山岭海拔252.6米，北侧五老峰海拔1358米，西北汉阳峰海拔1473.8米，周围隆起，中间低洼，是个四面环抱成圆形、中间低平的河谷小盆地。书院位于盆地中间，海拔为50米，恰似一个绿色圆盆的底部，俯视如洞，故以洞名之。

白鹿洞书院区是庐山自然景观和人文景观结合最好的景区之一，有学者称庐山是江西的皇冠，白鹿洞书院是皇冠上的明珠。白鹿洞书院所依的五老峰距离书院10公里，形似五位并坐的老人，参差错立，分别呈现诗仙、学者、壮士、渔翁、寿星的状貌，从白鹿洞望之若拱揖而迎。五老峰下有海会寺，有李白读书的太白书堂，杨衡和符载的隐居处，3公里处有唐宪宗进士李逢吉读书的旧址折桂寺，沿书院门前的贯道溪上游处3公里有犀牛塘，再往北有青牛谷，为道士洪志乘青牛得道处，书院周边还有号称庐山第一的三叠泉、木瓜洞、白云观等。

（2）选址

白鹿洞书院之后负山为胜若屏，故名后屏山，山上长满松树，郁郁葱葱，绵亘一二里，后屏山海拔

---

[1]（明）章潢. 图书编. 卷65. 白鹿洞形胜. 清钦定四库全书. 子部. 类书类。
[2]（唐）李白. 登庐山五老峰. 江西通志. 卷157. 清钦定四库全书. 史部. 地理类。

157~188米，最高处约196.4米，山上建有三亭，左为思贤亭、中为太极亭、右为喻义亭。后屏山西侧南端有鹿眠场，有文公石刻"漱石"二字和"鹿眠处"三字，崖壁上有李梦阳"鹿洞"二字。鹿眠场后隔溪地形豁然平旷处有朋来亭，亭背依苍松，面对五老峰。书院前隔溪相望、横亘数百里的山名为卓尔，由于其东一山峰骤然凸起，故以卓尔名之，取《论语》"如有所立卓尔"[1]之意，山上建有明代御史徐岱作的高美亭。卓尔山逶迤西下，山脊曲伏，山下有贯道桥，桥西侧有大意亭。书院东侧的山名为左翼山，海拔135~155米，上周群巘（yǎn），下临三峡，溪流有声，相传都御使何迁和洞主贡安国曾经夜坐其上，各有所闻，故作亭名曰闻泉，闻泉亭面对罗汉岭，景色旷幽。左翼山下有北宋李万卷勘书之处，名为勘书台，此处山崖陡峭，有西侧的五老峰相对，原来建有朱熹的接官亭，已废，现存为明提学邵宝建的独对亭，李梦阳为之铭，并刻阳明先生诗于台西侧。独对亭下为圣泽泉，并有石刻"圣泽之泉"和"风泉云壑"，洞中还有李梦阳刻"砥柱"二字和彭治"观澜"二字。书院东南约1华里，有山名为回流，因山阻隔水流改向南而得名。山海拔高126.6米，山上原建有六合亭，山下有流芳桥（亦名濯

缨桥），去山二里有溪口桥，是书院小路与古驿道相接的地方，原来建有"白鹿洞书院坊"（**图2-19**）。白鹿洞书院周围后屏山和卓尔山有数百株南唐、两宋时期所种植的古松树，据统计有千年古松93株，其中著名的为"引路松"、"华盖松"、"枕流松"，最古老的"枕流松"树龄有1100余年，胸围4.2米，高31米，为庐山古松之冠。

书院前有小溪一道贯穿全境，取孟子"吾道一以贯之哉"[1]之意，命名贯道溪（**图2-20**）。李渤在《真系》中描写"溪由洞底而过，若阴阳鱼中线，地生灵气焉"。溪水发源于五老峰的凌霄峰，溪上有二支流，西支发源于五老峰的芝山，经书院3公里的犀牛塘，水流向西南，经白鹤观，汇圣泽源；东支发源于五老峰折桂寺，经伍家半岭、圣泽源、杨家山与西支汇于尖山脚下。圣泽源泉在书院北1公里，由夹口泻下，有数十丈，大如瀑练，小似溅珠，故有小三叠之名，嘉靖洞主贡安国曾题"圣泽源"、"遥通洙泗"和"小三叠"，自此水东南流向白鹿洞。两溪相汇，经书院门前的鹿眠场、钓台、勘书台、枕流桥、回流山、流芳桥，流向东南十里的梅溪湖，湖周围两山夹送，直至大江。东侧从书院左翼山回流奔驰而至的溪流，亦汇入贯道溪内，中分一支为徐

---

① （魏）何晏集解，（梁）皇侃义疏. 论语集解义疏. 卷5. 清钦定四库全书. 经部. 四书类。

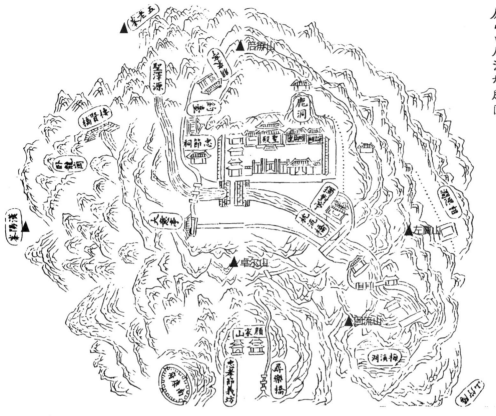

图2-19　白鹿洞书院形胜图（明·章潢《图书编》卷65）

图2-20　书院门前贯道溪（作者自摄）

岭，西一山自罗汉岭逶迤，至湖处包络徐岭，至梅溪湖中有二曜星扼之，为书院的水口，最终注入书院东侧的鄱阳湖中。

2.3.2　白鹿洞书院之变迁和各时期艺术特色

2.3.2.1　李渤肇创

唐德宗贞元年间（785～805年），洛阳人李渤（字浚之，人以其曾任右拾遗和太子宾客，故称他李拾遗或李宾客）和其仲兄李涉避战乱卜居南方，在距府城北十五里的庐山五老峰之阳隐居读书。李渤读书闲暇之余驯养了一头白鹿，此鹿极具灵性，李渤因此被当地人称为"白鹿先生"、"白鹿山人"，他隐居读书的地方后来就被称作白鹿洞。关于白鹿洞书院教学和园林环境建设的最早记载，包括了建筑、理水和植物景观。长庆元年（821年）李渤出任江州刺史，遂在之前隐居之处杂植花木、环以流水、修筑台榭，使其成为庐山的一处胜迹。自此四方文人学子纷纷前往聚会读书，鲁公颜真卿（709～784年）曾寄居郡之五里，其后裔孙颜翊曾经率子弟三十余人受经洞中。唐代诗人杨嗣复在《题李处士山居》中提到了李渤在白鹿洞修建台榭的事，"卧龙决起为时君，寂寞匡庐惟白云。今日仲容修故业，草堂焉敢更

移文"[1]；唐代诗人许彬在《题故李宾客庐山草堂》中也提及此事，"难穷林下趣，坐使致君恩。术业行当代，封章动谏垣。已明邪佞迹，几雪薛萝冤。报主深知此，忧民讵可论。名将山共古，迹与道俱存。为谢重来者，何人更及门？"[2]。

五代时期中原战乱频繁，礼崩乐坏，政治、经济、文化在动荡的时代都遭到了严重破坏。但是，南唐由于偏安江南，政治、经济、文化均未遭到重大破坏，特别是在文化和学术方面处于领先地位，加之南唐历代重儒的传统，南唐昇元年间，李氏王朝在白鹿洞建学置田，命国子监九经李善道为洞主，史称庐山国学，亦称为庐山国子监、白鹿国庠、庐山书堂等。大争之世，庐山便利的交通、安静的环境、优美的景致，加之又是李昪、李璟两位君主发迹之地，成了支持文化传播的重要环境因素，白鹿洞遂成为南唐重要的学术文化中心。

2.3.2.2　朱熹兴复

北宋开宝九年（976年）江州人在五代庐山国学的基础上创建了书院，这是白鹿洞书院又一新的开端，是作为士民公建书院的起始。之后，太平兴国二年（977年）朝廷曾经赐《九经》于洞；咸平五年（1002年），宋真宗命令有司修缮白鹿洞，并且塑孔子及其弟子像；大中祥符初，直史

---

① （唐）杨嗣复. 题李处士山居. 御定全唐诗. 卷464. 清钦定四库全书. 集部. 总集类.
② （唐）许彬. 题故李宾客庐山草堂. 御定全唐诗. 卷678. 清钦定四库全书. 集部. 总集类.

馆孙冕曾经为归老处，但是未归而卒，皇祐五年（1053年），其子琛建学舍以教弟子及四方学士，榜曰"书堂"，并请南康军知君郭祥正撰写《白鹿书堂记》，这篇记文是目前所知的最早关于白鹿洞书院的记事文。但是，白鹿洞书院在北宋的影响和办学规模并不是很大。书院周边的园林环境除了唐李渤读书隐居的遗迹外，比较著名的是北宋李万卷勘书，并且亲植花木的百花台，在书院的东侧，与枕流隔溪相对。真正使白鹿洞书院名扬海内外，并跻身中国四大书院之一的是南宋淳熙年间朱熹兴复书院之后的事情。朱熹不但修复书院建筑、建置学田，还亲自作著名的《白鹿洞书院揭示》，学规倡导的"德行道艺"后来成为各大书院争先采用的规范，而且还成为皇帝钦定的教育方针，远播朝鲜和日本，影响广泛。书院修复后朱熹还邀请与他学术观点不同的陆九渊（1139～1192年）来书院讲学，并请吕祖谦（1137～1181年）撰写了《白鹿洞书院记》，这些硕学大儒的学术声望和为书院所做的努力，最终将白鹿洞书院推向了海内著名书院的巅峰。

淳熙六年（1179年）朱熹知南康军，从一上任起他就亲自着手书院的修复和兴建。朱熹在《白鹿洞谍》中说道"昨来当职到任之初，即尝询访，未见的实。近因按视陂塘，亲到其处，观其四面山水清邃环合，无市井之喧，有泉石之胜，真群居讲学、遁迹著书之所"[1]。朱熹的好友吕祖谦在《白鹿洞书院记》中亦写道"淳熙六年，南康军秋雨不时，高仰之田告病。郡守新安朱侯熹，行视陂陕塘，并庐山而东，得白鹿书院废址。慨然顾其僚曰：是盖唐李渤之隐居，而太宗皇帝驿送《九经》，俾生徒肄业之地也。……独此地委于榛莽，过者太息，庸非吾徒之耻哉！郡虽贫薄，顾不能筑室数楹，上以宣布本朝崇建人文之大旨，下以续先贤之风声于方来乎！"[2]。从朱吕二人的记述来看，这时的白鹿洞书院仅剩瓦砾、荒草丛生，朱熹在考察完北宋遗迹后认为，首先，白鹿洞书院自然环境极佳，四面环合，无市井喧嚣，非常适宜读书；其次，相比于庐山众多的佛寺道观外，白鹿洞书院是庐山为数不多的儒家遗迹，具有重要意义。可见，朱熹兴复白鹿洞书院的原因首先是他从没落书院的现状，看到了中唐以后儒学信仰的危机，要想挽回社会和文化体系的危机就迫切需要建立文化新体系，即理学；其次，理学思想的传播需要物质载体书院的支持，这便是最重要的两个原因。另外，白鹿洞书院

[1]（宋）朱熹. 晦庵集. 卷99. 清钦定四库全书. 集部. 别集类。
[2] 朱瑞跟，孙家骅主编. 白鹿洞书院古志五种. 白鹿洞书院古志整委员会整理，北京: 中华书局. 1995: 88-89。

周边环境亦符合朱子对教育环境的要求，虽然书院周边环境在堪舆家看来是非常符合风水选址的"吉地"，但要清楚书院兴复的原因并不是周边客观环境所能完全决定的。朱熹在兴复白鹿洞书院时已经50岁，在这之前他在福建已经修建了多所书院，如寒泉精舍、云谷晦庵草堂，白鹿洞书院兴复之后，公元1183年又在武夷山修建了武夷精舍，公元1191年在福建建阳创立沧洲精舍，公元1194年兴复岳麓书院，可以说白鹿洞书院是朱熹一生中将理学思想付诸园林实践的一次重要尝试，充分体现了朱子理学的相地观、宇宙观、人格观和审美理想。

（1）建置

朱熹在任的短短两年时间里，克服种种困难，积极上报朝廷，组织当地力量修复书院。淳熙七年（1180年）重建起讲堂、东西二斋、白鹿洞憩馆二处（一处郡庠之东，一处县城之北，接待来学者入城）、圣旨楼等屋宇20多间。淳熙八年（1181年）三月，朱熹知南康军满，八月，提举浙东常平茶盐公事。朱子离任后仍然关心书院的建设，曾捐钱三百贯给继任南康军钱闻诗（字子言，吴都人，淳熙八年知南康军）修建礼殿两庑及塑像，以祭祀儒家先贤孔子及其门徒。之后两年，淳熙十年（1183年）知军朱端章动工兴建，后礼圣殿成，加板

壁绘从祀者像。由于朱熹知南康军时间仅两年之短，加之当时南康军和星子县正在遭受旱灾，财政困难，朝廷对书院的修复工作开始并不支持，由于现实客观条件的制约，尽管朱熹个人非常努力，对于书院的兴复仅仅是初具规模。

由于朱熹、陆九渊、吕祖谦等当时著名理学大师的影响，使得白鹿洞书院声名鹊起，朱子之后众多的地方官员和社会力量如钱闻诗、朱端章、朱在、黄桂、袁甫、陈炎酉、崔翼之等继续投入书院的建设中，使书院得以长久不衰、享誉海内外。庆元二年（1196年）始，朱熹理学被官府定为"伪学"长达6年之久，史称"庆元党禁"；嘉定元年（1208年），朱子理学得到平反并且受到统治阶级的推崇，这一期间白鹿洞书院的发展在宋代也达到顶峰，史称"嘉定更化"，这期间后人依据朱子的题名修建亭榭，使白鹿洞书院的景观不断丰富，略如"风泉云壑亭"，《庐山志》载"在白鹿书院勘书台西，有泉自洞左流至石崖，为悬瀑者十余丈，朱子爱之号为小瀑布，后李山长为亭，以石上旧有风泉云壑四字故名"[1]。此后书院又有两次较大规模的修葺，一次是嘉定十年（1217年），朱熹之子朱在承继父志重修书院，黄榦（1152～1221年，字直卿，

① 江西通志. 卷41. 清钦定四库全书. 史部. 地理类。

图2-21
枕流桥现状（作者
自摄）

朱熹女婿）在《南康军新修白鹿书院记》中记载了朱在宏壮书院规模的情况，"鸠工庀材，缺者增之，为前贤之祠，寓宾之馆，阁东之斋，趋洞之路。狭者广之，为礼殿、为直舍、为门、为墉。已具而弊者新之，虽庖湢之属不苟也。……其规模宏壮，皆它郡学所不及，于康庐绝特之观甚称，于诸生讲肄之所甚宜"[1]；另一次是绍定元年（1233年），江东提刑兼提举、陆氏传人袁甫和知南康军宋文卿对书院的建设，这次修葺的重点是新建了纪念周敦颐的君子堂和荷池，但是明代以后就没有关于君子堂的记载了。白鹿洞书院在元代尤盛，元代理学家吴澄曾经多次登白鹿洞书院朝圣，至元至正十一年（1351年），书院毁于兵火。

（2）园林环境

朱熹非常注重书院园林环境的建设，他和学生畅游白鹿洞周边山水，修建亭台，贯以小桥，作为学生游憩和质疑问难之所；朱熹非常喜爱桂树，在白鹿洞办学期间，曾经亲手植丹桂两株，现在先贤书院丹桂亭前竖有"紫阳手植丹桂"的石碑。朱熹时期的书院园林环境建设主要是围绕贯道溪展开的，主要包括建桥、修亭和题刻三种形式。

朱熹兴复白鹿洞书院所建之桥主要包括洞口原石桥、贯道桥、枕流桥、流芳桥。①洞口原石桥：在离书院五里的罗汉岭下，东通驿路，西通书院。②贯道桥：在棂星门外，朱子作《贯道桥记》。③枕流桥（图2-21）：在接官亭下30米处的贯道溪峡口上，淳熙八年（1181年）朱熹所建"其下飞湍陡绝，号小三峡，石间有文公枕流二字"[2]；嘉定十一年（1218年）广东番阳李骏访书院，喜爱小三峡之美，于枕流桥上建亭；绍定元年（1228年）胡泳、黄干、陈宓将亭新修并增大，题匾命名为枕流亭。④流芳桥：又名濯缨桥，在回流

① 周銮书，孙家骅，闵正国，李科友. 千年学府-白鹿洞书院. 江西：江西人民出版社. 2003：208。
②（明）嘉靖三十三年. 白鹿洞书院志. 卷1. 见：赵所生，薛正兴. 中国历代书院志. 第一册. 南京：江苏教育出版社. 1995。

图2-22 接官亭现状（作者自摄）

图2-23 书院摩崖石刻（作者自摄）

山之六合亭东，为朱熹兴建，桥初无名，宋嘉定十一年（1218年），后人为了歌颂朱熹兴建书院的功德而取名"流芳"。

朱熹兴复白鹿洞书院所建之亭主要包括接官亭、风雩亭、识真亭、张锦亭、起亭、修白亭。①接官亭：在白鹿洞书院之南，左翼山下。原为北宋元祐元年（1086年）丞相李常的校书处，李常少时读书于庐山，登第后留下抄书9000卷，故人称"李万卷"，其早年校书处名为勘书台，此处悬崖峭壁、下临湍涧，朱熹曾建亭其上，原名接官亭，意官吏到此文官下轿、武官下马，方可步入书院的意思；后明代邵宝为了纪念朱熹在理学方面的成绩，改名为独对亭，意思是朱子的学问可与五老峰相对（图2-22）。②风雩亭：《白鹿洞志》载"在风雩石，上荫乔木，下俯湍流，朱子每与诸生列坐其下"①。③识真亭：在府治西北二十五里，三

级泉下，朱子复书院时建，取往来登览跻攀至此、欣然忘疲得其真趣之意。④张锦亭：在府治南，朱子建。⑤起亭："在府治西北二十里，下临卧龙潭，朱子知军州时建，以为游览之所，值岁方旱，因名曰'起'，以为龙之渊卧者可以起而天行矣"①。⑥修白亭："修白亭在卧龙庵前，朱子爱其景清爽，创小亭于侧，名曰修白"①。

朱熹还亲自为鹿洞山水命名题字，以志鹿洞之胜。如自洁、观德、忠、信、文、行、风雩、风泉云壑、隐处、流觞、流杯池、钓台、枕流、漱石、听泉、鹿眠处、白鹿洞、敕白鹿洞书院，都是这一时期朱子命名并刻于洞石上的（图2-23）。这些朱子命名的石刻由于数量较多形成了两大组群。①位于书院前卓尔山的西侧山脚有一处摩崖石刻群，巨石上一刻"忠、信"二字，巨石左右分别有二石刻"文"和"行"二字。巨石上

---

① 江西通志. 卷41. 清钦定四库全书. 史部. 地理类。

为"听泉"石，南为"观德"石，"听泉"石东为"风雩"石，"风雩"石上有"隐处"二字，下有"枕流"。"流杯池"在书院西侧，崖上有文公石刻"流杯池"，朱熹常与弟子环溪而坐，流觞共饮，浩歌其上，并刻"流觞"二字。"钓台"为朱子钓鱼处，在鹿眠场东侧，溪涧中有文公刻"漱石"二字，石上有文公刻"钓台"二字，后明提学李梦阳建亭于上，并有刘世阳书"意不在鱼"和乔宇大篆"五老峰"三字。②另一处石刻群位于书院前贯道溪东南侧的洞口处，溪流出峡，飞湍陡绝，大石枕之，水石相激，声若鼓吹，状若酿雪，怒若飞霆，激起而喷，若烟若霞，为书院的胜地，故而有小三峡之美称。峡口上下皆先贤朱子遗迹，左壁有"敕白鹿洞书院"六字，"自洁"二字刻于南崖，溪石还有"枕流"二字和"白鹿洞"三字。

2.3.2.3 李梦阳续修

（1）建置

明统一后一百年，书院荒废，正统元年（1436年）南康知府翟溥福开始恢复建设书院，历时四年完成。翟溥福（生卒不详）字本德，广东东莞人，他就任后考图阅志，喟然叹曰："前贤讲学之所，乃废弛若是，

岂非吾徒之责哉！"①，于是率僚属捐俸，先是重建了大成门、大成殿和贯道桥，后又重建东西二庑，在大成殿西建祭祀理学先贤的三贤祠，祭祀朱熹、李渤、濂溪，配祀二程（程颐、程灏）、陶渊明、刘凝之、陈了翁、刘道源，重建明伦堂及堂前大门，并在明伦堂前植杉数株，在明伦堂左重建文会堂三间。翟溥福力图恢复宋元旧貌，殿宇规模比宋元更为巍峨，使白鹿洞书院复闻名于天下，他的重建修复工作奠定了之后明清两代书院建置的基础和格局。

成化元年（1465年），江西提学金事李龄和南康知府李浚又倡修书院，使书院规模比昔日更加宏壮。成化二年（1466年）年底，文渊阁大学士彭时（1416～1475年）游览白鹿洞书院赞叹曰："其间山势秀拔，左右环拱，如合抱状，前有清溪，上下多巨石，石间刻字，多文公遗迹，背山临水，栋宇翼然，西为礼圣殿，又西为先贤祠，东为明伦堂，又东为文会堂，俱有廊庑门塾，制作合度，不侈不陋，又缭以垣墙，树以竹松，深邃清旷，诚于读书养性为宜"②。从明正统到成化年间，书院的建设和恢复主要集中在对教学、祭祀和服务建筑方面，对于书院周边园林环境的开发和

---

① （明）胡俨. 重修书院记. 见：李才栋，熊庆年编撰. 白鹿洞书院碑记集. 南昌：江西教育出版社. 1995：34。

② （明）彭时. 重修书院记. 见：李才栋，熊庆年编撰. 白鹿洞书院碑记集. 南昌：江西教育出版社. 1995：45。

书院园林的建设涉及不多，白鹿洞书院真正迎来第二次园林建设和开发的高潮是从正德年间开始的，到嘉靖时期达到鼎盛的局面。

（2）园林环境

正德六年到九年（1511～1514年）李梦阳出任江西提学副史，李梦阳（1473～1530年）字献吉，号空同子，庆阳（今甘肃）人，明代著名文学家、书法家、教育家，"前七子"之一。他曾多次到白鹿洞书院视学，被书院泉清石幽、古木参天的园林所陶醉，游于书院西侧朱熹钓鱼处，见有石突如危，仰视有昔日朱子题写的"钓台"二字，俯视见渟泓鱼跃，乃命作亭其上，亭子建成后李子与学生悠游期间，命名钓台亭，以钓喻学，讲论"钓以鱼"与"学以道"的关系。李子又与知府刘章登回流山，寻访当年朱熹讲学和游览之处，此山四面高耸陡峭，山顶平整宽阔，远眺五老峰，俯瞰长江、鄱阳湖，心境阔远，顿有上下四方而顶平的感觉，遂想建亭于山顶，并取名"六合"，取"上下四方，是曰六合"[1]之意，并进一步解释道"孔子登泰山而小天下，志非在山也，是故六合者，天下之意也"[2]，并题诗曰"登山眺四极，一坐日每夕。行看夜来迟，苔上有鹿迹"[3]。由于山顶亭四面受风，加之日

晒雨淋，恐易损坏，所以六合亭柱子采用石柱的形式，六根柱子取自另一山麓，并且每根柱子都有六个面，与六合亭的名字极其相称。李梦阳不但选址造亭，还在回流山上题写了"鹿迹"和"回流山"大字，并在书院留下了为数不少的诗歌、文章和墨宝，如匾额白鹿洞书院、白鹿洞，贯道溪上的石刻鹿洞、砥柱等都出自他的笔下。李梦阳对白鹿洞书院的文化建设作出了重要贡献，增强了书院儒学宗主的地位，建立起以周、朱二贤为主的文化教育体系，开启了明代中期白鹿洞书院园林建设的新高峰。

嘉靖年间，白鹿洞书院园林建设和周边风景开发达到鼎盛，修建了许多楼台亭榭、莲池小桥（图2-24）。嘉靖九年（1530年）南康知府王溱祭山开洞，并于后山建思贤台（图2-25），使原本以山川形胜似洞的书院有了具象的"洞"的概念，之后郡守王玉溪改筑洞于明伦堂后。嘉靖十四年（1535年）南康知府何岩又琢石鹿于洞中。嘉靖中期徐岱于卓尔山巅建高美亭（图2-26），何潜于左翼山上建闻泉亭。嘉靖三十年（1551年）江西巡按曹忭在后山思贤台上建思贤亭，取义"仰止高山，景行先贤，安得弗思，名以思贤"，后又名云章阁、文昌

---

① （明）李梦阳. 六合亭碑. 空侗集. 卷42. 清钦定四库全书. 集部. 别集类。
② （明）李梦阳. 六合亭碑. 空侗集. 卷42. 清钦定四库全书. 集部. 别集类。
③ （明）李梦阳. 回流山. 空侗集. 卷34. 清钦定四库全书. 集部. 别集类。

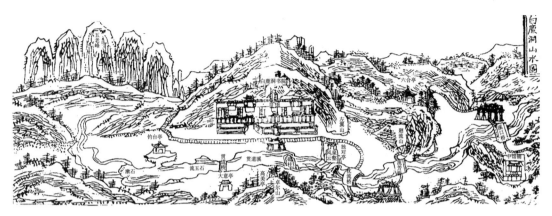

图2-24 明嘉靖白鹿洞书院（《中国历代书院志》第一册）

图2-25 思贤台现状（作者自摄）

图2-26 高美亭现状（作者自摄）

阁，为书院建筑群的最高点，站在此处，书院全景尽收眼底，曹忭还在书院前和流芳桥西分别建山水辉先坊和前修逸亦坊。嘉靖三十一年（1552年）提学副使郑廷鹄为白鹿洞周边三山，即卓尔、后屏、左翼命名。嘉靖三十六年（1557年）提学副使王宗沐（1522～1591年）建朋来亭，位于书院西路旁，面对五老峰，同时又在由北入洞的路旁，取"朋来而乐"之意（表2-3）。

2.3.2.4 康熙朝续修

康熙朝的六十一年期间，是白鹿洞书院建设的高峰期（图2-27）。清初第一次大规模整修书院发生在康熙十六年（1677年），南康知府伦品卓、布政使姚启盛、提学道邵吴远捐俸倡修，对书院大加修茸，"今日者大成殿为贲为离，两庑为绳绳为奕奕，左新彝伦堂，又左饬宗儒堂，又左建三先生祠，又左建先贤祠，景往踘有如彼，右新文会堂，又后祠四

明代白鹿洞书院园林建设　　　　表2-3

名称	位置	年代	人物	功绩
碑亭	大成门外	明成化	何濬	始建
独对亭	枕流桥东	明成化	邵宝	始建并题匾
钓台亭	钓台石上	明正德	李梦阳	始建
六合亭	回流山顶上	明正德	李梦阳、刘章	始建
朋来亭	洞石山背，思贤台北	明嘉靖	王宗沐	始建
高美亭	卓尔山巅	明嘉靖	徐岱	始建
闻泉亭	左翼山上	明嘉靖	何濬	始建
思贤亭	书院北侧	明嘉靖	曹忭	始建
大意亭	文行忠信石东	明正德	唐龙	始建
		明万历	田琯	匾曰观德亭，以演射礼
鹿鸣亭	明伦堂后	明万历	葛寅亮	始建
喻义亭	文会堂后	明万历	葛寅亮	始建
太极亭	后屏山上	明万历	叶云礽	始建
山水辉先坊	书院前	明嘉靖	曹忭	始建，萧端蒙题匾
		明万历	江以东	改匾为高山仰止
前修逸亦坊	流芳桥西	明嘉靖	曹忭	始建，萧端蒙题匾
		明万历	江以东	改匾为圣域贤关
白鹿书院坊	溪口桥北	明正德	崔孜	始建，李梦阳题匾
思贤台	后山	明嘉靖	王溱	后山开洞建台
贯道桥	棂星门外	明天顺	陈敏政	重建
新泉	先贤祠后	明正德	李梦阳	开凿

公，诏后起有如此，堂宇弘敞，房栊轩豁，春秋仰止燕息，咸有藉矣。东西添设号舍四十九间，旧舍悉与完葺，几榻坚好，风雨可一编矣。庖湢有所，仆从有廨，不喧不杂矣。垣墉缭绕，内气噏集，沟渠深广，舛潦不入矣。卓尔前亭，魁斗北面，云章后阁，文昌帝临，层以木板，淫湿不侵矣。独对亭革故鼎新，卧龙亭、武侯祠规模顿复。大者维新，小者匝致，冠履不错，文质咸俱。凡柱础之属若干，陶瓷之属若干，木植之

属若干，竹苇灰铁之属若干"①。康熙二十二年（1683年）又重修书院。康熙二十四年（1685年）安世鼎等人于书院内东南爽垲之地建御书阁，用以供奉钦颁书籍，此年王士祯奉祭南海，北归途经南康，因大风阻隔，拜访了白鹿洞书院，作记描写了书院胜景，"有涧东来，飞流湍悍，枕流桥跨其上，曰小三峡。桥之东为独对亭，下为贯道溪，其水自凌云峰来，汇于洞口。……东为彝伦堂，堂后即白鹿洞，上为云章阁，唐李渤遗迹也。又东为宗儒祠，祀周、朱、陆、王四先生。又有先贤祠，祀李渤以下十八人。西为文会堂，主洞居之。堂中紫霞道人长歌墨迹，绝奇伟"②。康熙二十六年（1687年）御赐"学达性天"匾于书院。康熙二十七年（1688年）邵延龄捐俸于书院兴建邵康节祠，即纪念邵氏先人邵雍（字康节，因为朱熹曾经仰慕推尊邵雍），以邵宝、邵锐、邵吴远从祀，为堂三楹，为门为庑若干。康熙三十一年（1962年）著名诗人查慎行游庐山白鹿洞书院，详细记述了白鹿洞书院当年的风貌，包括：礼圣殿，上悬御书学达性天，南为礼圣门（旧名大成门），前为泮池，南为棂星门；书院在礼圣殿

① （清）伦品卓. 重修白鹿书院碑记. 见：李才栋，熊庆年编撰. 白鹿洞书院碑记集. 南昌：江西教育出版社. 1995：188。
② （清）王士祯. 北归志. 见：李才栋，熊庆年编撰. 白鹿洞书院碑记集. 南昌：江西教育出版社. 1995：203。

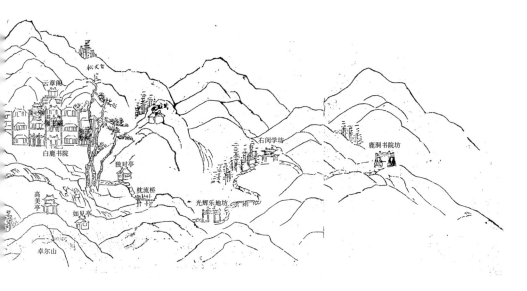

图2-27
清康熙白鹿洞书院形胜图（《中国历代书院志》第七册）

东侧，大门匾曰勅赐鹿洞书院，入门为御书阁；北为彝伦堂（旧名明伦堂），堂右楹为御书阁碑记，堂北为白鹿石台，今台存，而石鹿已经移到他处，书院内有宗儒祠；文会堂（旧在宗儒祠址）在礼圣殿西侧，有一朱子手书联曰"鹿豕与游，物我相望之地，泉峰交映，仁智独得之天"。先贤祠在宗儒祠东南，忠节祠旧在宗儒祠南，葛寅亮将其移到文会堂右，邵先生祠在旧忠节祠西南，三先生祠在宗儒祠南。号舍六十间，分列在礼圣殿门外及文会堂、旧忠节祠、宗儒祠两旁，分"孝、友、任、恤、姻、睦"六字，每号十间，为诸生读书之地。"洞中祠阁亭堂，昔有而今废者

还包括：忠节祠、朋来亭、好我亭、钓台亭、大意亭、风雩亭、风泉云壑楼（即宗文阁）、闻泉亭、枕流亭、自洁亭、六合亭、圣旨楼、希贤室、延宾馆、圣经阁、云章阁、五经堂、翟太守讲堂、十贤堂、摄义堂、友善堂、成德堂、观德堂、光风霁月亭、太极亭、喻义亭、鹿眠亭、宰牲亭。昔无而今创者，御书阁、诸葛武侯祠、邵先生祠、三先生祠、提学某祠、三公祠、安抚祠、伦郡守讲堂、如见亭"[①]。

康熙五十二年（1713年）知县毛德琦清洞田，重刻《白鹿书院志》，这是清代最为完备的一部书院志，志中详细记载了白鹿洞书院的建置情况

① （清）查慎行. 庐山游记. 见：李才栋，熊庆年编撰. 白鹿洞书院碑记集. 南昌：江西教育出版社. 1995：212。

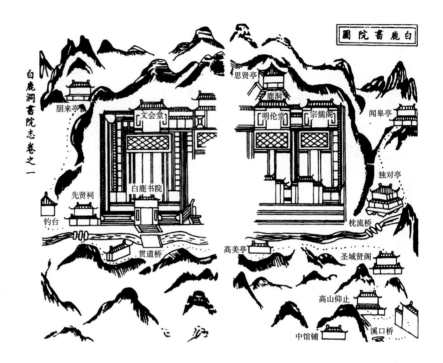

图2-28
清康熙白鹿洞书院建筑布局图（《中国历代书院志》第一册）

（图2-28），包括：礼圣殿、两庑、大成门、棂星；有堂者八处：明伦堂、文会堂、攝义堂、十贤堂、讲堂、五经堂、友善堂、成德堂；阁者三处：御书阁、圣经阁、云章阁；台者二处：勘书台、钓台；亭者二十二处：风雩亭、风泉云壑亭、好我亭、枕流亭、自洁亭、观德亭、光风霁月亭、太极亭、喻义亭、鹿眠亭、百花亭、独对亭、朋来亭、钓台亭、大意亭、高美亭、闻泉亭、六合亭、思贤亭、如见亭、原泉亭、宰牲亭；祠五处：紫阳祠、宗儒祠、先贤祠、忠节祠、诸葛武侯祠；庙一处：七姑庙；其他的还包括：精舍、号舍、憩馆、贡院、射圃、仓厫、庄屋、坊桥。

雍正四年（1726年）巡抚裴度重修书院，增建书院三层，为屋七十有三间，并为书楼前砌花墙，修建二门和头门，新建亭三处，曰肃容亭、如见亭、五星亭，五星亭之左建魁星楼，洞之西建庖房三间。乾隆四十五年（1780年）和五十三年（1788年），清代著名经学家和教育家王昶（1724～1806年）曾经两次视察白鹿洞书院，在他编写的《天下书院总志》中称白鹿洞书院是天下书院之首。由明末延续的书院官学化倾向在清代继续加强，清政府加强了对书院的钳制和对学术思想的禁锢与防范，康熙和乾隆朝分别赐"学达性天"和"洙泗心传"的匾额给书院；又加之科举势力的强化，白鹿洞书院地处山间盆地，建筑规模和可容纳的学子数量有限、离中心城市远、交通不便等因素，虽然在康雍乾盛世书院得到了一

定的维修和建设，但是总趋势是书院
的发展呈现日趋衰弱的景象，针对书
院周边园林的建设和开发活动减少，
往来游览凭吊的人增多，真正求学养
性的人日渐减少，特别是在嘉庆之
后，园林的建设处于停滞衰退的状态。

2.3.3　白鹿洞书院园林理法

2.3.3.1　理水

古人认为水为山的血脉，主一地
的"生气"，所以堪舆水法中有"未
看山时先看水，吉地不可无水"的说
法。首先，白鹿洞书院所依靠的庐山
五老峰面积广阔，雨水、泉水、雪水
共同形成较大面积的山体汇水区，保
证了园林水源的充足。其次，园林之
水发自西北高山，最终流向东南的梅
湖，湖东有一山名徐岭，自左翼山回
流奔驰至湖，湖西又有罗汉岭逶迤至
湖，包络徐岭，两山相夹的梅湖空间
非常狭窄，形成理想的书院水口，门
前潺潺流动的溪流与四周险峻的群山
形成封闭的围合环境，对园林蓄水聚
气起到了关键性的作用，从风水的角
度讲是藏风聚气的宝地。书院北侧的
山挡住了寒风，东南侧的水口引暖风
进来，又书院门前南侧腰带水正好聚
住了书院前的"气"，从而带来充沛
降水，营造出书院园林活活生气的稳
定小气候。

白鹿洞书院理水的最大特点是极

富自然野趣的手法。门前之水以动景
为主，门内之水以静观为主，主要水景
类型包括瀑、溪、池、沟、泉五种。
书院门前的贯道溪是建筑群的重要借
景和园林空间，在白鹿洞书院的历代兴
复工程中都围绕贯道溪进行了大量的
景观建设。其一，建桥。据统计，贯道
溪上的小桥有枕流桥、流芳桥、贯道
桥、原石桥、洗心桥，这些造型各异的
小桥将狭长的溪流划分成几段，打破
了水系东西狭长的缺陷，丰富了景观层
次。其二，作亭。在围绕贯道溪的岸
边、桥边，或是周边的高地上、山顶
处，修建虚亭，据统计共达到了二十
多处，小亭无墙得以纳四方之景，同
时又成为周边自然环境园林化的重要
手段之一。其三，在溪中岩石上和周
边山体崖壁上题刻，亦是围绕自然水
景进行园林景观建设的重要手段。

书院内部的水景主要有泮池和状
元泉（图2-29）两处，泮池位于书院
门前南侧、棂星门之后，呈半月形，
上跨泮桥，是一处规则的人工水景，
后来在续修时为了方便，将泮池改建
成长方形；状元泉位于书院后部山长
住处的一侧。《管子·水地》云"水
者，地之血气，如筋脉之流通者也，
故曰水，具材也"[1]，书院内每组建筑
庭院四边都设有水沟，水沟收集建筑
屋顶和院内场地排水（图2-30），使
水不外散，目的是取水的"聚气"之

① 管子. 李山译注. 北京: 中华书局. 2009: 205。

图2-29
白鹿洞书院泮池现状（作者自摄）

图2-30
白鹿洞书院庭院排水（作者自摄）

义，同时，水之收集又可滋养植物，使书院充满生机，这也正与理学家追求"观生意"的园林审美境界相符合。

2.3.3.2 山石

　　白鹿洞书院的山石景观以自然山体和置石为主，由于院内地形局促，加之周边景色优美，所以书院内并无单独堆叠人工假山或者堆土为山。园林的山石景观主要包括"自然山体和山石"、"摩崖石刻"两种类型。①自然山体和山石。主要是指将书院周边的自然山体和自然山石通过借景和融景的方式，一方面组织到书院内部，成为书院园林的一部分；另一方面将书院与自然山体两者完美融合，使书院建筑群处于大园林之中。如通过远借五老峰、卓尔山、左翼山的山景，及通过在山上修建景观构筑物的方式，使得书院园林得到扩大和延续。②摩崖石刻。这是自然园林化的重要方式，也是自然景观人文化的重要体现。朱熹在白鹿洞书院留下了蕴含理学家深邃思想的十余处石刻景观，通过述景隐晦地表达朱子理学思想和目的，如自洁、观德、忠信、文行、风雩、风泉云壑、隐处、流觞、流杯池、钓台、枕流、漱石。从石刻题字的内容上看，一类摩崖石刻是写景状物，描写书院周边的山水园林胜景，如鹿眠处、白鹿洞；数量较多的一类石刻内容是托物言志，借对景物的描写寓意理学义理，讲述做人的道德修养和哲理，其中很多都出自历史上著名的典故，如蔡可泉书"吾与点也之意"和"千古不磨"；这些摩崖石刻上的文字不但内容蕴含丰富的寓意，石刻本身也具有很高的书法艺术价值，是书院园林的重要组成部分，亦是园林画境文心的重要体现。

2.3.3.3　建筑

从书院建筑群与周边自然山水的关系看，书院所处的场地是山体和溪流相夹的狭长地块，空间相对局促，加之周围山体陡峭、坡度较大，利用山体构屋并不现实。书院巧妙利用山水夹缝间的狭长平地，建筑群沿贯道溪自西向东呈串联式布置，形成各自相对独立又相互映衬连接的五组庭院。以中间的一组建筑群为中心，形成一条南北向主轴线和四条南北向次轴线的平行轴线体系，其主轴线最末端的思贤亭是书院建筑群的制高点，即是书院重要的点景建筑，同时又是登高俯视的重要观景建筑，这条主轴线一直向南延伸到卓尔山上的高美亭，消失在自然之中，为书院营造出一条重要的视觉廊道，高美亭是轴线向南的重要对景。另外，从独对亭到五老峰也形成了一条从东南到西北斜向的视觉通廊。

五组不同功能的庭院自西向东分别指先贤书院、礼圣殿院落、白鹿洞书院、紫阳书院、延宾馆院落（图2-31）。①第一组先贤书院空间由二进院落组成，头门楼后为第一进院落，平面呈正方形，是一个形状规则的小园林；第二进院落用地呈长方形，平面布局上应用了刻图章中"占边、把脚、让心"的原理，即东西碑廊占据院落东西两边，北侧由报功祠和朱子祠占边，把庭院中心让出来，在院落中心靠后的位置布置丹桂亭，向心式布局，使其成为庭院景观的焦点（图2-31）。②第二组礼圣殿院落主体建筑是礼圣殿，前院采取仿学宫建筑的模式，分别在轴线上安排棂星门、泮池、状元桥、礼圣门（图2-32），形成礼圣殿前的礼仪序列和重要的前导空间，后院空间开阔，采用主景突出的方式，礼圣殿的主景位置明确，坐北朝南，体型高大，重檐九脊与前院开端采用六柱五间高等级

图2-31
丹桂亭（作者自摄）

图2-32
棂星门和泮池
（作者自摄）

形制的棂星门相呼应，体现了传统儒学文化中孔子地位的至高无上。③第三组白鹿洞书院为五组建筑群的主体，由藏书建筑御书阁和讲学建筑明伦堂、景观建筑思贤台与白鹿洞组成。书院门楼被设计成内凹的"八"字形，增大了门楼前的空间，同时这种建筑形态也体现了为学者平和谦逊的态度。大门内为御书楼，左右分列憩斋和泮斋，御书楼是一座三开间体量较小的楼阁建筑，由于处于中轴线的最前端，所以建筑一层完全开敞，采用过厅的方式；御书楼之后为五开间讲堂，为此组庭院的核心建筑，形制朴素；讲堂之后是小园林，内建思贤台。④第四组庭院是紫阳书院，由崇德祠、文会堂和东西碑廊组成，崇德祠建于道光十八年（1838年），文会堂又名"行台"，初建于道光十年（1830年），是讲学和接待官员的地方。崇德祠和文会堂之间由碑廊连接，使得建筑空间和园林空间相互渗透融合，形成千变万化的空间和景观。⑤第五组庭院在建筑群的最东侧，由贯道门、高等林业学堂、延宾馆、春风楼、逸园和状元泉组成。延宾馆为接待远来学者和师生之所，春风楼为历代洞主的下榻之所，春风楼在最北端，西侧有状元泉（**图2-33**），为明李梦阳所开；楼东侧的空地，方广数丈，围以墙垣，名曰逸园。据《逸园记》载：园中曾种植紫荆、丹枫、桃、李各一，丹桂、芭蕉、方竹、土杉各二，另有兰芝芳草，长短

图2-33
状元泉（作者自摄）

互峙；之所以取"逸园"之意，即日有昼夜、月有圆缺、星有明晦、人有劳逸，人不可逸而不劳，也不可劳而不逸，逸而不劳则荒，劳而不逸则废，课读之余，稍事休息，此人体之必要，亦自然之法则，故而以"逸"名园。

2.3.3.4 植物

首先，白鹿洞书院在植物品种选择上体现了地域性，选择符合当地气候条件、比较常见的植物类型。书院中的植物类型包括乔木、灌木、地被、花卉四种。常见的植物种类包括蜡梅、箭竹、菊花、石榴、玉兰、芭蕉、水杉、柏、罗汉松、迎春、南天竹、月季等。其次，书院在植物运用上注重体现理学和教育色彩。庭院中建筑前常常以桂花作为主景寓意学子折桂的美好愿景，如第一组先贤书院中，丹桂亭左右的两株朱子亲手栽植的桂树，第三组白鹿洞书院御书阁前清代栽植的桂树和思贤台边花

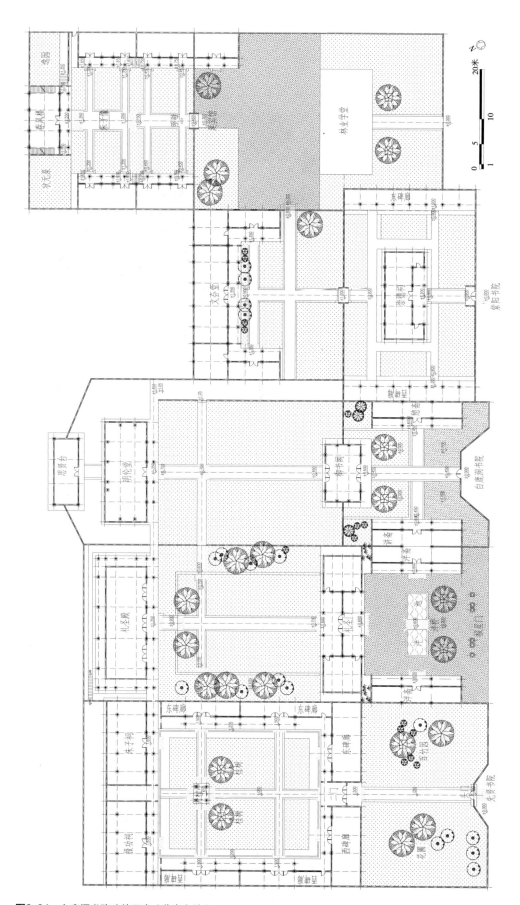

图2-34 白鹿洞书院建筑示意（作者自绘）

坛中的桂树；园林中蜡梅、箭竹、菊花的运用更是表现了书院的文人气息和理学寓意。最后，注重植物景观与不同功能空间的搭配。由于面积所限和建筑空间的秩序性，书院内植物成片栽植的情况较少，多以欣赏植物的单株形态为主，采用孤植和对植的手法较多。一些姿态较好、体量较大的乔灌木，还可以作为庭院的中心景观，如先贤书院第一进庭院中的单株桂树就是整座庭院的景观中心（**图2-35**）。对植的手法用在中线上较重要的建筑前（**图2-36**），周边两侧的次要建筑门前以单株植物种植为主。植物景观与建筑群落在庭院中穿插融合，给空间增添了生机和活力，弱化了建筑带来的僵硬感，同时为学子读书营造了安静的环境。

2.3.4　小结

白鹿洞书院远离中心城市，与北部九江市和南部星子县的距离都较远，加之其又位于庐山群山之中的河谷盆地上，周围山路崎岖、不易到达，空间相对独立和内向，属于典型

图2-35
白鹿洞书院孤植植物（作者自摄）

图2-36
白鹿洞书院对植植物（作者自摄）

的山林园。由于空间相对独立，所以书院在外环境经营上颇具匠心，书院园林的处理手法最大特点是"显真山真水，不刻意人工"。书院以门前贯道溪为景观轴线，形成了多种功能的游憩空间、交通空间、礼仪空间，如上司到书院，书院内不同级别的人在贯道溪园林的不同位置准备迎接，少壮者迎于乐地坊，中年者迎于枕流桥，职事者迎于枕流亭，主洞和副讲迎候于书院门外，园林既满足了书院对各种功能的需求，同时又是展示书院文化的窗口。书院建筑群布置亦因地制宜，以自然为导向，依据自然地块狭长的特点沿贯道溪展开，通过借景和融景的方式与周边的山地环境巧妙融合，真正达到了天人合一的境界。

2.4 岳麓书院

2.4.1 岳麓书院的择址观

2.4.1.1 宏观环境

洞庭湖在湖南省北部，是中国第二大淡水湖，"北通巫峡，南极潇湘"，横亘八九百里，由上千个子湖组成。洞庭湖"北有君山，南有兰嘴，东有鹿角、磊石之险峻，南有禹、明、团、寄之森罗"[1]（**图2-37、图2-38**），周边还有著名的岳阳楼、潇湘八景的"洞庭秋月"，自然景物和人文景物俱丰（**图2-39**）。湘江是长江的重要支流，是洞庭湖湘、资、沅、澧四条水系中最大的一条，它纵贯湖南省全境，自古就是与中原连接的重要交通通道。湘江自南向北注入烟波浩渺的洞庭湖，这一湖四水滋润孕育了三江平原的钟灵毓秀，司马迁在《史记·货殖列传》中说："楚越之地，地广人稀，饭稻羹鱼，或火耕而水耨，果隋赢蛤，不待贾而足，地势饶食，无饥馑之患。[2]"

南岳衡山位于湖南省中南部，兀立于湘江之滨，绵亘八百余里。南岳72峰均为南缓北陡，植被比较旺盛，多泉、溪、潭、瀑等水景。岳麓山是南岳衡山的72峰之一，又名云麓峰，是衡山的最北足；岳麓山位于长沙市湘江西岸，总占地面积约800公顷，居民鲜少、泉甘木茂、壤厚田腴，唐宋以来岳麓山以山色幽奇、洞壑蔚秀闻名，有"岳麓之胜甲于楚湘"的美誉（**图2-40**）。

早在九千年前，洞庭湖区域就形成了最早的农耕文化。夏、商、西周时期，湖南属于荆州，创造了灿烂的青铜文化。春秋战国时期，湖南属楚地，战国时期中国著名政治家和文学

---

① （清）陶澍，万年淳等修撰. 洞庭湖志. 见：长沙：岳麓书社. 2009：42。
② （汉）司马迁. 史记. 卷129. 清钦定四库全书. 史部. 正史类。

图2-37
君山（清《洞庭湖
志》卷1）

图2-38
岳阳楼（清《洞庭
湖志》卷1）

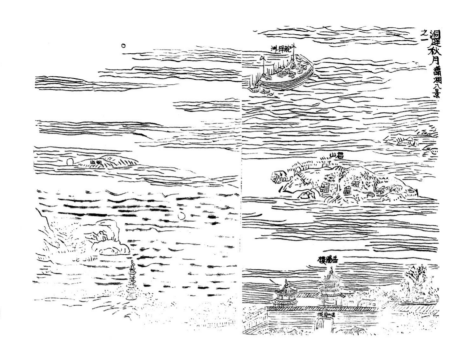

图2-39
洞庭秋月（清《洞庭湖志》卷1）

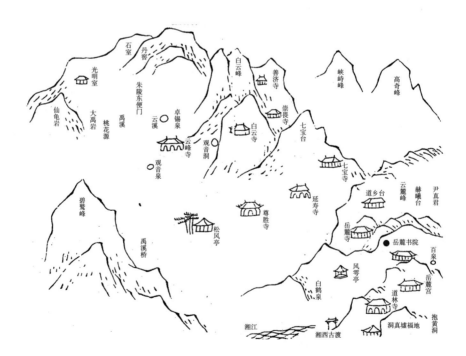

图2-40
南岳总胜图（宋·陈田夫《南岳总胜集》卷3）

家屈原（公元前340～前278年）曾经流放荆楚之地，写《离骚》、作《楚辞》，发展形成了著名的湘楚文化，成为中国南方文化的翘楚和后来湖湘文化的直接源头。秦汉统一中国，楚文化和中原文化融合发展成水平更高的汉文化。三国时期，湖南归孙权管辖，魏晋南北朝时期，由于湖南地处江南，受中原战乱的影响较小，又由于东晋政权南迁，湖南的政治、经济、文化又得到了进一步发展。隋唐五代，湖南被视为南蛮之地，是朝廷贬谪官员之所，唐朝著名边塞诗人王昌龄（698～756年），唐代著名文学家、哲学家、《陋室铭》的作者刘禹锡（772～842年），唐宋八大家之一的柳宗元（773～819年）都曾经被贬谪到湖南，对当地文化的发展起到了重要的推动作用。南宋时，湖南经济文化快速发展，湖南道州的山水孕育了理学鼻祖周敦颐（1017～1073年），之后在湖南生根发芽，逐渐发展成为理学湖湘学派的重要文化中心，在宋代学术文化史上占有重要地位。在悠久灿烂的中华文化瑰宝中，湖湘文化具有鲜明的个性，岳麓书院在湖南产生、繁荣，直至延续千年，与湖湘文化的影响与浸润关系密切。

2.4.1.2　中观环境

"潇湘"是湖南的代名词，北宋度支员外郎宋迪（1015～1080年）的"潇湘八景图"是"八景"一词的最早起源。古潇湘八景泛指湖南湘江流域比较典型的景观，涵盖了自然景观、人文胜迹、生活场景等多种丰富的景观类型，包括江天暮雪、平沙落雁、洞庭秋月、远浦归帆、渔村夕照、山市晴岚、潇湘夜雨、烟寺晚钟（图2-41）。严格地讲，潇湘八景作为潇湘地区名胜并不属于岳麓山的范围，但是将书院与区域层次的地区名胜联系在一起，表达了一种文化心理上的认同感和归宿感，是书院重要的人文背景，所以，岳麓书院与潇湘八景之间的关系是不能简单脱离和割裂开的。

对于"潇湘八景"的具体位置说法不一，有学者认为八景并无具体地点所指，有学者明确了八景的具体所指（图2-42），"江天暮雪"一景位于书院东西向中轴线最东端、湘江江心自然冲积的沙洲，名为橘子洲头（图2-43），南宋朱张会讲期间，将其易名为"东渚"，取《淮南子》"东方曰大渚"[①]之意，且二人为此景都附有唱和诗，张栻诗曰"团团凌风桂，宛在水之东。月色穿林影，却下碧波中"[②]，朱熹和诗曰"小山幽桂丛，岁暮霭佳色。花落洞庭波，秋风渺何极"[③]。金秋时节橘洲上桂花盛开，片

---

① （明）孙瑴. 古微书. 卷32. 清钦定四库全书. 经部. 五经总义类。
② （宋）张栻. 南轩集. 卷7. 清钦定四库全书. 集部. 别集类。
③ （宋）朱熹. 晦庵集. 卷3. 清钦定四库全书. 集部. 别集类。

图2-41 潇湘八景图（清嘉庆《善化县志》）

片花瓣飘落湘江水面，随流汇入渺无
边际的洞庭湖水中，给人一种清远、
空旷的感觉，引人深思；橘洲位于湘
江之中，四面环水，西瞻岳麓、东望
长沙，是书院中轴线和正面视线的重
要对景点，是岳麓山东望的重要景观
点，形成"岳麓山-湘江-城镇"即
"山-水-城"的一条重要景观廊道，
橘洲的存在不仅为书院园林景观营造
起到了画龙点睛的渲染作用，同时增
加了景观层次，是书院景观体系中的
重要组成部分。正如《岳麓志》中所
言"山水之发灵于人，与人之增重于
山水者，则莫如岳麓书院之地也"[1]。
潇湘八景遍布湘江，与岳麓山和书院
形成不同层次的连带关系，强化了书
院周围环境浓厚的人文底蕴，体现着
书院的地域风采。

2.4.1.3　微观环境

（1）择胜

在岳麓书院周围的岳麓山上分布
有众多的人文胜迹，包括佛寺、道
观、儒学遗迹、民间传说等，共同构
成岳麓山重要的山岳文化体系，成
为岳麓书院可资借鉴的人文资源（**图
2-44**）。这些人文胜迹与岳麓书院一
起形成一张大的儒释道文化网络，经
年累月不断吸引着万千学者前来，共
同编织和丰富着岳麓网络的文化内

涵，辐射整个湖湘区域，诉说着"惟
楚有才，于斯为盛"的故事。

在岳麓半山腰上有被称为"湖湘
第一道场"的麓山寺，"自湘西古渡
登岸，夹径乔松，泉涧盘绕，诸峰叠
秀，下瞰湘江，岳麓寺在山上，百余
级乃至，今名惠光寺，下有李邕麓
山寺碑"[2]，麓山寺创建于西晋武帝泰
始四年（268年），距今已有1700年
的历史，是佛教在湖湘地区最早的
寺庙（**图2-45、图2-46**）。与麓山寺齐
名的还有隋唐时期的律院道林寺，
"在善化县西岳麓山下，有唐欧阳询
书道林寺碑，宋圆悟禅师居此"[3]，与

图2-42
潇湘八景位置示意
（作者自绘）

① （清）康熙二十六年. 赵宁. 岳麓志. 卷2. 见：赵所生，薛正兴. 中国历代书院志. 第四册.
　　南京：江苏教育出版社. 1995。
② 湖广通志. 卷11. 清钦定四库全书. 史部. 地理类。
③ 大清一统志. 卷277. 清钦定四库全书. 史部. 地理类. 总志之属。

图2-43
潇湘八景之江天暮
雪（清嘉庆《善化
县志》）

图2-44
岳麓山胜迹图（作
者改绘）

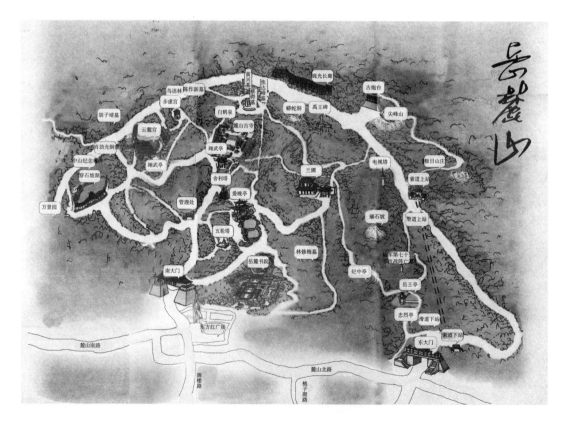

图2-45 麓山寺正门（作者自摄）

图2-46 麓山寺六朝松（作者自摄）

麓山寺合称"湘西二寺"。东晋时期，岳麓书院所在地在曾为名将陶侃（259～334年）修建的杉庵，庵因陶侃亲手所种杉树得名，后庵废杉存，保存下来的杉树有七八株之多；相传在岳麓山万寿宫后有蟒患，后被陶侃射死，洞也因此得名"抱黄"，后人为了纪念陶侃射蟒的事迹，在抱黄洞侧修建射蟒台为其颂功。隋唐时期，隋仁寿二年（602年），岳麓山上为了保护僧人，在清风峡右侧建有舍利塔。唐代马遂（726～795年）作藏修精舍名曰道林，精舍位于道林寺旁，马遂于道林精舍中隐居读书，其他著名学者如杜甫、沈传师、裴休、刘长卿也都曾于此结庐读书清修，为了纪念这些过往名流，唐代袁浩曾经在精舍内修建四绝堂，"与胜览保大

中马氏建，谓沈传师、裴休、笔札宋之问、杜甫篇章为四绝，治平间，蒋颖叔作记以遗欧阳询而录裴休，置韩愈而取，宋之问为未然，乃诠次高下，以沈书一、欧书二、杜诗三、韩诗四，谓之四绝"[1]，精舍后来被道林僧人占领。另外，岳麓山顶东麓还有禹王治水、镇压独角龙的禹王碑等。

（2）选址

岳麓书院位于湖南原善化县（今长沙市）西、岳麓山东麓抱黄洞下，整座书院坐西朝东，前临湘江，后依岳麓（图2-47），唐代书法家李邕描述该地环境时写道"幽谷左豁，崇山右峙，瞰郭万家，带江千里，玉水布飞，石林云起"[2]，《善化县志》对于书院选址的周边环境进行了概

---

① 湖广通志. 卷79. 清钦定四库全书. 史部. 地理类。
② 麓山寺碑. 见: 一方. 至盛岳麓. 北京: 中国档案出版社. 2006: 3。

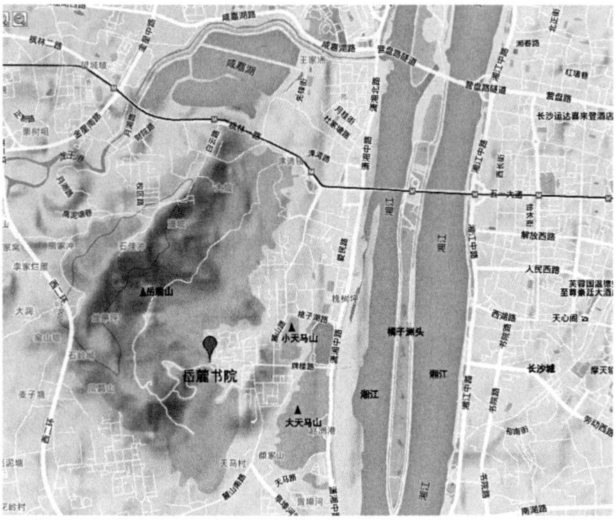

图2-47
岳麓书院选址示意
（作者自绘）

括，“岳麓山，县境大江之西，山足曰麓，一名灵麓。高明广大，具岳之体，乍晴则岩壑分明。欲雨则烟云滃郁，橘洲横其前，雉堞森拱，由湘西古渡石梁踰洲登岸，夹径乔松，泉涧盘绕，峣瞻岳秀，俯看江流，诚一郡之大观也”①。岳麓山海拔约300米，周围有众多小山拱卫，如天马山、凤凰山、玉屏山、桃花岭、金牛岭。岳麓书院就坐落于岳麓山下，在湘江和岳麓山之间有两座小山拱卫，北侧山称小天马山，与之相对的南侧有大天马山，自然形成从湘江渡口进岳麓山前的一座天然门阙。书院因岳麓山得名，同时岳麓书院的出现使得岳麓山更显灵气。书院楹联“纳于大麓，藏之名山”一语道破了选址的园林特征，书院掩映于苍翠浩瀚的树林之中，隐藏于地大物博的岳麓山中，既可遥望城市，同时与城市又有一江之隔，这个微妙的位置可进可退，既可以品味山水之乐，又可以观望庙堂，具有一举两得的天然优势。

相传书院在南宋之前筑于麓山篬筤谷口，南宋后朱熹重建书院，迁址于麓山寺下清风峡出口处的台地上（图2-48）。清风峡自然景色秀美，峡内林木茂盛、溪涧萦回，宋代理学家张栻曾经有诗赞美清风峡的自然景观和人文景观，“扶疏古木矗危梯，开始知经几摄提，还有石桥容客坐，仰看兰若②与云齐。风生阴壑方鸣籁，日烈尘寰正望霓，从此上山君努力，瘦藤今日得同携”③。其地不但自然风光优美，还三面环山，可俯瞰前面的湘江，是岳麓山盛夏无暑热的风水宝地，清代著名政治家彭维新在《登岳麓山》中曾经用“长夏精庐无暑到”来形容清风峡夏季的清凉。《岳麓志》记载了有关“清风峡”的名称由来，“在麓山寺前，双峰相夹，中有平壤，纵横十余丈，紫翠青葱，云烟载目。登其上，望雪观风雩，则停云铺翠；望兰涧石濑，则溅玉飞花。虽桥亭久沕而胜韵自存也。当溽暑

① 善化县志．见：一方．至盛岳麓．北京：中国档案出版社．2006：2。
② 梵语“阿兰若”的省称，意思为寂静无烦恼的地方，这里指代佛寺麓山寺。
③（宋）张栻．南轩集．卷7．见：（清）钦定四库全书．集部．别集类。

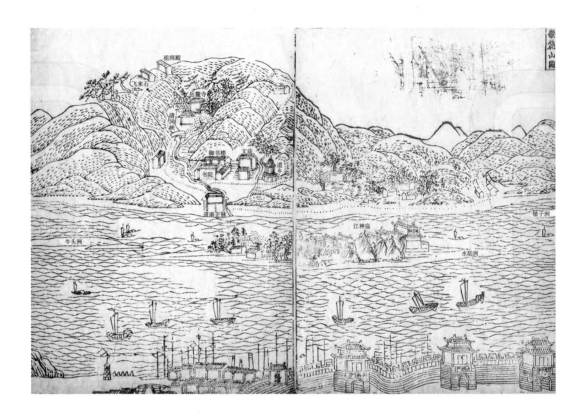

时，清风徐至，人多憩此，故以此得
名"①，这即是书院选址于此的原因之
一。"峡"从地貌形态方面意为两山
相夹之处，由于两侧是倾斜的山体，
峡谷底往往形成山体的汇水区。峡谷
间丘壑冈阜变化多端，加之山间古壑
中古木藤萝荫翳，使得峡谷间光线柔
和，形成了气温低、利于通风、夏季
气候清幽、冬季严寒不扰的小气候，
这种清新的环境对于书院内书籍的保
存、防潮、防蛀都有很好的效果。

　　岳麓书院属于近城邑型山水园，
与城市隔江相望，既可享受城市生活

的便利，又能欣赏和享受自然的清净
与风光，这点可从岳麓书院与城南书
院的关系窥见一斑。城南书院是张栻
的父亲张浚迁居潭州时修建的，由于
书院坐落在妙高峰南面，故而得名。
朱熹去湖南拜访张栻，就曾经住在城
南书院的南轩中。城南书院与岳麓书
院隔江相望，从城南到岳麓需要通过
一个渡口乘船到达，后来人们为了
纪念朱张论道，将渡口命名为朱张
渡。1194年朱熹被朝廷任命为湖南安
抚使，他白天在河东衙门处理公务，
晚间横渡湘江，到西岸的岳麓书院讲

图2-48
清乾隆岳麓山图（局
部）（清乾隆十二年
《长沙府志》）

---

① 姜亚沙等编. 中国书院志. 第四册. 北京：全国图书馆文献缩微复制中心，2005：229。

学。可见，从古代时起岳麓书院就保持了和州府县城的良好通勤关系，这是书院之所以能延续千年，并且在今天没有因为时代的更新变革而荒废，仍然是湖南社会教育和学校教育的重要基地、湖南大学的室外课堂、湖湘文化中心之地的重要原因之一。

2.4.2 岳麓书院之变迁及各时期艺术特色

唐末五代，岳麓山是佛教与道教的活动胜地，寺观相生、殿阁相望、香火连天，由于游客中大量的文化学士留居山中，寺观中的客堂已经无法容纳，于是麓山寺僧人智璇等二人割舍僧地建屋数间，以居士类，并派人到京城购买图书，供士人阅读，于是早期的书院便在这样的环境中诞生了。

2.4.2.1 北宋肇创

960年，宋太祖赵匡胤陈桥兵变、黄袍加身，和平接管后周政权，建都开封，北宋王朝建立。960～997年是北宋王朝的初期阶段，这一阶段封建王朝政治上不稳固、未实现统一，北方并存有辽和西夏政权。宋太祖吸取唐末五代藩镇割据、臣强君弱的教训，采取重文轻武的政策，大量启用文官执政，科举取士制度更加完善，并且采用取士不问出身的政策，这些宋代政治的特色，成为后来宋文化繁荣和书院发展的重要因素。

唐末五代僧人在岳麓山办学的传统得到了传承，开宝九年（976年），尚书朱洞首度创置书院。北宋初期书院的规模是讲堂五间、斋舍五十二间，可见最初书院只是具有教学和住宿的功能。北宋咸平二年（999年）潭州太守李允扩建，中开讲堂、创建礼殿、揭以书楼、塑先师十哲之像，画七十二贤，开创了书院藏书楼和祭祀先贤的先河。随后，咸平四年（1001年）请下国子监经籍，时生徒六十余人。李允确定的书院中讲堂的布局在以后书院的屡次兴废变化中都没有改变这一特点，李允创立的祭祀礼殿后来也成为书院建筑群中的重要组成部分和世代延续的传统，自此，岳麓书院的规制基本形成，讲学、藏书、祭祀三大功能完善下来。大中祥符八年（1015年）宋真宗御赐"岳麓书院"匾额于书院，表明此时岳麓书院已经得到了封建最高统治者的认可，自此书院之称始闻天下，跻身于北宋四大书院之列。

2.4.2.2 南宋续修

（1）刘珙续修

南宋绍兴元年（1131年），岳麓书院遭到战火的严重破坏。南宋乾道元年（1165年）刘珙（1122～1178年）旧址复建，"为屋五十楹，大抵悉还旧观。肖阙里先圣像于殿中，列绘七十子，而加藏书阁于堂之北"[①]，

---

① （宋）张栻. 岳麓书院记.（明）吴道行. 重修岳麓书院图志. 见: 邓洪波点校. 岳麓书院志. 长沙: 岳麓书社. 2012: 96。

大体保持了北宋时期的建筑风貌。刘珙在堂北增建山斋，为山长居住，山斋位于书院内偏之地，罕有人至，非常肃静，庭院内有些许的峥嵘小叠石，配以几丛修篁，还有一口古井，景色非常雅致。殿右侧建濯缨池，殿前修泮池，外为苑门，再前二里许为棂星门。书院主要的园林区集中在南侧，在南侧的高阜上置风雩亭，供学生游憩，前辟濯清池、濯清亭、咏归桥、梅堤、柳堤，临江有船斋和浮桥。咏归桥位于书院前，前为书院牌坊，桥下有濯清池，池内植芙蓉，濯清池发源于岳麓山上的白鹤泉，流经清风峡内的兰涧，汇集于池中，"风雩"和"咏归"都取《论语·先进》中"曾点气象"的典故，张栻在《答朱元晦秘书》中解释了风雩亭得名的原因，"书院相对案山，颇有形胜，屡为有力者睥睨作阴宅。昨披棘往看，四山环绕，大江横前，景趣在道乡、碧虚之间，方建亭其上，以风雩名之。安得杖履来，共登临也"[1]。"濯清"出自于春秋时期的沧浪之歌，孟子曰"有孺子歌曰：沧浪之水清兮，可以濯我缨；沧浪之水浊兮，可以濯我足。……清斯濯缨，浊斯濯足矣，自取之也"[2]，表达了知识分子于庙堂和江湖间出处进退的情怀。船

斋是刘珙为了便于学子往来，在江中所建的巨舰，《湘江图说》中曰"中洲即古渡，旧有浮桥，去岳麓仅一带水。宋安抚刘珙置船数十，以待往来学者游憩，名曰船斋"[3]。朱张二人岳麓会讲时还曾为刘珙时期书院园林诸景作了唱和诗。

可见，这一时期园林景物以欣赏自然景致为特色，造园活动主要集中在从湘江到书院门前的区域，通过"夹道植柳"和"夹道植梅"形成由江边到书院的线性园林空间，起到引导的作用，园林景物相对纯净简单；景点命名上出现了多处引自理学经典命题的典故，即已经开始了以理学教义为园林审美的倾向（表2-4）。

（2）朱张续修

1）园林理水

南宋朱张讲学论道期间，于书院内修建百泉轩园林。百泉轩在礼殿的右侧，讲堂之南，是书院历代山长寓居之所，也是宋乾道三年（1167年）张栻和朱熹在岳麓书院会讲时居住和切磋学问的地方。百泉轩园林位于岳麓山清风峡谷口、溪泉荟萃之处，是书院自然风景最佳之处，为书院园林的精华所在。园水来自西北侧清风峡上游观音阁内的白鹤泉，甘冽的泉水从石隙中涌出，向下流入清风峡，经

① （宋）张栻. 风雩亭词. 南轩集. 卷1. 清钦定四库全书. 集部. 别集类。
② （汉）赵岐注.（宋）孙奭疏. 孟子注疏. 卷7上. 清钦定四库全书. 经部. 四书类。
③ 旧志湘江图说.（清）赵宁. 新修岳麓书院志. 见：邓洪波点校. 岳麓书院志. 长沙：岳麓书社. 2012：212。

岳麓书院刘珙园林经营意向　　　　　　　表2-4

景致名称	述景诗（词）	出处	园林要素
风雩亭	……予揆名而谂义，爰远取于舞雩之风。昔洙泗之诸子，侍函丈以从容	（宋）张栻. 风雩亭词	洙水、泗水
咏归桥	四序有佳趣，今古盖共兹。桥边独微吟，回首望所之	（宋）张栻. 咏归桥	桥、四季
咏归桥	绿涨平湖水，朱栏跨小桥。舞雩千载事，历历在今朝	（宋）朱熹. 咏归桥	朱栏、桥、水
濯清池	芙蓉岂不好，濯濯清涟漪。采之不盈把，怅怅暮忘饥	（宋）张栻. 濯清池	水、芙蓉
濯清池	涉江采芙蓉，十反心无斁。不遇无极翁，深衷竟谁识	（宋）朱熹. 濯清池	水、芙蓉
梅堤	亭亭堤上梅，历历波间影。岁晚忆夫君，寂寞烟渚静	（宋）张栻. 梅堤	亭、梅、倒影、雾气、洲渚
梅堤	仙人冰雪姿，贞秀绝伦拟。驿使讵知闻，寻香问烟水	（宋）朱熹. 梅堤	水、雾气
柳堤	前年种垂柳，已复如许长。长条莫攀折，留待映沧浪	（宋）张栻. 柳堤	水、垂柳
柳堤	渚华初出水，堤树亦成行。吟罢天津句，薰风拂面凉	（宋）朱熹. 柳堤	水、洲渚、堤、垂柳、暖风、夏季
船斋	窗低芦苇秋，便有江湖思。久已卷垂纶，游鱼不须避	（宋）张栻. 船斋	芦苇、水、垂钓、鱼
船斋	考槃虽在陆，混漾水云深。正尔沧洲趣，难忘魏阙心	（宋）朱熹. 船斋	水、云

峡内的兰涧、石濑泻入洗心濯缨池内，百泉轩就建在洗心濯缨池边。元代吴澄在《百泉轩记》中解释了百泉轩名称的由来，"岳麓书院在潭城之南，湘水之西，衡山之北，固为山水绝佳之处。书院之有泉不一，如雪如冰，如练如鹤，自西而来、趋而北、折而东，环绕而南，渚为清池。四时澄澄无发滓，万古涓涓无须臾，息屋于其间，名百泉轩，又为书院绝佳之境"[1]。文章回忆了一百二十年前朱熹和张栻两人聚游岳麓、同跻岳顶的情景，并指出两先生都酷爱泉水，但是并非止于满足凡儒俗士的玩物适情，而是在于陶淑性情、气质，教育生徒审问于人，慎思于己，明辨而笃行，

---

① （清）赵宁. 岳麓志. 卷8. 见：赵所生，薛正兴. 中国历代书院志. 第四册. 南京：江苏教育出版社. 1995。

以达到至道、求仁的高尚境界。清代曹耀珩（1674～1740年）在《百泉轩》中写道"泉窦白鹤来，涓涓无歇止。兰涧石濑俱，漪涟清见底。百道尽潺湲，泻入亭台里。爰构百泉轩，轩楹看沼沚。高峡敞清风，层云肤寸起。花晨并月夕，吟赏必于此"①。曹诗中描写了清风峡内兰涧和石濑两处著名的自然景观。兰涧为岳麓书院后山沿游步道的一条险沟，因两岸峭壁上长满兰花而得名。兰花由于生活在深涧溪边或林木茂盛的地方，就像古代为了"志于道"的理想隐逸山林的士人一样，自古被中国文人所喜爱。孔子曾经对兰抚琴，吟诵"芝兰生于深谷，不以无人而不芳"②，感叹人生抱负不能实现；朱熹面对黑暗的朝廷发出了"竟岁无人采，含薰只自知"③的感叹，唯有通过教书育人、广兴教授，来践行士人"不得志，修身见于世"④的理想，以达到报效朝廷的目的。石濑是藏于兰涧中的石潭或者指水流碰触涧中石块形成的激流，朱熹在《石濑》中吟道"疏此竹下渠，漱彼涧中石，暮馆绕寒声，秋空动澄碧"⑤，石濑象征自然界的天籁之声，荡涤尘埃，与孔子"洙泗浮磬"中水中石块经流水冲刷发出美妙声响之境有异曲同工之妙，站在清风峡的清风桥上望兰涧、石濑，水石相驳激，声色俱丽，借以抒发人物的情感和志向。清风峡之侧抱黄洞口有簉篹谷，是宋仙巢先生钟尚书的闲居处，簉篹谷从魏晋到明末时期一直都是岳麓山的主景区，《说文》曰"泉出通川曰谷"，"谷"是两山之间流水之道，水通过"谷"这种狭窄的通道，加之竖向高差上的变化，形成瀑布汇入谷中禹迹溪内，又在谷中形成若干水注，兰草生长其中，景色甚是清幽。

可见，南宋朱张园林理水特色有三：①园林水景类型丰富，以山泉为特色，包含了瀑布、溪流、池沼等多种类型；②园内的水从园外西面的自然山涧中来，趋而北、折而东，还绕而南，沼为清池，有去有来，创造出了最大可能的水景变化；③园内水景不但重视水的形色，而且还突出水的声色，山溪流动驳激石块的自然天籁之音与书院内学子的弦歌之声相应和、相砥砺，体现着中国山水文化中天人合一的境界。

2）园林建筑

南宋绍兴二年（1132年），与朱熹、吕祖谦并称"东南三贤"的张栻担任岳麓书院山长，张栻（1132～1180年）字敬夫，号南轩，亦号乐斋，四川绵竹人，对于鼎盛岳

---

① 江堤. 诗说岳麓书院. 长沙：湖南大学出版社. 2002：80。
②（汉）孔鲋撰. 魏王肃注. 孔子家语. 郑州：中州古籍出版社. 1991。
③（宋）朱熹. 兰涧. 江堤. 诗说岳麓书院. 长沙：湖南大学出版社. 2002：123。
④ 孟子·尽心上.（汉）赵岐注.（宋）孙奭疏. 孟子注疏. 卷13上. 清钦定四库全书. 经部. 四书类。
⑤（宋）石濑. 兰涧. 江堤. 诗说岳麓书院. 长沙：湖南大学出版社. 2002：123。

麓书院、发展湖湘学派起到了重要的影响和作用，人称"湖湘巨子"。宋乾道三年（1167年），张栻邀请朱熹来岳麓书院讲学论道，朱熹从福建崇安出发到长沙岳麓，与张栻切磋学术，讨论乾坤动静、太极之义、中庸之义等哲学问题，三昼夜不辍，并举行了著名的"朱张会讲"。讲学期间，朱张两人曾共游麓山，共同漫步于岳麓山水间，两位学者有感于自然造化的神奇和流转，被麓山瑰丽的风景所感染，为岳麓山无名风景题名达20余处，并作联句抒发有感。如赫曦台，二人同登岳麓山顶观日出，朱熹即冠以山顶"赫曦"的美称，后来张栻建观日台即用"赫曦"命名，其他的还有道乡台、道中庸亭、极高明亭、翠微亭等都是当年朱张会讲时命名的景观，并且朱熹还在书院讲堂亲自手书"忠孝廉节"四字，为书院留下了一批宝贵的人文财富。

岳麓书院中众多的园林建筑以亭、台等小体量建筑的形式，穿插布置在园林内和周围广布的自然山水之中，包括道乡台、道中庸亭、极高明亭、四箴亭、翠微亭、吹香亭。由于这些建筑的年代较早，记载不详，所以具体建筑形式不详，现在唯一能考证的是建筑位置与园林山水之间的关系。道乡台在麓山寺旁，名称由来于北宋神宗元年，关于道乡台《岳麓志》载"宋邹浩为谏官，谪衡经此，守臣温益下逐客令，旅邸不敢容，风雨夜渡湘江，寺僧列炬迎之，张栻为筑台，朱熹刻石曰道乡"[1]，朱张为了缅怀先贤，在麓山寺旁建台纪念，由于邹浩著有《道乡集》所以用"道乡"名之。吹香亭位于箸箕谷上，是宋代仙巢先生钟尚书闲居隐逸之处，宋理宗亲书"仙巢吹香亭"五字。道中庸亭在朱张祠上，从吹香亭蹬千余级台阶可达。极高明亭在禹碑右稍下一岭，从道中庸亭蹬千余级台阶可达。四箴亭在圣殿后的高阜上，宋朱张建。翠微亭在江边的天马山上，可以远眺城郭，景色最为旷远。张栻去世后14年，绍熙五年（1194年）朱熹任湖南安抚使，更建书院于爽垲之地，规制一新，这期间书院得到了很大发展，建筑规模、学徒人数、学田数量都较之前有大幅提高，达到了"道林三百，聚书院一千徒，而五十顷"[2]的规模。朱熹兴复后岳麓书院的规制"前有宣圣殿五间，殿前引泉作泮池，其列屋殆百间，其南为风雩亭；殿后堂室二层各七间，两庑亦如之；其外门距书院两里许，今其地犹以黄门名，而碑址尚卧田中，方其盛也"[3]。书

① 湖广通志. 卷79. 清钦定四库全书. 史部. 地理类。
②（清）赵宁. 岳麓志. 见：赵所生，薛正兴. 中国历代书院志. 第四册. 南京：江苏教育出版社. 1995：206。
③（清）曾国荃等撰. 湖南通志. 卷68. 学校志七. 书院。

岳麓书院朱张园林建筑经营意向　　　　表2-5

景致名称	述景诗	兴建者
赫曦台	（宋）朱熹"泛舟长沙渚，振策湘山岑。烟云眇变化，宇宙穷高深。怀古壮士志，忧时君子心。寄言尘中客，莽苍谁能寻。"[1]	张栻建 朱熹题额
道乡台	（宋）范成大"山外江水黄，江外满城绿。城外杳无际，天低到平陆。长烟贯楚尾，远势带吴蜀。故园东北望，游子栏干曲。"	张栻建 朱熹题额
道乡台	（清）张九钧"道乡台峙麓山头，遥想当年夜渡舟。不是守臣严逐客，何来名迹照千秋。"	张栻建 朱熹题额
道乡台	（清）赵宁"逐客浮湘去，高台历岁华。丹衷留谏草，清夜宿毗邪。芳芷依流水，啼鹃怨落花。从来迁客恨，千古是长沙。"	张栻建 朱熹题额
道中庸亭	（清）赵宁"半岭憩孤亭，长松倚危石。春云澹碧空，去来总无迹。"	南宋建 朱熹题额
极高明亭	（清）赵宁"亭高抗青冥，坐见千里外。山气杂江烟，纷霏落衣带。"	南宋建 朱熹题额
极高明亭	（清）李文照"振衣上峰巅，下视尘寰小。列宿低芒角，白云相缥缈。"	南宋建 朱熹题额
翠微亭	（清）赵宁"抱膝望湘江，江云自舒卷。愿将云作衣，湘君为予剪。"	南宋建 朱熹题额
吹香亭	（唐）杜荀鹤"放鹤去寻三岛客，任人来看四时花。"	南宋建 宋理宗题额

院建筑中宣圣殿最为隆重，殿前泮池是仿学宫的形制，殿后更靠近岳麓山之处为百泉轩园林（表2-5）。

3）园林植物

从文献记载和南宋歌咏岳麓书院的诗词来看，南宋时期书院的植物种类包括梅、柳、桂花、芙蓉、橘树、柏树、松树、竹子、桧柏、兰草等。植物儒学化之风较盛，如梅花的百折不凋和富于骨干、兰花的幽静典雅、

竹子的谦虚品质，都富含伦理色彩和理学之精神，深受古代读书人的喜爱，广泛应用于书院学斋、讲堂附近的庭院中，成为烘托书院气氛、调节园林情趣的重要元素。桂树是象征书院功能的特色植物，由于古代科举考试在秋季进行，正是桂花盛开的季节，所以人们用"折桂"比喻高中状元，书院庭院中植桂的习俗代表了对参与科举考试的士人的美好祝福；松

---

[1]（宋）张栻. 朱熹. 登岳麓赫曦台联句. 江堤. 诗说岳麓书院. 长沙：湖南大学出版社，2002：159。

柏类常绿植物多用于书院祭祀建筑的周围，象征着长寿与永恒，用以烘托庄严肃穆的气氛。

可见，南宋时期书院在园林建设上已经取得了不俗的成绩，内部利用原有自然条件加以园林化处理，通过理学的方式将外部自然界中的事物加以儒学化渲染，形成充满寓意的理学风景，在创造出适宜读书养性的园林空间的同时起到教化士人的作用。

2.4.2.3 元明续修

（1）元代续修

元代书院屡遭破坏，修复频繁。延祐元年（1314年）潭州路判官刘安仁重修岳麓书院，基本保持了宋代的旧制，继续沿用"礼殿-讲堂-尊经阁-极高明亭"的中轴线，采用前庙后学的布局形式，礼殿在最前面，用以祭祀孔子先师，两旁有四斋围合形成庭院，礼殿左侧为祭祀专祠诸贤祠，右侧为书院园林百泉轩，园林是书院山水绝佳之境，是朱张二夫子会讲时，昼而燕坐、夜而栖宿之处，原有泉众多，水从西而来，后趋向北，再折向东，又绕而南，最终汇集于清池内，昼夜不息，体现了儒家"逝者如斯夫，不舍昼夜"的精神。

（2）明吴世忠续修

明代书院频繁修建达二十多次，最早是在弘治初年（1488～1506年）由陈钢、杨茂元开始修复岳麓书院，结束了岳麓书院百年荒废的局面。"大门五间，两庑各三间，名其左曰敬义、右曰诚明，取文公白鹿洞赋语也。北上数十级复建书院五间，又数十级，创祠以祀晦庵、南轩二先生，匾曰崇道祠，缭以周垣，杂植竹柏花卉于隙地"[1]，陈钢的继任又在崇道祠后复建了极高明亭。这次修复的主要贡献是突出了书院的理学传统，首创了朱张专祠"崇道祠"和以展示朱子在湖南行迹为内容的、并嵌刻"紫阳遗迹"的尊经阁，开辟道路，增加学田和书籍的储存，使书院真正开始恢复讲学。

明代书院的修复中规模较大的是正德二年（1507年），吴世忠以"风水未美，迁正学基"为理由，认为书院"风水背戾，所以屡兴屡废，今欲修理，必须略移向址，方可久长等因"[2]，对岳麓书院进行大规模的"改向"扩建（**图2-49**）。拆除淫祠道林寺，以其材修建书院，"责令各匠将新旧木料，竖崇道祠、尊经阁、大成殿、讲堂、仪门、两斋、两庑、号房。仍于仪门前凿砌泮池，池外为棂星门。稍完，改其路随水道萦绕而出，山口移建牌坊五间。又稍完，相

---

① （清）曾国荃. 湖南通志. 卷68. 学校志七. 书院一。
② （明）吴世忠. 兴复书院札.（清）赵宁. 新修岳麓书院志. 见：邓洪波校点. 岳麓书院志. 长沙：岳麓书社. 2012：248。

图2-49
明代岳麓书院示意
（清《长沙府志》
卷1）

其地位，并立风雩亭、咏归桥"①。明代的这次改建主要有三点。①在这次改建中除了恢复完善宋代建筑规模外，调整书院大门朝向与道路安排，使得大门与二门之间偏斜了5°。②经过这次扩建，最终将书院主要建筑集中在了一条中轴线上，使书院建筑群与湘江风景和麓山山势有机结合，这条中轴线向前延伸到湘江西岸，向后延伸到岳麓山巅，形成了一条风景中轴线，主要包括书院牌楼、咏归桥、柳堤、梅堤、书院、极高明亭、道中庸亭、禹碑亭，自此，书院前部有线性园林空间作为引导，后面又有线性园林空间作为延续和发散，使书院巧妙融入自然山水之中，不但景观层次丰富，还充分体现着书院藏幽的气质和中和含蓄的风格。《岳麓志》记载了这条从河东岸渡江、过橘子洲、登岸入山步入书院的前导路线，"从下渡，过橘洲，历禹迹溪，五里登岸。从古渡，半里达中洲，仅一带水登岸，宋朱、张讲学胥由此，代有浮桥，而今废矣。一岸滨江，约四里，为古柳堤，中有石坊曰岳麓书院，宋真宗赐额也。……进而为梅

---

①（明）吴世忠. 兴复书院札.（明）吴道行，（清）赵宁. 岳麓书院志. 长沙：岳麓书舍. 2012：248。

堤，为咏归桥，为濯清池。约三里，抵书院"①；可见，书院前门旧时设在湘江渡口边，并建有牌楼门，上嵌宋真宗"岳麓书院"石匾。③此次扩建除了形成书院的主要风景轴线外，还形成了与书院主轴平行的一条次轴线，即另建大成殿并列于书院之左，自成一院，构成左庙右学的结构，大成殿前有泮池和濯缨亭，形成了与主风景轴线平行的另一条礼教轴线。

明嘉靖六年（1527年）长沙知府王秉良又对书院进行了扩建，使得岳麓书院的规模达到了前所未有的程度。新建有尊经阁，阁前建成德堂和东、西讲堂，诚明、敬一、日新、时习四斋，天、地、人、智、仁、勇六舍，延宾、集贤二馆，建敬一碑亭，后改为四箴亭，书院的轴线系统进一步得到强化完善。据明代《重修岳麓书院图志·树植》载，书院内的植物种类包括椿树、李树、松树、梨树、杉树、梅树、柏树、桃树、桐树、槐树、檀树、株树、水蜡树、夜毫树、冬青树。

2.4.2.4 清代续修

（1）康雍年间续修

清代二百年间，书院又经过了十多次的修建，到了清代后期，书院内祭祀建筑数量不断增加，书院外建筑数量也明显增多。康熙初年书院基本承明旧制；康熙二十五年（1686年）增建御书楼，于讲堂后建文昌阁，供奉文昌帝君；康熙二十六年（1687年），御书"学达性天"赐予书院；康熙二十七年（1688年）建自卑亭。雍正年间（1723～1735年）政府积极扶持书院建设，由政府亲派官员管理监督并出资控制书院，岳麓书院遂成为清代二十三所省城书院之一，成为政府在湖南地区控制教育的中坚力量。

康熙年间书院的规模为：院内为讲堂者二，曰成德和静一；为祠堂者二，曰崇道和君子；为台者一，曰道乡；为亭者六，曰自卑、拟兰、及泉、四箴、中庸、高明；斋舍扩建，有存诚、主敬、居仁、由义、崇德和广业六斋；增加圣殿、两庑、御书楼、文昌阁，下面就增建的园林建筑着重论述。自卑亭（**图2-50**）：清康熙二十七年（1688年），长沙郡丞赵宁认为书院内有区舍亭池，足以供士子藏修游憩，但是从江边达书院的数里之间，往来没有避风日、暂息和从容览胜之处，遂在路旁建亭，为供行人歇息之用；清代山长车万育题书"自卑亭"，名称源自《中庸》"君子之道，譬如远行，必自迩；譬如登高，必自卑"②。清乾隆二十四年（1759年），山长欧阳正焕重修，并

---

① （清）赵宁. 岳麓志. 卷2. 见：赵所生，薛正兴. 中国历代书院志. 第四册. 南京：江苏教育出版社. 1995。

② 中庸. 陈晓芬，徐儒宗译注. 北京：中华书局. 2011：312。

撰《修自卑亭记》，对亭名的原意进行了引申，"深造自得之境……如循绝磴，毋废半途；如陟层峦，毋阻一涧。卑之既尽，高不可逾矣。则所谓下学而上达，岂外是哉！[1]"。长沙府李拔撰《自卑亭铭》，"窃闻圣教，登高自卑。伦常日用，百姓与知。率由践履，变化因之。宫墙何异，美富何奇。毋悲道远，毋泣路岐。循循下学，入圣之基"[2]。从以上论述可以看出，无论是山长欧阳正焕还是李拔，都是想告诫学子求学应从低处做起，循序渐进，就像从湘江边到步入书院逐渐登山的过程一样，求学做学问也是由低到高，经历"自卑"的过程，才能达到高峰。自卑亭与后面的书院、极高明亭、道中庸亭、禹碑亭不但形成了空间上的几何轴线，同时形成了一条书院的隐喻叙事线，细致刻画了"由学到问"的古代士人的心路历程，即"自卑–中庸–极高明"之做学问的不同境界（图2-51）。嘉庆十年（1805年）山长袁明曜将亭子移置大路中央，上山进书院的人从中穿过，亭子成为强化和标志书院中轴线的建筑，中轴线入口左右有天马、凤凰二峰峙两旁，俨如天然的门阙，从自然中展开书院的景观序列，突出并强化了书院的主体地位，与麓山幽深的山峦相呼应，自然景观与人文景观融为一体，高度协调。拟兰亭在圣殿右侧，引水为曲水流觞，仿浙江兰亭；拟兰亭北侧，即圣殿的左侧为汲泉亭，亭内有古井，可出涓涓细流。其他三亭，四箴亭、道中庸亭、极高明亭都为兴复古代遗迹。

图2-50
岳麓书院自卑亭现状（作者自摄）

---

① （清）欧阳正焕. 重修自卑亭记. （清）丁善庆. 长沙岳麓书院续志. 见：邓洪波点校. 岳麓书院志. 长沙：岳麓书社. 2012：634。

② （清）李拔. 自卑亭铭. （清）丁善庆. 长沙岳麓书院续志. 见：邓洪波点校. 岳麓书院志. 长沙：岳麓书社. 2012：602。

图2-51
岳麓书院轴线示意
（作者自绘）

（2）乾隆年间罗典续修

乾隆九年（1744年），御书"道南正脉"赐予书院，将岳麓书院提高到理学正宗的地位；乾隆五十四年（1789年）修讲堂，次年筑前亭；乾隆五十七年（1792年）于院前土阜建魁星楼，以风水可兆科甲，并重建红叶亭（爱枫亭）。乾隆年间除了对原有建筑大加修葺外，重点是对书院园林的营建，这其中最重要的当属罗典对岳麓书院的园林建构所作的贡献。罗典（1719～1808年），字徽五，号慎斋，湖南湘潭人，清乾隆十六年（1751年）进士，从乾隆四十七年（1782年）到嘉庆十三年（1808年）连任五届岳麓书院山长，时间长达二十七年，此段时间正值清代书院的鼎盛时期，为岳麓书院的发展作出了重要贡献。清乾隆四十七（1782年）到四十八

年（1783年），罗典对岳麓书院数十亩荒地进行园林建设，引山泉水，挖池堆阜，杂以花木，形成了著名的书院八景。罗典撰《癸卯同门齿录序》记载了书院园林的建设过程，"记先时以间息游，知傍院隙地多芜，佣人辟之，令深剧草荄，蠲瓦砾务尽。洼则潴水栽荷，稍高及堆阜种竹，取其行根多而继增不息也；其陂池岸旁近湿插柳或木芙蓉，取其自生也；山身旧多松，余山右足斜平，可十数亩筑为圃，增植桃李，取其易实也；是外莳杂卉成行作丛生，如紫薇，号百日红，山踯躅，每一岁花再现，取其发荣齐而照烂靡已也"，可见园林营建注重因地制宜、土方平衡的节约原则，并且根据具体地形条件的不同搭配植物，如竹子需要良好的排水，故"堆阜种竹"；洼地和陂池种植耐水湿的

柳树、木芙蓉、荷花，完全符合植物自身的属性；对于桃李易成林且生产果实的植物成片栽植，以圃的形式出现，同时也符合书院教书育人的寓意。六年后罗典又撰写《己西同门齿谱序列》，记述花卉竹林成景后的盛况，"今见荷英烂漫，墩之上簇锦团花。其桃李俱成林，高者至丈许。他如桐柳列植，或绿荫夹道，或青烟覆地，或郁葱成目前胜概"。

罗典时期形成著名的岳麓书院八景，其中前四景为：柳塘烟晓、桃坞烘霞、风荷晚香、桐荫别径；后四景为：花墩坐月、碧沼观鱼、竹林冬翠、曲涧鸣泉。书院八景中的前四景中每景都有一种具有意向特色的植物为主题，后四景中出现的观鱼、赏月、冬竹、涧泉亦是文人园林中常用的造景主题，这些物象共同诠释了园林春、夏、秋、冬四季不同的景致特色，并寓深刻的理学含义于景物之中，使人在欣赏游观园林美景的同时，畅情抒怀并得到启发。①"桃坞烘霞"位于书院前，"坞"指四边如屏的花木深处，"桃坞"即是指书院头门外的一片桃树林，原来桃坞长度百余丈，种植桃树几百株，如此大片的桃树种植在书院前面，一方面寓意书院教育桃李满天下，另一方面附会了文人世外桃源的理想生活之意。②"柳塘烟晓"位于书院前右侧的风雩亭和饮马池处，"饮马池"得名由来于乾道三年（1167年）朱张在岳麓书院那次著名的会讲，据说听者人数众多，以至于到了"饮马池水立涸"的地步，从此这汪书院外无名的池塘就有了"饮马池"的称呼，池中原来并无构筑物，乾隆五十二年（1787年），罗典首开池中建亭的先河，初名西亭，为一草亭，池周边遍种柳树，后嘉庆二十四年（1819年）重建，山长欧阳厚取南宋书院园林之风雩亭命名之。③"风荷晚香"位于书院前左侧吹香亭与黉门池处，与南侧的柳塘烟晓分别位于书院中轴线两侧对称位置，造景手法类似，亦是一池一亭的布局，"黉"意为古代学校，黉门池建于宋代，乾隆五十三年（1788年），罗典在其上建东亭，与西亭相对应，并增设木桥十寻；后嘉庆时期院长欧阳厚亦改名为吹香亭，以存古意。池中遍种荷花，景色由此得名，同时荷花又是君子的象征，是理学理想人格的化身。④"桐荫别径"是从黉门池经文庙北侧通往爱晚亭的一条小径，因路旁桐树成荫得名，梧桐在古代是高洁品格的象征，古人常将儒家圣人孔子比作凤凰，而梧桐树是引凤栖凤的重要生境，《诗经·大雅·卷阿》曰"凤凰鸣矣，于彼高冈；梧桐生矣，于彼朝阳"。同时梧桐又有悲秋的意境，时时提醒着学子珍惜读书的时间。⑤"碧沼观鱼"指百泉轩前水池，继承了中国古代造园中"观鱼"的特殊传统，池中植莲养鱼供人欣赏。在百泉轩内还有一口著名的井，名为文泉，清乾隆四十四年（1779年）湖南巡抚李湖重修书院讲堂时发现，清熊为霖《文泉纪事序文》中描述了文泉的由来，"修岳麓书院，既落成，浚池，泉涌出，清冽而甘。观察秋茳纪公喜称瑞。谓士气从浓泳矣"。取名为"文泉"寓意泉似文澜汩汩来的文化向往，寄托了士人科考高中的美好愿望。⑥"花墩坐月"实景指书院百泉轩园林水池及水池上面土石岛上的花木，此意境只有在月色降临、夜幕茫茫时，临坐池边，静听虫鸣和鸟叫，近看水中游鱼，体会宇宙间无处不在的天理流行和运迈生机，这种物态畅然的状态能使人与物融合，从而纯净心灵，领悟到道体之自然的要义。⑦"竹林冬翠"指书院后面通往爱晚亭的山路上成片的竹林，在白雪覆盖下露出点点青翠的景观，"竹"寓意了人格高尚的气节，非常清新脱俗，深受文人的喜爱，成为众多园林景致的主题。⑧"曲涧鸣泉"指从清风峡流出的山泉经过爱晚亭，流经书院内部，最后到达书院藏书楼右侧百泉轩园林的池中。

罗典营造了优美的书院园林，为书院师生提供了畅适人情的良好环境条件，得到了许多文人学士的赞美。罗典的学生贵州学政周锷在他的《岳麓八景诗序》里也有记载，"书院前……因就其前植修竹数百竿今成林，甃方圆池凡四，种千叶莲，池之附地凿为沼，放游鳞焉。而其所出之土即堆为墩，杂植以紫薇、芙蓉、山踯躅花，时皆绚烂可喜且耐久。墩外旧有圹，环插杨柳，使繁阴如幕，摇曳于水光天影中。于东更得废地围之，种桃成坞，坞外山泉所经为曲引之，水石相搏，声若琴筑可听。西则诣道乡祠旧径也，从山扳跻而上，颇艰于行，别开其径，于山麓而依壕，密布桐子树，而成阴可荫，自是则四时之景备矣"①。罗典的另一位学生布政使严如煜也为书院八景描摹题咏了大量的诗歌（表2-6）。

（3）嘉庆、道光、光绪年间续修

嘉庆年间（1796~1820年）增加祭祀周敦颐的濂溪祠、屈公祠（后更名三闾大夫祠）和其他祭祀建筑共12处，将原来的六君子堂改为岳神庙，加之之前15处，祭祀处共27处（**图2-52**）；道光十三年（1833年）增设湘水校经堂；同治年间（1862~1874年）又增设欧阳厚均专祠，扩建斋舍至114间；光绪初再增船山祠，前后相加受祀者将近百人（**图2-53**）。可见从乾隆朝开始到清末，书院的祭祀功能不断被强化，表现出来的就是祭祀建筑的不断增多，这也是书院在清代中后期被官学化和被科举化的重要佐证。

---

① 杨布生. 岳麓书院山长考. 上海: 华东师范大学出版社. 1986: 177。

岳麓八景诗   表2-6

景致	诗文
1. 桃坞烘霞	陶必铨：春花及春媚，满目朝霞被。门前蹊已成，未是秦人避
	吉兆魁：山桃花发斩新红，满坞晴霞夕照中。灵麓只今增胜迹，凝台何处访仙宫。朱云晓湿千家雨，紫坡春栽二月风。指点渔郎前度路，隔溪遥与武陵通
2. 柳塘烟晓	周锷：杨柳依依晓色垂，方塘烟影洞青旗。微波潋滟生霞处，晓月空濛在水时。冷护春寒眠未足，阴笼朝日上来迟。柔条青眼知谁是，无限东风拂面吹
	陶必铨：杨柳丝乱垂，银塘青未了。依依曲涧边，钟鼓一声晓
	严如煜：披拂平堤影正长，寒风浥露影苍茫。晴光隐隐笼春水，寒翠蒙蒙冒野塘。万缕柔魂怜落月，半池疏影待朝阳。青旗红板江南路，一样烟波送客艖
	凌玉清：双镜轻描翠黛低，依依弱柳夹芳堤。子规唤起窗前曙，一带晴烟望欲迷
3. 风荷晚香	陶必铨：浅水擎高盖，薰风度晚凉。兴来倾楫对，不是瓮头香
	陈融观：晚凉生隔浦，冉冉荷香弄。薰风如有情，披襟溽暑送。西山月上时，波漾珠犹动
4. 桐荫别径	周锷：丘壑盘纡似道林，山桐一径恰成荫。花开三月春当路，客到丛台绿满襟。碧叶诗题凉月晓，秋风子落白云深。青鞋布袜频来往，空谷跫然听足音
	陶必铨：曾除盖地皮，并斩穿篱刺。龙门种自多，百尺在能植
	彭峨：栖鸾嘉树倚云栽，一径春深翠作堆。听得空林人语响，山僧遥踏落花来
5. 碧沼观鱼	陶必铨：朝昏碧沼边，熟看鱼儿戏。烟里翡翠群，飞集亦相媚
	李自瑛：无定天光荡碧池，锦鳞翔跃散沦漪。啖花影失清波转，洗墨香浓翠浪吹。出没似知人意快，留连偏化机随。濠梁情兴今犹昨，徙倚临流乐未疲
6. 花墩坐月	陶必铨：不作茅亭好，天空罗幕开。晚来明镜里，随意坐青苔
	严如煜：仙台花影夜千重，一镜圆灵涌乱峰。艳泼春风红踯躅，烟浮夜月碧芙蓉。行粘宝树香中露，坐听山僧定后钟。沁骨清光吟玩处，绿茵齐藉草茸茸
	李自瑛：花影娟娟月影悠，夜来香韵坐间收。一边碧色环中趣，两袖清芬象外幽。云幄侵衣风欲度，冰壶濯魄露初浮。更深话到梧桐落，指点江天四照秋
7. 曲涧鸣泉	周锷：碧玉山泉出峡清，流来曲涧韵琮琤。空斋夜听三更雨，绕户风腾万马声。香送落花春宛转，人方倚树月分明。如闻绿绮调冰柱，何事尘心更不平
	陶必铨：空山自流泉，响漱声声玉。欲引灌南塘，不妨环道曲
	蒋鸿：一径萦回曲，潺潺响涧泉。清音林下月，幽韵谷中天。微雨青山后，凉飚绿树前。相将乘逸兴，随意领无弦
8. 竹林冬翠	周锷：物华都逐岁寒消，修竹檀栾翠不凋。万个晓凌风猎猎，一林青压雪萧萧。舒将凤尾成高洁，自有龙孙慰寂寥。海月松云同笑傲，好从尘外共招邀
	陶必铨：劲节终成直，虚心故耐寒。残冬元别况，风月倚千竿
	彭峨：琅玕万个影珊珊，绕院青烟扑曲栏。留伴孤松残雪里，月明风静耐余寒

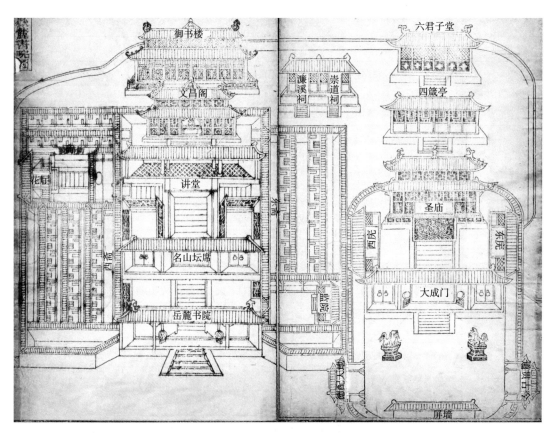

图2-52
清嘉庆岳麓书院
布局图（清嘉庆
二十三年《善化县
志》）

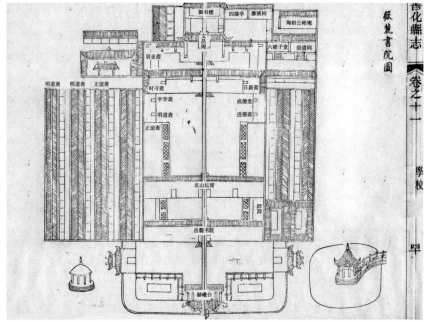

图2-53
清光绪书院布局图
（清光绪三年《善
化县志》）

2.4.3　岳麓书院园林理法

2.4.3.1　理水

岳麓书院园林是以山为背景、以水为中心的山水园（**图2-54**）。书院理水的特点有三：①注重水的源流，引院外清风峡的泉水，途经爱晚亭、清风峡，入书院百泉轩前的水池中，之后从书院门前的饮马池流出园外，既有来历，又有去由；②园林理水注重水之形、色、声的景观营造，如曲涧鸣泉就是以听水声为主题的景观；③理水的形式丰富。水在书院中以溪、沟、池、沼、泉多种形式存在，

如自白鹤泉流出到园林内的自然溪流；园林核心区百泉轩前的景观池沼（**图2-55**），书院藏书楼前长方形的泮池（**图2-56**），书院门前两侧圆形的水池，百泉轩内的文泉；院内庭院四边还有收集建筑屋顶汇水和场地流水的水沟。

2.4.3.2　山石

岳麓书院的山石景观以小巧精致取胜，书院中未见堆叠假山和大型景观置石的记载，以小景观石的运用为主，主要有四种形式：①作为植物配景的小景石，如在书院西侧半学斋形成的小天井中的花池内就有多处；

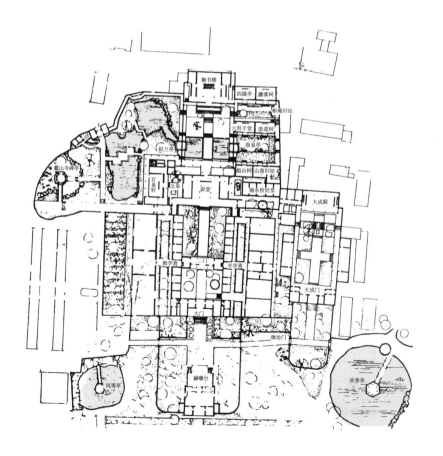

图2-54
岳麓书院现状理水（作者改绘自《岳麓书院建筑与文化》）

图2-55
岳麓书院百泉轩前
水池（作者自摄）

图2-56
岳麓书院藏书楼前
水池（作者自摄）

图2-57
岳麓书院内置石
（作者自摄）

②以小型景观石为主景的小盆景，这种情况一般是将景观石置于不同大小的贮水小池内，如百泉轩前的小盆景；③三五小石与植物、漏花墙组合成一幅框景画（**图2-57**）；④书院中为了保护池岸和山阜，石头被用来垒石护岸、垒石挡土的情况比较常见。

2.4.3.3　建筑

岳麓书院位于岳麓山前，建筑群依山傍势，与自然山体巧妙融合，湘江横于山前，从书院向东望去，视野非常开阔，属于开朗型空间。书院总体布局上呈"左庙右学"的结构，基本上可以分成前导区、教学区、祭祀区、藏书区、生活区和园林区。①前导区：位于书院建筑群的最前端，是书院重要的景观序幕。②教学区：位于书院中轴线，有教学斋、半学斋、湘水校经堂、明伦堂、百泉轩、山斋。③藏书区：于书院中轴线的终点，是一座三层的楼阁建筑，名为御书楼。④祭祀区：为书院的重要组成部分，主要分为文庙和专祠两大类型，供祀对象包括先圣、先贤、先儒、乡贤、名宦。文庙由大门、崇圣祠、大成殿及两庑组成，位于书院的北侧，与书院平行，自成院落；专祠有七座，分别是濂溪祠、四箴亭、崇道祠、六君子堂、船山祠、屈子祠、文昌阁，亦位于书院的北侧。⑤园林区：渗透到书院各处，除了清代山长罗典留下的书院八景之外，还包括赫曦台、杉庵、拟兰亭、及泉亭、爱晚亭、自卑亭、文泉、实务轩、麓山寺碑亭和园林碑廊。赫曦台为清代所建，是一所具有湖南地方风格的戏台。全院共形成东西向轴线三条，分别是南侧教学区建筑群的物理中轴线，由头门、大门、二门、讲堂、御书楼组成；第二条轴线是北侧文庙建筑群形成的物理轴线，由大成门、大成殿、崇圣祠组成；第三条轴线是书院的文化隐喻轴线，由朱张渡、书院牌坊、自卑亭、讲堂、道中庸亭、极高明亭组成。

2.4.3.4　植物

岳麓书院园林植物类型包括乔木、灌木、花卉、水生植物四种类型。乔木植物种类包括杨柳、梧桐、国槐、银杏、桂树、女贞、广玉兰、桃树、柚树、松、罗汉松、圆柏、侧柏；灌木种类包括紫薇、木芙蓉、南天竺、春不老、绣球；花卉包括杜鹃

（山踯躅）、秋海棠、蜀葵、铁线莲、蔷薇、月季、罂粟；水生植物包括荷花、千叶莲。岳麓书院在植物运用上色彩清淡素雅，较少运用鲜艳色彩，植物搭配不同空间类型，所选用的种类和配置方式亦不同。如讲堂前植物配置较稀疏，是为了营造讲堂前开阔的空间。相对地，园林区植物种类较丰富，气氛活泼。在植物运用上书院还注重用植物营造文化主题，如寓意学子求学之路、鼓励学子金榜题名等。

2.4.4　小结

岳麓书院展厅内有一段话道出了作为具有教育功能的书院园林的真谛，原文曰"市声不入耳，俗轨不至门。客至共坐，青山当户，流水在左，辄谈世事，便当以大白浮之。然后，进入宅门内，则给人一种幽静雅趣的感觉：门内有径，径欲曲；径转有屏，屏欲小；屏进有阶，阶欲平；阶畔有花，花欲鲜；花外有墙，墙欲低；墙内有松，松欲古；松底有石，石欲怪；石后有亭，亭欲朴；亭后有竹，竹欲疏；竹尽有室，室欲幽"。岳麓书院作为一所古代教育机构，不仅择胜而居，重视环境的选择，更关注于风景的建设，重视周边益于教学、养性的园林环境的营造。自然山水是一种先天的客观存在，不以人的意志为转移，人文景观是依据人的审美意识创造出来的，理学大师走进山林，通过人文景观的建设扩大本学派的社会影响，弘扬文化信仰，是对古代山水文化的重要发展，

通过书院周围自然环境的园林化和人文景观的建设，使得书院园林跳出了院墙的局限，创造了为书院独用的外部园林环境。同时，书院围墙内还拥有自己独立的园林和园林化的建筑布局与环境，如借岳麓山的美景入书院内部，注重园林内理水的源流关系，大小水面的聚散和收放，周边建筑和景点的对景关系等，建筑色彩朴素淡雅，不施斗拱，尺度宜人，更接近于园林建筑，注重植物四季的景色和植物的伦理寓意，这些都为今天的人们提供了宝贵的经验和参考。

2.5　鳌峰书院

2.5.1　鳌峰书院的择址观

2.5.1.1　宏观环境

福州作为福建的省会历史悠久，福州历史上曾经有过三次中原人口大迁移，第一次是晋朝永嘉之衣冠南渡；第二次是唐末战乱，河南光州固始县人王潮和王审知兄弟跟随王绪军队南下，统一福建，后王审知被封为闽王，福建成为闽王国；第三次是北宋末年，金兵南侵，中原大族庶民又一次南迁。三次南迁带来了先进的中原文化，与当地土著文化结合，造就了福州文化的繁荣，吕祖谦曾经有诗《登

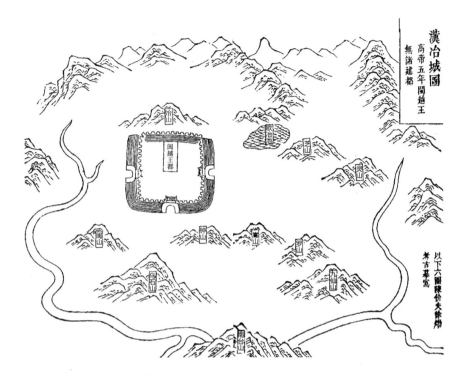

图2-58
汉冶城图（《闽都记》）

郡城》描写福州城文风之盛，"路逢十客九青衿，半是同窗旧弟兄；最忆市桥灯火静，巷南巷北读书声"[①]。南宋时期，福州文化昌盛，有东南邹鲁之称。

福州城得名是由于城西北的福山，福州城周围山水条件俱佳，北有屏山，南有乌石山、九仙山相对，西有西湖，东有东湖。在五代梁以前，屏山、九仙山、乌石山、嵩山、钟山分峙于府城之外，府城位于风水穴的位置，九仙山和乌石山二山分别位于青龙和白虎之位，如府城南的两道门阙，拱卫守护着府城（**图2-58**）。随着府城范围的不断扩大，到了唐末，

九仙山、乌石山和屏山被圈入府城城墙内，由之前郊外的拱卫山演变成城池内部自然景观系统的一部分（**图2-59**），有了"城在山之中，山在城之内"的山与城唇齿相依的美妙景观，因此福州城又被称为"三山"。

福州城理学渊源深厚，朱熹的好友、著名爱国词人辛弃疾曾经多次在福州为官，如绍熙四年（1193年）辛弃疾知福州；朱熹本人也曾经多次到访福州，城内留下有多处朱子遗迹。南宋绍兴十八年（1148年）19岁的朱熹获得临安殿进士出身，绍兴二十一年（1151年）获朝廷授泉州同

---

① （清）李清馥等. 闽中理学渊源考. 卷10. 清钦定四库全书. 史部. 传记类. 总录之属。

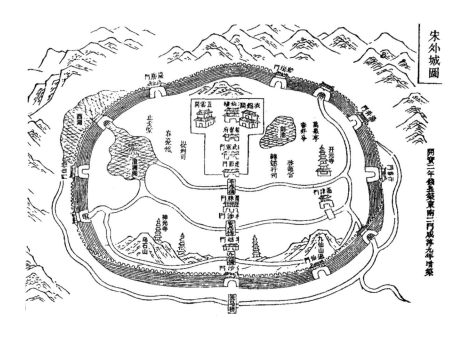

图2-59
宋福州府城图
（《闽都记》）

安县主簿，后在家待次，绍兴二十三年（1153年）24岁的朱熹正式赴同安赴任，在去同安赴任的途中，朱熹从武夷山南下，其中经过福州，在福州朱熹拜访了城内众多的名儒、僧人。淳熙十年（1183年）54岁的朱熹为了将自己的理学思想运用到治理国家的实践中去，他又从武夷山南下福州会见当时福建首席长官赵汝愚，并共同游览了福州城内的乌石山，在山顶留下了"石室清隐"的摩崖石刻，乌石山后来也因此被称为"道山"。淳熙十四年（1187年），58岁的朱熹从莆田回五夫里途中过福州，游览了福州城东南的石鼓山，并在喝水岩留下摩崖石刻，今天石鼓山水云亭内还保

留有朱熹石刻画像。绍熙二年（1191年）朱熹62岁时长子朱塾病逝，朱熹痛不欲生，从漳州北回五夫里为儿治丧，在北回的途中朱熹又再登福州石鼓山，为了抒发内心的抑郁之情，留下了"天风海涛"和"寿"等摩崖石刻。

2.5.1.2 中观环境

九仙山作为福州游览胜地，已有一千多年历史了。九仙山在福州城东南，与西南的乌石山相对。九仙山原名于山，高58.6米，周回三百一十步（约500米），相传何氏兄弟九人（亦有称九仙女）修炼登仙于此，故名。九仙山又名九日山，《闽中记》云"越王无诸九日宴集兹山，有大石樽尚存，又名九日山"[①]。九仙山的主峰名

---

① （明）王应山. 闽都记. 卷4. 郡城东南隅. 见：林家钟，刘大治校注. 福建省地方志编纂委员会整理. 北京：方志出版社. 2002：21。

曰鳌峰，因为形状恰似一只遨游于海中的大鳌鱼，故而得名鳌峰，又因为该峰雄踞于山顶峰，故又名鳌顶峰。鳌顶峰风景秀丽，早在宋元时期就是八闽的名山，曾经有无数名人雅士登临造访，并且留下了大量描写鳌峰秀丽景色的诗词，略如宋王达《游鳌顶峰》诗有云"眼看沧海近，身与白云高。回影连三岛，盘根尘六鳌"。相传鳌峰顶上有巨石台，是宋状元陈诚之读书学习的地方，陈诚之（生卒年份不详），字自明（或景明），谥号文恭，福建闽县（今福州）人，曾任职同知枢密院事，端明殿学士，宋高宗绍兴十二年（1142年）壬戌科状元，所以，陈诚之曾经刻苦攻读的巨石台又俗称状元峰，亦为鳌头，另一块石为鳌尾，在书院讲堂后，但是今天已经不知其处了。鳌顶峰上曾建有揽鳌亭、倚鳌轩、应鳌石、接鳌门、步鳌坡、耸鳌峰这"六鳌胜迹"，山上还有二十四景，如越王樽、炼丹井、玉蝉峰、浴鸦泉、磊老岩、跃马岩、喜雨台、仙人床、杏坛、青牛洞、九日台、龙舌泉、狮子岩、集仙岩、小华峰、金粟台等。

2.5.1.3　微观环境

（1）择胜

鳌峰书院所在的府治东南隅，这一地不但集中了闽县学、府学和书院几处重要的教育机构，并且还是人文胜迹荟萃之地，形成了儒释道三种文化兼容并蓄，佛寺、道观、书院相映成辉的文化景观体系，周边著名的人文景观有四彻亭、涵碧亭、法海寺、南法云寺、万岁塔寺、玉皇阁、平远台、涂鸦池、祠山、报功祠、九仙观、炼丹井等。

四彻亭位于九仙山顶，唐元和年间修建，蔡公襄有《登四彻亭》诗曰"偶尔寻幽上翠微，游人啼鸟似前期。花间行印露沾纸，山下放衙云满旗。艳艳舞衣朝日处，飘飘商橹落潮时。传杯且与乘春醉，身世悠悠两自遗"[①]；宋元丰中，九仙山上建廓然亭，朱熹曾经游访此山，并且留有《寄题九日山廓然亭》诗曰"昨游九日山，散发岩上石。仰看天宇近，俯叹尘境窄。归来今几时，梦想挂苍壁。闻公结茅地，恍复记畴昔。年随流水逝，事与浮云失。了知廓然处，初不从外得。遥怜植杖翁，鹤骨双眼碧。永啸月明中，秋风桂花白"[②]。

平远台位于九仙山中心处，台下有祠山，祠山北部为报功祠。平远台位置高亢，周边奇松怪石林立，远眺风景悠远，是历代文人燕集的胜地，并且，留下了众多的诗词。明周玄（字又玄，一字微之，闽县，今福州市区人）《平远台燕集》曰"高台翠微里，振袂凌萧散。坐观沧海流，仰视白日短。飘飘居化城，羁离赋文馆。偶兹

---

① （宋）蔡襄. 端明集. 卷6. 清钦定四库全书. 集部. 别集类。
② （宋）朱熹. 晦庵集. 卷8. 清钦定四库全书. 集部. 别集类。

耽琴樽，讵非避书简。境绝万尘灭，趣惬众妙管。川上风雨来，沧然望中满。烟钟度山暝，野烧穿林晚。东城领车骑，相邀下崇坂"[①]；游士豪《饮平远台》曰"群峰面面削芙蓉，翠压层台树万重。落日影涵孤寒雁，微风声断远山钟。一樽对客呼明月，独鹤吟人下古松。招隐空回王子棹，剡溪兴尽不相从"[①]；清代著名的文学家、思想家蓝鼎元（1680~1733年，字玉霖，别字任庵，号鹿洲）撰写的《鹿洲初集》中记述了送宫詹沈心斋先生还浙前，游览榕城名胜，从游平远台，泛舟西湖，乘风荷亭的情景；其他的还有元代黄清老的《登平远台》、明王恭的《登平远台》、明徐策的《游平远台》、明林炫的《平远台》、明王文旭的《初秋平远台燕集》、明林恕的《秋登平远台》、王乾章的《人日平远台燕集》等。

九仙观在九仙山东，宋崇宁二年，建天宁万寿观；绍兴间，改为报恩广孝；政和间，郡守黄裳创楼阁，元至正初改今名，明永乐正统中屡修，有寥阳殿、喜雨楼、玉皇阁。宋王孜《游九仙观》曰"汉唐兴废犹昨日，沧海茫茫天一碧。西风杯酒须尽欢，当年九鲤成陈迹"。诗中提到的九鲤湖在"在县东北，去郡城七十里，汉何氏兄弟九人炼丹于此，各乘一鲤仙去，人多祈梦于此。上下九

潆，水落石出，中有似枅者、洼者、臼者、大似鼎镬者，不可胜数。每一穴雨窍中通，又于众窍中纡回虬曲、泉脉相属，虽不雨亦不涸；有曰雷轰、曰瀑布、曰珠帘、曰玉筯、曰石门、曰五星、曰飞凤、曰棋盘、曰将军，尤称奇胜"[②]。明王应山在《玉皇阁新成志喜》中写道"九仙龙角耸东隅，飞阁嵯峨与旧殊。百粤山川归指顾，半空烟雨入虚无。玲珑天畔开闾阖，丹碧云中展画图。海甸由来称福地，神楼谁复羡蓬壶"。玉皇阁在九仙山东麓，地势高爽，楼阁高耸，成为鳌峰书院南望重要的景观视廊和书院内部向外的重要借景。

（2）选址

鳌峰书院在福州城的东南隅，九仙山北麓，书院大门朝南，正对九仙山之鳌顶峰，故而得名（图2-60）。鳌峰书院古时通津门，位于城中河道水网的交汇处，书院北侧的水来自于城西北之西湖，西湖的水来自府城西北诸山，并且与闽海潮汐相通，是闽县重要的灌溉水源。明代建有北、西、汤门和水部四处水闸，春夏蓄水、秋冬决放，西湖之水在城北部和西部的北闸和西水闸入城，在城中形成若干条水道，为城内提供基本生活用水，最后分别从东部的汤闸和东南部的水部闸流出城外，并与城外西侧的河流汇合。

① （明）王应山. 闽都记. 卷4郡城东南隅. 见：林家钟，刘大治校注. 福建省地方志编纂委员会整理. 北京：方志出版社. 2002：19。
② 福建通志. 卷62. 清钦定四库全书. 史部. 地理类。

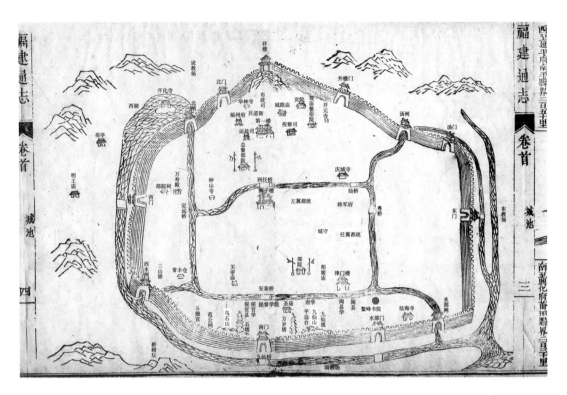

图2-60

福州府城和鳌峰书
院位置示意图（清
乾隆《福建通志》）

2.5.2　鳌峰书院之变迁和各时期艺术特色

2.5.2.1　康熙朝肇创

鳌峰书院建于康熙四十六年（1707年），初创者是江南第一清官张伯行。张伯行（1651～1725年）字孝先，晚号敬庵，谥清恪，河南仪封（今兰考）人，康熙二十四年（1685年）进士，是清代著名的理学家，鳌峰书院创建的最初目的是为了复兴福建朱子理学。康熙四十六年（1707年）张伯行任福建巡抚，次年捐俸购买下鳌峰北麓原四川巡抚邵捷春

［字肇复，闽县人，明万历四十七年（1619年）进士］故斋，聚生徒讲学论道，改建创立了鳌峰书院。

据《续福建通志》记载邵捷春故宅有水心亭，"筑亭跨池，康熙间宅为书院，仍址改筑，易名鉴亭"，可见，明代邵捷春故宅，原本就有园林之胜。张伯行初创书院时，计有"厅、房、楼、台共六十四间，并池、亭、假山，左至林屋，右至郑屋，前至街，后至巷"[①]；后来陆续购进附近周边住宅，在张伯行时期，书院扩大达到了一百二十余间学舍的规模，张伯行

---

①（清）鳌峰书院志. 卷1. 见：赵所生，薛振兴. 中国历代书院志第10册. 江苏：江苏教育出版社. 1995：284。

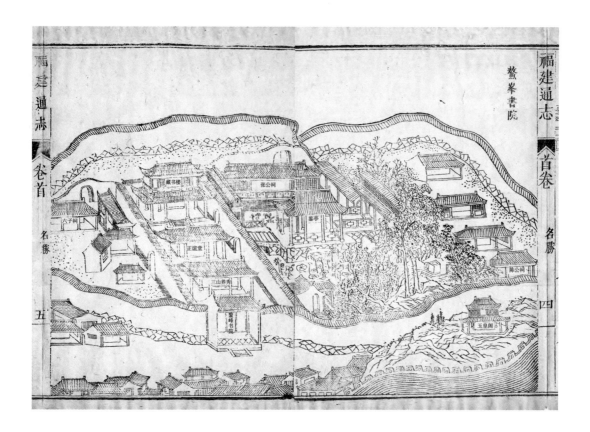

图2-61
清乾隆鳌峰书院布局图（清乾隆二年《福建通志》）

在《鳌峰书院记》中描述"前建正谊堂，中祀周、程、张、朱五夫子；后为藏书楼，置经、史、子、集若干橱；其东则有园亭、池榭、花卉、竹木之胜，计书舍一百二十间，明窗净几，幽闲宏敞；无耳目纷营之累，而有朋友讲习之乐，藏焉、修焉、游焉、息焉，无不可为学也"[1]。康熙五十五年（1716年），书院获皇帝御赐匾额"三山养秀"，悬挂于进入大门后的堂屋上方。雍正九年（1731年）中丞赵公拓地重建无考，详细情况不详（图2-61）。

2.5.2.2 乾嘉朝续修

乾隆到嘉庆时期，书院在原有规模上又有所扩大和增建，但是，格局上仍然保持不变（图2-62）。乾隆三年（1738年），御赐匾额"澜清学海"悬于鉴亭上，鉴亭左右架石梁跨池与左右池岸走廊相通，东石梁南有百年榕树相望，西石梁通西廊，北有高柳披拂，并建有崇正讲堂，是书院的讲学之处。乾隆十四年（1749年）中丞潘敏惠公以贡余的荔枝四株分植在书院中，其中两株种在鉴亭池上，

---

[1]（清）张伯行. 鳌峰书院记. 鳌峰书院志. 卷1. 见：赵所生，薛振兴. 中国历代书院志第10册. 江苏：江苏教育出版社. 1995：283。

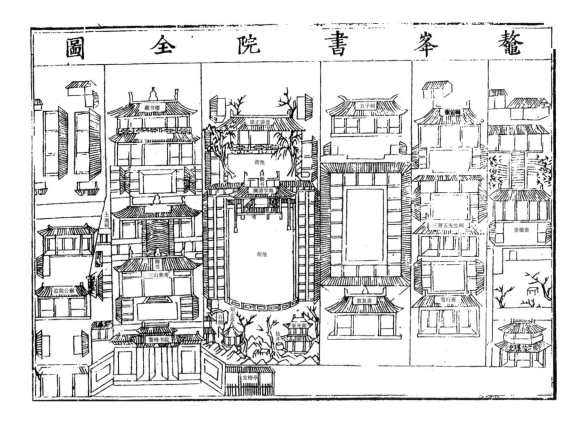

鉴亭北墙种竹，名荔竹轩，堂房室共计十一间，为掌教的住所，其余两株种植在讲堂后面的庭院中。书院园林区以一方池为中心，据元贡师泰记曰，园中方池的尺寸大约为：周九百八十四尺（约311.92米），东西广九十尺（约28.53米），与现今书院池的大小相类似；池中建有一亭，名曰鉴亭，取"方罫泓渟，天光云影如一鉴然"[①]之义，亭前后列石柱礩各十，鉴亭即悬于这二十根石墩子上；鉴亭所在处是园林的精华所在，

站在亭内可以观赏对面九仙观、鳌顶峰、金粟、玉蝉诸胜景，每夏红叶绿，盖晴雨并佳。池南置假山，与北侧的鉴亭遥遥相对，假山中部和东部有两条蹬道，径边琢石为栏，登上假山，则院外景色一览无余。假山东侧有仙井，西侧为知止亭，亭西为小楼，楼北垒石为洞，洞边有蹬道可登山，周围种植丛竹、杂木、佳果。乾隆十五年（1750年），巡抚潘思榘修葺讲堂。乾隆十七年（1752年）巡抚侍郎陈宏谋缮修学舍，建二十三子

图2-62
清嘉庆鳌峰书院布局示意图（嘉庆十一年《鳌峰书院志》）

---

①（清）张伯行. 鳌峰书院记. 鳌峰书院志. 卷1. 见：赵所生，薛振兴. 中国历代书院志第10册. 江苏：江苏教育出版社. 1995：279。

祠，又在鉴亭前建奎光阁，初为士子私祀，嘉庆六年（1801年）列入春秋祀典，更名为文昌阁。乾隆三十年（1765年）掌教严桐峰先生名书院十景，分别是秀分鳌顶、云对九仙、讲院临流、鉴亭峙水、方池鱼跃、丛树鸟歌、奎章眺远、仙井斗奇、交翠迎风、碁盘玩月。从书院十景的"问名"来看，其题名都是对自然景物中的山、水、风、云、月、鱼、鸟、植物的直接因借，"秀分鳌顶"、"云对九仙"和"讲院临流"这前三景描写的是书院选址周边鳌顶峰、溪流和九仙观的环境景色，这其中既包括自然山水，也包括人文景观，后七景描写的是书院内部的景色。

鉴亭西侧为鳌峰书院的大门，朝南，大门外左有栅栏围护的张榜亭，右为院役居所。过大门后稍北进为二门，门东有径连接东侧的庭院，门内有左右室，左居司阍，右居门胥。再向北为正谊堂，中祀周敦颐、二程、朱熹、张载五夫子，与南侧有覆顶过道相连，并左右有扶栏，堂南为庭，东通鉴亭，西通监院公廨。正谊堂后为藏书楼，置经史子集若干橱，书院书舍共计一百二十间，楼下屋三间，左右为堂皇楼，庭南有门，东通鉴亭，西通致用斋，致用斋原来为蔡公祠及仓房用地，庭院位于正谊堂西侧，共三进，最南侧是监院公廨，东为土地祠，廨堂房屋共九间；廨北为致用斋，共计二十一间，为学生读书学习的地方。可见，书院讲学区的规模由南到北分别建有头门、堂屋、二门、正谊堂、藏书楼，形成中轴排列的四进院落，并且二门、正谊堂、藏书楼三处庭院都有门通向东西两侧的庭院。

鉴亭东有三斋，分别为敦复斋、笃行斋、崇德斋，此三斋均建于嘉庆十一年（1811年）。"敦复斋"原来为宋刑部侍郎郑湜（字溥之，闽县人，庆元中起居郎）的故斋，被称为"郑屋"，相传曾是朱熹讲学处，敦复斋分三进，北为五子祠，学舍二十八间，是书院内最大的学舍。"笃行斋"旧址为尼姑庵，建筑群分三进，北为张公祠，祭祀书院的创建者张伯行，南为三贤五先生祠，创建于乾隆二十九年（1764年），用以祭祀名宦和名师，学舍二十四间。"崇德斋"二进，原为明徐𤏡（1580~1637年）的绿玉斋旧址，徐𤏡字惟和，闽县（今福建福州）人，万历四十六年（1618年）举人，徐𤏡以词采著，万历间，与弟在鳌峰坊建藏书楼红雨楼，在红雨楼南之半亩小园的小阜上构绿玉斋，他在《绿玉斋自记》中曰"由园入斋，石蹬数十级，曲折逶迤，列种筠竹。斋前隙地，护以短墙，黟以萝蔓。墙下艺兰数本，置石数片。……斋止三楹，以前后为向背，中以延客；左右二楹，差可客膝，余兄弟读书其中。无长物，但贮所蓄书数千卷而已。山中树木虽富，惟竹最繁。素笋彤竿，扶疏掩映。窗扉不扃，枕簟皆绿；清风时至，天籁自鸣，故名以'绿玉斋'云"。可见，绿玉斋所在的小阜并不高耸，徐公曾经以"蚁垤"形容，建筑"无壮丽之观，无珍奇之玩，四壁萧然，仅蔽风雨"，非常朴素，建筑尺度非常小，小到"差可客膝"，周边密植竹子、萝蔓和灌木；绿玉斋空间尺度较小，植被密植，空间氛围幽静，创造了较少受到外界环境影响的、个人领域感很强的读书空间；所以，由绿玉斋改建而来的崇德斋相比其他三斋园林趣味更浓，南有楼，亦是原徐公宛羽楼址，楼下有亭，学舍十九间；以上三处书院斋房合计可住肄生七十余间。

2.5.3　鳌峰书院园林理法

2.5.3.1　理水

鳌峰书院极富园林之胜，为明清福州书院园林的代表。书院园林是以水为主景的水景园，园林区位于书院中部的核心位置，水来自府城西北部的西湖，通过水门入城，再经过城内水网引入书院中，形成南部开阔大水面和北部小水面两处池塘型水景；由于周边建筑格局的限制，使得两处水体呈现南北串联的长条形布局，水池形状较规则，以静态观赏为主，方形池塘是朱熹"半亩方塘"理学景观的再现，同时暗示书院传习理学的传统；南侧水面较大，池中配以园亭，大水面能呈现水中和水边建筑、植物的优美倒影，周边通过亭、廊等小建筑分割和渗透空间，增加了水面的层次感，北侧小水面与建筑穿插结合成水院的形式，空间气氛幽静。

2.5.3.2　掇山

鳌峰书院园林中有人工堆叠假山的记载。人工堆叠的假山在水池南侧，南山北水形成园林的山水骨架，这一山一水、一实一虚，形成阴阳相融的格局；并且，南山与荔竹轩相对，形成"远山"的效果；假山处理技巧丰富，山上安排有石蹬道、山洞等多种形式的景物，重视人游览体验的丰富性，登上假山不但能俯瞰书院前府城街巷的市井风俗，同时庭前小山又将主要观景建筑鉴亭内人的视线引向南侧，透过院内小假山直接远眺九仙山上的玉皇阁，可谓匠心独运；从另一方面看，小假山的高度同时又起到了较好的屏蔽院墙外市井喧嚣的作用，达到了近市而不喧的效果。

2.5.3.3　建筑

从鳌峰书院的整体布局来看，书院并没有采取中轴对称的模式，而是将书院的大门开在了西南角，讲学、藏书和祭祀等建筑沿书院院墙四周布置，中间核心区域留给了园林。书院大体上可以分成三大部分，西部为教学和杂役区，书院的正门位于西侧教学区的南侧，教学和杂役建筑分列东西，教学和藏书建筑按照规则的中轴线秩序排列；东部为书院祭祀和学舍区；中路前部核心处是书院的园林区，也是书院的精华区，以大面积规则水景为中心，周边点缀亭台、游廊，植以花木；中路后部有书院的主要讲堂崇正堂和掌教居住的荔竹轩，形成开阔大园林后面独立的小庭院，这组庭院中心亦有一组规则小水景"荷池",书院园林不但在位置上处于核心地位,且掌教住所"荔竹轩"的命名上也充满了园林化的倾向;除了中路的书院园林组团外,书院东南隅还有一处以崇德斋为主的小园林,由楼、斋、亭、微地形和植物等组成。可见,书院东路无论从建筑类型、密度,还是园林景观方面都与西侧呈现明显不对称均衡结构,打破了传统书院中轴统领、左右对称的模式。

关于书院建筑,据嘉庆十一年(1806年)《鳌峰书院志》统计,鳌峰书院全院周长466.7米,东西宽156.7米,占地约1.3公顷。有堂十五座、祠五座、阁一座、假山一座、洞一处、亭三座、楼五座、池一处、轩一座、斋四座、学舍一百零四间,掌教监院所房屋二十余间,总共有房屋一百三十四间,建筑密度可谓不低。从书院的前身来看,是在尼姑庵、私宅、私园的基础上建立发展起来的,充分吸取各家建筑的精华,建筑类型丰富,建筑群与园林山水结合巧妙,如北侧小水院的形成;书院内地形竖向变化丰富,小体量的景观建筑随地形高低变化亦丰富,亭有跨越池上的,亦有置于山巅的,建筑布置存在园林化倾向。

2.5.3.4 植物

嘉庆十一年《鳌峰书院志》中提到的书院植物种类共12种,包括榕树、荔枝、竹、柳树、荷花、果树等,但是园林中植物的种类和数量并非少数。造园者非常注重植物叶、花、果、味、姿态的运用和植物间的搭配,《鳌峰书院志》中提到"每夏红叶绿,盖晴雨并佳,晓风尤馥",书院水池边配置拂柳,柳条柔弱婀娜的姿态与水体碧波莹莹的属性构成绝佳的组合,池中水生植物荷花的运用也不逊色,既秉承了书院濂溪理学的传承渊源,同时又丰富了水体景观;植物搭配上有假山顶密植、丛植的"丛篁杂木佳果"形成翁郁阴森的气氛,也有庭院、水边中对植的荔枝树、孤植成景的古树。书院园林中植物的运用还非常尊重植物的地域习性,以体现当地乡土植物特色为主,福州素有榕城之美誉,生产亚热带植物,九仙山一带竹亦生长茂盛,所有这些具有地域特色的植物在书院中都有淋漓尽致的体现,如水池周边古榕树和荔枝树的运用、书院东侧丛竹的配置等。

2.5.4 小结

鳌峰书院是清代省会书院的代表,是书院园林发展后期城市化的典型案例。由于基址所限,园林在内部环境经营上更显匠心,运用人工山水的方式着意营造书院内部诗意化的人居环境,形成围绕中心水池和假山的园林景物安排;由于囿于城内,得景条件有限,所以,园林内注重利用竖向造景和借景,通过修建楼阁和人工营造微地形的方式,达到远眺园外、借景园外的目的,这与私家宅院的构园手法相似。总之,书院园林景致精致化和人工化,这是书院园林发展后期的典型特点。

2.6 信江书院

2.6.1 信江书院的择址观

2.6.1.1 宏观环境

信江书院所在的广信府是信江盆地的中心，交通便利，农业富饶，素有"赣东北粮仓"之称。按清代的行政区划来比较，信江书院所在的广信府处于赣东北，远古时代这里是干越人的中心地，三国时是山越人的家园，唐中期始置信州，宋代属江南东路，元代隶于江浙行省，这里的人和浙西交往密切，有更多的吴越文化因素；同时，由于处于江浙和荆楚的交通枢纽地位，也成为理学家重要的活动阵地，早在南宋时期，就发生了著名的鹅湖之辩，理学家的活动带动了当地文化的普及，以至于广信府有"下逮田野小民，生理裁足，皆知以课子孙读书为事"[①]的记载。

2.6.1.2 中观环境

黄金山古称道观山，是府治风水格局中的案山，山上佛寺道观、文人胜迹丰富，有溪山堂、孚惠殿、上饶亭、信美亭、一杯亭、含辉阁等。含辉阁自唐宋起就有之；溪山堂为宋太守张良朋所创和游历之处。"一杯亭在南屏山南台左，宋赵汝愚为郡，未逾年政成惠洽，吏民为建祠设像于南屏山麓，一日公觞客于此，戏题为'一杯亭'，盖取且尽生前一杯酒，何须身后千载名之义也"[②]，一杯亭面灵山、枕南屏、俯城临溪，极山水之胜，后又经过明万历、天启、崇祯几朝的复建，康熙十九年（1680年）郡守曹鼎望和四十九年（1710年）郡守朱维熊分别为之作记，到清嘉庆时郡守王赓言将亭移置于信江书院内。信美亭始建于明成化年间，郡守谈纲曾为之作记，以"信美"命亭含义深远，广信府以"此地江山信美"、"城郭风俗信美"、"先贤文章炳耀瑰奇，硕大之士辈出之信美"而文明，故在此地建亭以"信美"命名，意在表达"信乎美哉"之意，起到使后辈和往来者因名胜以抒发旅怀的目的。

2.6.1.3 微观环境

（1）择胜

信江书院周边自然景观和人文景观丰富，形成了著名的"灵岫列屏、高溪环带、石磴梯云、梅庭铺月、虹桥晚渡、鸡寺晨钟、龙潭烟树、鹫岭风云"书院八景（**图2-63**）。"灵岫列屏"和"鹫岭风云"描绘了书院所处地理位置周边芙蓉七十二峰、峰峰叠翠的景色；"鸡寺晨钟"描写的是书院东侧鸡应寺晨钟震洪波、遥传八百声的景象；"虹桥晚渡"描绘的是夕阳西下，书院北侧横跨信水通往广信

---

① 江西通志. 卷26. 清钦定四库全书. 史部. 地理类。
② （清）梁同书. 一杯亭跋.（清）同治. 上饶县志. 卷23。

图2-63 信江书院八景图（清同治《信江书院志》）

（a）虹桥晚渡；（b）高溪环带；（c）鸡寺晨钟；（d）鹜岭风云；（e）灵岫列屏；（f）龙潭烟树；（g）梅庭辅月；
（h）石磴梯云

图2-64
信江书院选址示意
（作者自绘）

府的长桥、渡口、渔灯、归鸟、客行人的生动画面；"高溪环带"描绘的是围绕书院西侧的丰溪自西向东奔流不歇的景观；"石磴梯云"和"梅庭铺月"描绘书院内部东侧园林内亦乐堂和一杯亭周边的庭院景观。可见，八景内容丰富，包含了山、水、建筑、植物、市井、人物等多种自然景观和人文景物，形成了以书院为中心的城市特色景观区。

（2）选址

信江书院在广信府城南、钟灵桥南黄金山北麓中部的台地上，南枕钟山，面临信水，西环丰溪，两水夹峙，一山中砥，地势高旷，山川奇秀（**图2-64**）。灵山在府城西北七十里，是广信的镇山，也是书院北望重要的对景山。信江唐李翱

谓之信河，南宋朱熹称之为高溪，发源于江西东北部、浙赣边界的三清山麓冰玉洞龙潭，由东向西流，成为天然的浙赣通道，途经广信府（今上饶），在余干地区汇入鄱阳湖（**图2-65**）。

图2-65
广信府和信江书院
位置示意（清同治
十二年《广信府
志》）

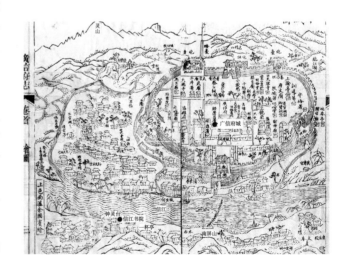

信江書院圖

图2-66
清乾隆信江书院布局示意（清乾隆四十八年《广信府志》）

2.6.2　信江书院之变迁和各时期艺术特色

2.6.2.1　康熙朝肇创

信江书院始建于康熙三十三年（1694年），初为担任广信知府约十年之久的张国桢的生祠，张不受，设义学于内，名曰"曲江书院"。康熙五十一年（1712年）知府周錞元造访嵩山、玉山和鹅湖后，第一次扩建曲江书院，建立了讲堂、祠堂和泮池等，书院建筑系统初具规模；由于书院后峙钟山，前揖灵山，临溪环山，泉林之趣甚佳，所以更名为"钟灵讲院"，并延师主之，招致七邑①士之秀者近百人，讲肄其中，这就是信江书院的前身。

2.6.2.2　乾隆朝续修

乾隆八年（1748年）知府陈世增

将书院修葺扩大，于原来堂后建楼祭祀朱子，另增建学舍八十余间，并始建春风亭，亭分两层，上层用以藏书，下层用以祭祀，祭祀的对象为朱熹和文天祥，由于设立了朱熹的祭祀排位，所以书院又称为"紫阳书院"。乾隆四十八年（1783年），知府康基渊又拓建青云阁、凌云精舍、文汇轩、万锦书屋、一榻轩、中道亭、四照亭、半山亭，并且广植松竹，充拓墙垣，规制一新，并正式更名为"信江书院"，此后名称一直沿用不变（图2-66）。康基渊在《修建信江书院记》中详细记述了书院重修后的建置情况，"自大门入，历阶而升，为前厅，为讲堂，为泮池。池上有春风亭，内祀二信国公、谢文节先生②。其二为藏书楼，楼后环以学舍数十楹，皆因其旧而重葺之。其新建

① 七邑：上饶、广丰、铅山、玉山、贵溪、弋阳、兴安。
② 二信国公：朱熹、文天祥；谢文节先生：谢叠山。

规制大门，东为寰瀛门，中有一榻轩、青云阁，阁前为碑亭，轩后有池，额曰'鱼计池'。弥迤而南，为中道亭，历阶而升，与学舍通。东南为文汇轩，西向，轩左为万锦书屋，前有亭，额曰'浦溆潆洄'。北为凌云精舍，北向。左为四照亭，前为半山亭，缭以石栏，荫以嘉植，静与神会，旷若天游"[1]。

由上面的史料可见以下几点。①从书院格局的角度看，这一时期书院建筑规模宏大壮丽，形成了教学区和园林区分列平行而置的格局。书院的讲学、藏书建筑列于西区，教学区内的建筑布置规整，形成明显的轴线体系。园林区位于书院的东侧，布置自由，以池和山为中心，建筑沿边布置；教学区和园林区之间采用假山障景的方式相隔，两者虽说有各自的分区，但是之间又通过台阶蹬道和亭廊相连接，形成统一的整体。②从建筑角度分析，这一时期建筑包括堂、楼、亭、轩、阁，建筑密度不高，高低错落有致、空间舒朗。③园林植物方面，园林中明确记载的常用植物为竹类。④园林水景方面，以规则式的水池为主，共有水景两处，一处为泮池，在讲堂后面，与讲堂和藏书楼共同构成西侧的轴线；另一处为鱼计池，在书院东侧，"鱼在于沼，咫尺之间耳，然终日游泳，与水相忘，不见其进，而进进不已，此宁可道里计耶"[2]，池沼以"鱼计"命名带有明显的谂学色彩，"鱼，计里也"和"习，鸟数飞也"[3]的道理类似，都是借助某种自然界生物的习性引发理学思考，类比和形容学而不已的精神，以此劝诫学生勤于读书、坚持不懈。

2.6.2.3 嘉庆朝续修

嘉庆十五年（1810年）知府王赓言（1752～1825年，字赞虞，别号箕山）捐廉倡修，因书院迫近南山地界，紧狭不能多填屋宇，故将书院西侧原有黄姓住宅二十余间并入书院，即"新购西偏乐育堂、近思堂，屋三十五间，小变规制，逶迤与讲堂通，改修青云阁，曰'青云别墅'。阁后鱼计池久圮，新之，旁缀一亭，曰'蒙泉'。东隅凿阜辟莽为栈道，萦委百级，飞悬苍翠间，颜曰'石蹬梯云'。穷其颠地，广夷数亩，辇石为小山，中建亦乐堂，为公暇宾宴之地，周以亚槛，缭以石兰，而灵山诸峰贡于几席之间。历阶数武，补建一杯亭，左为问月亭，崇垣周遭，曲槛旋折。右下为夕秀亭、五星

①（清）康基渊. 修建信江书院记.（清）王赓言. 同治信江书院志. 合肥：黄山书社，2010：126。

②（清）康基渊. 鱼计池跋.（清）王赓言. 同治信江书院志. 合肥：黄山书社，2010：145。

③（宋）朱熹. 朱子语类. 卷20. 清钦定四库全书. 子部. 儒家类。

图2-67
清道光信江书院布局示意（清道光六年《上饶县志》）

堂，与旧创春风亭接，嘉卉修篆，罗植其中"①。嘉庆十七年（1812年）和二十一年（1815年），又分别增建夕秀堂游廊和三希殿，三希殿位于春风亭之后，为祭祀孔子的建筑（**图2-67**）。

从以上史料分析可见以下几点。①这一时期书院的占地规模有所扩大。因为书院位于山前沿河的狭长地带，东侧有南山阻隔不便于拓展，要想增加用地最便捷的方式是沿河道向西扩展，遂将原有部分民居用地纳入到书院内部，这样书院西侧的用地增

加。书院东侧用地通过"凿阜辟莽为栈道"也进行了拓展，开辟为书院的宴集之地，如此一来，书院东西向的长度和面积都有所增加。宴集区主体建筑名曰"亦乐堂"，王赓言捐资修筑，并在堂旁栽花种竹，一派欣欣向荣的景象；堂名"亦乐"含义有二：一谓"有朋自远方来，不亦乐乎"②，二谓"乐民之乐者，民亦乐其乐"。亦乐堂后为一杯亭，东为问月亭，西为夕秀亭，并建有回廊与书院相连。亦乐堂东北俯临大江，建小蓬莱，下凿池名曰云水池，池中种植莲、茭

① （清）王赓言. 重修信江书院记. （清）王赓言. 同治信江书院志. 合肥：黄山书社，2010：128。
② （魏）何晏集解，（梁）皇侃义疏. 论语集解义疏. 卷1. 清钦定四库全书. 经部. 地理类。

实、蒲苇等水生植物。这里必须指出的是亦乐堂后的一杯亭并不是南宋时期为赵汝愚所建的一杯亭原址，而是在修复书院时为了缅怀先贤而重新修建的。虽然书院用地规模不断扩大，但是仍旧沿用西侧教学区、东侧园林区的格局。②建筑方面，书院建筑密度继续加大，建筑数量继续增多，这一时期书院新增建筑有乐育堂、近思堂、蒙泉亭、亦乐堂、一杯亭、问月亭、夕秀亭、五星堂、三希殿、游廊、石桥和栈道，从增加的建筑类型比例来看，游憩娱乐建筑增加比例较大，园林区的主体建筑在这一时期基本成型。③山水方面，书院用石量增大，在景观水池周边和高台建筑下都有环石装点的记载，另外，为了书院园林景致和观景的需求，开始出现堆叠假山、放置孤赏石和砌石为蹬道的记载，亦乐堂之左以湖石堆筑小山，杂植梅竹，上有卓立如伟人的巨石，名曰"苍玉"，并且书院建筑、栈道和假山组合，形成高低错落、层次变

化丰富的景观和游览路线。园林水景仍然延续前一时期的风貌。④园林植物方面，这一时期的园林植物类型有桃、李、梅、竹、莲、菁莪。

2.6.2.4　同治朝续修

道光四年（1824年）、五年（1825年）、二十八年（1848年），历任知府刘体重、麟桂、史致谔分别对书院进行过修葺，但是规模不大。同治五年（1866年），知府钟世桢又一次大规模重修书院，建奎星阁、钟灵台，并添置日新书屋、又新书屋和课春草堂等（图2-68）。

①重修后建筑密度较之前又有所增加。轴线体系完备，园林景物穿插渗透于书院之中各处，所占面积比例提高。②继续延续西侧书院和东侧园林两大功能分区，形成"二区-五院-三轴"的空间结构。西侧书院区以大堂、讲堂、春风亭和藏书楼形成的南北主轴线为中心，可划分成东西两个院落，东侧院落承担书院的祭祀功能，主要建筑包括三希殿、四贤

图2-68
清同治信江书院布局示意（清同治十二年《上饶县志》）

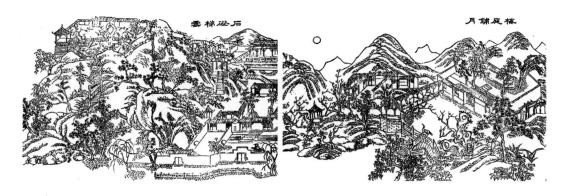

图2-69
信江书院八景之石蹬梯云和梅庭铺月（同治《信江书院志》）

祠、铭公祠、沈公生祠、观善堂五处祭祀建筑；西侧院落承担讲学和藏书功能，主要建筑包括近思堂、乐育堂、钟灵台、奎星楼、一塌轩、惜荫书屋、三余书屋，其中"近思堂-乐育堂-钟灵台-魁星楼"这组建筑又形成一组平行主轴线的南北次轴线，钟灵台在信江之南，书院的西侧"因阜为基，升于层巅，高壮闳丽，称其山川"[①]，因"钟山峙其后，而灵山揖其前"，故名之曰"钟灵"，魁星楼建于钟灵台上，魁星楼源于对状元魁星爷的祭祀，读书人供奉魁星爷就是为了图个吉利，寄寓了读书人希望高中状元的愿望，这也是封建科举文化对读书人思想的控制和禁锢的重要表现；信江书院的魁星楼无论是在竖向上还是在建筑等级上都为最高，九脊重檐歇山顶建筑，成为书院中轴线端点乃至府城的重要标志性文化景观建筑。③东侧园林区形成三组院落，第一组，主要承担园林的宴集功能，

以"亦乐堂"和"一杯亭"为中心，通过右侧游廊连接北侧的小蓬莱亭，左侧游廊连接夕秀亭，旁立孤赏石，名曰"苍玉"，前竖石门，顺石阶向下约八十级有一石坊，名曰"石蹬梯云"，"亦乐堂"的后面是一杯亭，亭坐南朝北，四柱三架，亭右有池，曰浴德池，这组书院园林的中心形成了著名的书院八景中的二景，即"石蹬梯云"和"梅庭铺月"（图2-69）。第二组，院落在亦乐堂西侧，竖向上低于"亦乐堂"景区，沿着"石蹬梯云"的台阶下来，以蒙泉亭为中心，南侧有鱼计池和中道亭，北侧为凌云精舍和青云别墅，这组景观临近讲堂，是书院师生课余游憩休息的重要空间。第三组，是"亦乐堂"东侧新增的一组建筑，有围墙相隔，自成一院，包括日新书屋、又新书屋、课春草堂、云水池、听蛙池、问月亭、拱桥和栈道。日新书屋、又新书屋、课春草堂三组建筑由西向东依次并排错

①（清）冯誉骢. 信江书院钟灵台记.（清）王赓言. 同治信江书院志. 合肥：黄山书社，2010：138。

中布置，以课春草堂为中心，是书院学生读书之处，曾点曰"浴乎沂，风乎舞雩，咏而归"，太守钟公曰"课始于春，则夏弦秋读，学足三冬，以是基之矣"[①]，故用"课春"命名草堂。这三组建筑坐南朝北，面向前面以问月亭为中心的园林区。园林区的三组院落，每组都是"前院后宅"的形式，三座前院分别以问月亭、小蓬莱亭和蒙泉亭为景观中心，三座亭子互为对景、遥相呼应，形成书院东西向的横向景观轴线。

2.6.3 信江书院园林理法

2.6.3.1 理水

信江书院中的水景以小水面为主，比较分散，据粗略统计有五处之多。这些水池中，有些成为所在建筑群的景观中心，如东侧以云水池为中心，环绕水池布置建筑，向水面内聚，水面架以拱桥和平桥，起到了划分水面、引导游线和增加空间层次的作用；一些规则小水池成为建筑周边的点缀。从水池的命名上看，除了一处以泮池命名外，其他四处的命名都具有典型的理学特色，如云水池、浴德池、听蛙池、鱼计池。

2.6.3.2 掇山

信江书院是以山石景观为特色的山景园。首先，园林中有明确的"辇石为小山"的记载，此处的"小山"

应是土石结合的做法，掇山的根本目的是出于功能上的考虑。一是小山可充当台的作用，与台不同的是形状不规则，它创造了园林中的一处制高点，上面可修建远眺的观景建筑；二是小山结合蹬道和栈道可游、可蹬，不但在视觉上丰富了园林的景观层次，还丰富了游人的游赏体验；三是较高的园林化程度，特别是园林的游憩宴乐功能并没有影响书院本身的读书教学功能，小山将园林与教学区分开，形成两者之间的阻隔，起到了很好的分隔空间和障景的作用，使得本"喧寂异境，动静殊趋"[②]的两者避免了功能上的互相干扰，维持了不同功能区之间的独立性。可见，书院中的掇山手法以自然为主，以功能实用为根本出发点。其次，园林中用石数量多，并且有特置较大体量景观石的记载。在现存的书院周边高台上还残存着很多景观石，证明当时书院用石的丰富程度（**图2-70**）。特置景观石命名"苍玉"，单独成景，可见，书院赏石开始注重欣赏山石的姿态、纹理和所表达的寓意，这很可能是由于与江浙接壤并且与浙西往来密切，受到江南私家宅园的影响。

2.6.3.3 建筑

信江书院内部建筑群坐南朝北，在南屏山上巧妙利用山势地形，依次展开，尤其是东侧以亦乐堂和一杯亭

---

① （清）李树藩. 课春草堂说. （清）王赓言. 同治信江书院志. 合肥：黄山书社，2010：146。
② 畿辅通志. 卷99. 清钦定四库全书. 史部. 地理类。

图2-70
信江书院现状东侧高台景观石（作者自摄）

为中心的园林区，建筑高下错落、变化多端，具有旷奥兼备的山地景观特色；并且，书院不但在形式布局上亲园林化，在建筑命名上也运用了园林化的文学语言，如将藏书楼命名为春风亭，将大门命名为青云别墅，甚者更是将园林造景中常用的思月、蓬莱仙境的主题引入书院，使书院内部园林不断完善，书院的德育培养不必再

遁迹深山野溪，而是能在自身体系中自我消化，从某种意义上说也是一种进步。

信江书院建筑群整体建筑密度较高，组合变化丰富。主要建筑类型包括亭、台、楼、阁、堂、廊、轩、坊八种形式（**图2-71**）。其中堂的数量最多，有十几处之多。有高台两座，分别位于书院东西两端，构魁星阁和

图2-71
信江书院现状鸟瞰图（作者自摄）

亦乐堂等建筑于台上，从外观看建筑群凸出于书院围墙，成为广信府南、隔江相望的重要景观建筑。书院中有亭六座，这些亭或建于高台之上，或是临池构筑，竖向上变化丰富，点缀着书院空间，活跃着建筑群的气氛。坊两座，一座二柱一间，上有坊额"蓬莱此去无多路"，一座三柱二间三楼。楼一座，为藏书楼。轩一座，为一塌轩。阁一座，为魁星阁，由于儒家倡导的文治教化，以及书院所处时期官学化的加强和对文人取仕的重视，使得书院中产生了交织着文风、风俗和风水等复杂因素的文化景观建筑"魁星阁"，用以寄托人们的理想追求，或是获得心理上的调节，这类景观建筑往往选择在府城风景绝佳之处，因借自然并完善之，于斯既可一揽山水之美，又可悦情怡性、激励文思，发挥陶冶情操的教化作用，这从一个侧面也反映了中国古代注重地理环境和景观对人文影响的特殊文化现象。

2.6.3.4　植物

《信江书院志》中记载的植物种类有桃、李、梅、竹、莲、菁莪。

2.6.4　小结

书院发展到清代，由于官府控制的加强，使得书院选址逐渐向城市内移，清代在州府城内建立了许多书院，信江书院就是在这种背景下产生的。信江书院选址在府城山水极胜之处，由于这一地点"在郡城南，地势高旷，不出户庭，而邑聚之繁衍，山川之奇秀，归吾襟袖，诚郡境胜处"①，所以成了公暇宾宴之地，不但书院建筑格局的园林化程度非常高，而且书院还拥有自己独立的园林、休憩、游乐设施和建筑的比重较之前的书院大大增加，从某种意义上说书院具有了名园的特征。近城市的特点使得书院获得周边开放园林环境的要求受到限制，书院转而求诸自身，从精心的选址到内部园林的自我经营，使得书院体系在不断自我完善和丰富的同时，有了新的超越和创新。总之，信江书院从诞生直至能维持发展到现代，是其独特的地理环境和人文环境共同作用的结果，它的存在是中国书院发展到后期的典型代表，为我们认识和了解那一时期书院园林的特征提供了重要参考。

---

① （清）康基渊. 重修信江书院记. （清）王赓言. 同治信江书院志. 合肥：黄山书社，2010：127。

第 3 章

造园意匠综合分析

3.1 外部选址

3.1.1 书院选址的影响因素

书院在近千年的发展历程中始终与"山水"保持着唇齿相依的关系，不同时期三者之间呈现出不同的状态。书院最初产生于山间，自其诞生之日起就有去城市化的倾向，究其原因有三：其一是中国古代传统文化中注重地理环境对人文的影响；其二是堪舆思想的影响；其三是佛道禅宗的影响。这些因素共同促成了早期书院的山林化倾向。书院大多选在远离城市的山水秀丽之地，往往依托名山，在僧道大量占据天下名山的形势下，书院无疑是山水名胜内儒家文化的重要代表，丰富和加深着山水名胜的文化底蕴和艺术形式，如著名佛教名山庐山的白鹿洞书院、濂溪书院和东佳书堂，著名道教名山武夷山上朱熹亲创的武夷精舍和其弟子及其他理学大师创建的众多书院，形成了代表一代文化高峰、蔚为壮观的理学书院群。同时，书院也因为山水名胜的滋养才得以历代传续，一直保持其旺盛的生命力。如中国五岳名山泰山、华山、衡山、恒山、嵩山，就存在众多的书院，如泰山的泰山书院、衡山的邺候书院、嵩山的嵩阳书院。

3.1.1.1 择胜的环境意象：山水人文

环境对于人之陶钧气质的作用不容小觑。首先，书院选址要考虑的是自然环境对于人才教育的影响，而不是从风水吉凶的角度出发的。书院选址一方面要保证物理环境的清静，另一方面要保障人心理环境的清净，即达到"静耳目，肃心志"的要求。中国古代书院的教育目标是"植纲常，正伦经"，教育的中心任务是德育。故而，创建书院的硕学大儒普遍看重的是山石林泉对于践行教育理念的作用。绍熙五年（1194年），朱熹在回建阳的途中过江西玉山，讲学于玉山草堂曰"故圣人教人为学，非是教人缀辑言语，造作文辞，但为科名爵禄之计。须是格物致知，诚意、正心、修身，而推之以至齐家、治国，可以平天下，方是正常学问"[1]。可见，书院教育的目的不是教人专学文字、求取富贵，而是要首先培养做人的方法和品德，即所谓"讲明义理以修其身，然后推以及人"[2]。故而，周边环境之于书院来说是培养理想人格的第二课堂，是启迪文化的典型观照。朱熹在修复白鹿洞书院前亲自到旧址查看，对于周边环境大加赞赏曰"四面山水清邃环合，无市井之喧，有泉

---

① （宋）朱熹. 朱文公文集. 卷47。
② 江西通志. 卷145. 清钦定四库全书. 史部. 地理类。

石之胜，真群居讲学、遁迹著书之所"[①]。朱熹在《衡州石鼓书院记》中明确表达了山水择胜的环境意象，"衡州石鼓山据蒸湘之会，江流环带，最为一郡佳处。……予惟前代庠序之教不修，士病无所于学，往往相与择胜地，立精舍，以为群居讲习之所，而为政者乃或就而褒表之"[①]。其次，书院选址不但注重自然环境之怡养性情、砥砺品德，对于周边人文环境的考虑也不容忽视。对当地历史精神加以保存，对历史遗迹加以珍惜，充分肯定历史精神对于书院兴教化的良性影响。书院择胜环境观念必是自然与人文、情感与理性的互动统一的关系。纵观历代著名书院的选址环境必定是人文化成、代多文达之处，具有浓郁的文化特色、众多的古迹遗存和不朽的诗文，这也共同印证了自古"仁者乐山、智者乐水"的真理。

3.1.1.2　佛道的禅宗意象：以山为轴

中国的书院融合了儒释道三家思想的精髓，以集中的书院和分散的书院园林两种景观方式出现，其实质都是书院建筑和环境的园林化。佛道选择在山林名胜之处建立禅林精舍，从事坐禅和讲经，是由于依傍山林、环境清幽利于修行，佛寺选址对于书院产生了重要影响。书院作为古代重要

的教育组织机构，它的营建受佛道的影响，历来也非常重视环境的选择。清华大学周维权先生《中国名山风景区》中曾指出，书院"教育体制多借鉴佛教禅宗的丛林清规，建置地点也多仿效禅宗佛寺建在远离城市的风景秀丽之地，以利于生徒潜心学习"[②]。其一，建在郊野的寺观大多选择在风景优美之处、名山大川之中。由于郊外游览以"观山望景"为主，所以寺观在选址时非常重视周边的风景地貌。如中国著名的五岳名山中的寺庙有一个共同的特征，就是建筑群的中轴线正对周围山体的主峰，如南岳大庙建筑群的中轴线正对衡山七十二峰最高峰的祝融峰，形成峰在北、庙在南的格局。从大庙正门进入后前行，人的视线始终对着前面的祭山"祝融峰"，这样祝融峰一方面成为大庙建筑群的靠山和景观背景；另一方面又成为书院中轴景观的对景，始终引导着游览者前行。由于书院读书修养和寺观清修有相似之处，所以这些寺观选址中对于风景地貌的剪裁和处理对书院的选址产生了重要影响。书院亦大部分选择建置于山中，建筑群"以山为轴"，形成背依大山之势，如湖南岳麓书院以西侧岳麓山为轴，形成东西向的景观轴线；庐山南麓的白鹿洞书院以北侧的后屏山为轴，形成五组南北向的轴线；建阳考亭书院以玉

---

① （宋）朱熹. 晦庵集. 卷99. 清钦定四库全书. 集部. 别集类。
② 周维权. 中国名山风景区. 北京：清华大学出版社. 1996：125。

枕山为轴,形成南北向轴线;福建尤溪的南溪书院位于公山脚下,南靠公山,北对文山,青印溪从二山中间穿过,坐南朝北,形成南北向的轴线。其二,书院选址紧邻佛寺道观,抑或有些书院前身就是由佛寺道观发展而来。唐代光石山书院在湖南攸邑司空山,离县四十五里,周围一十里有朱阳观,北一里有惠光寺;衡阳石鼓书院旧为寻真观,后改建为书院;杭州西湖万松书院故基为唐贞元年间的报恩寺;福州鳌峰书院笃行斋故基为尼姑庵;岳麓书院原为道林寺;河南登封市区北二公里,嵩山南麓的嵩阳书院,前身是嵩阳寺、嵩阳观,先后是佛、道的活动场所,并有"梵宇之胜,甲于东土"之美誉。北魏孝文帝太和八年,生禅师来到嵩阳山,卜兹福地,创立神场,创建嵩阳寺。隋炀帝大业八年,道士潘诞在嵩阳寺为隋炀帝炼丹,遂改名为嵩阳观。唐代开元年间,在嵩阳观旁、汉柏右侧建天封观,道士孙太冲为李隆基炼制九转仙丹。五代后唐清泰年间进士庞式和南唐学者舒元,在嵩阳观聚徒讲学,后周显德二年世宗柴荣改嵩阳观为太乙书院,这就是嵩阳书院的前身。

虽然佛寺道观的选址影响着书院,但是两者也有细微的不同之处。其一,佛寺道观尊神,其精神实质为出世,为了脱离世俗、达到完全的修行状态,所以僧人道长唯恐入山不深,佛寺道观一般建在人们不易达到

的地方,如山顶。在书院中士子学习的目的并不是出世,而是为了实现社会责任和理想暂时的半出世状态,书院的教师常常是知名学者、地方先贤、名宦,他们都是社会状态的人,虽然书院为了寻求好的读书修养环境而仔细删选着风景,但还是在交通、生活都能相对便利的前提条件下择胜选址。所以,书院入山并没有佛寺道观深,相比佛寺道观来说书院在通达性方面更胜一筹。其二,佛寺道观是敬神的建筑,重要建筑规格制式甚至高于皇家官式建筑,建筑群体量宏大,起到控制风景的作用。相对此来说书院建筑群主要为民间教学祭祀之用,其建筑等级制式较低,与周边风景融合协调。

3.1.1.3 堪舆的风水意象:文崇东南

堪舆思想对于书院选址影响可归结为"堪舆人文观"。由于古代非常重视文治教化和文人取仕,随着书院影响力的不断扩大,理学思想慢慢被统治阶级接受,并成为支持封建统治的正统思想,官府对书院的控制不断加强,再加之封建科举制度对于读书人的钳制,使得书院发展到后期逐渐被官学化和被科举化,书院担负着示范风化、教育士民的作用,故而书院选址被看作具有兴文教、鼎科甲的作用,这对于书院选址产生了重要影响。如《还古书院志》中载"古人处必择居,欲得地也,况明道讲学之区而不藉山川形胜其何以显一方灵气所

钟乎"①，据记载还古书院选址曾经三易其地，"始卜白岳，再卜凤湖，三卜而得古岩，以'寿山初旭'为海阳八景之首，狮象二山左右拱抱，松萝齐云，诸峰远近环列，汶溪之水委曲襟带，楼台亭榭上下掩映，其景足以游目骋怀"①。阆中锦屏书院的选址亦深受风水思想的影响，据《锦屏书院记》载"和喟然曰，人文不焕，地脉不兴也。玉台之南，锦屏之北，登高四眺，有胜址焉。龙凤两山于兹接脉，南东之水于此澄源，雁塔巽昂，星台坎抱，其于山文为阆字耶？水文为巴字耶？然则于人文可不为读书问字之区也？乃告寅僚，咨绅士，仑曰：郁郁葱葱，佳哉勿失"②。

堪舆思想信奉天人感应之说，认为天和人之间存在某种关联系统，常赋予自然景观以文化象征寓意，形成特定的文化秩序尺度。《相宅经纂·文笔高塔方位》中曰"凡都省府县乡村，文人不利，不发科甲者，可于甲、巽、丙、丁四字方位择其吉地，立一文笔尖峰，只要高过别山，即发科甲。或于山上立文笔，或于平地建高塔，皆为文笔峰"，《相宅经纂·都郡文武庙吉凶论》载"文庙建甲、艮、巽三方，为得地。庙后宜高耸，如笔如枪。

左宜空缺明亮，一眼看见文阁奎楼，大利科甲。再得巽、丙、丁有文笔高塔，主出状元、神童、名士大宦"③。按照《宅经》二十四方位来看，"艮"为八卦中的东北方位，"巽"为八卦中的东南方位，"甲"为十天干中的正东方位，"丙"为十天干中的正南方位，"丁"为十天干中的正南方位。这就是"堪舆人文观"中的"巽位主文运"和"文崇东南"之说，即东南方有主管学习考试的文曲星，与东南艮、巽、丙、丁四方相对应，文曲临宫，百事皆宜，是主文化考试升官的大吉之星。书院选址后期注重培一方文脉、鼎一方科甲的现象尤为严重，故而古代城市多将书院置于城邑内部的东南方，如清福州城内的鳌峰书院就位于城邑的东南隅；清蕊珠书院位于县治南部；清梯云书院位于顺德县治东南，左右分别是文昌宫和学宫（**图3-1**）；清蔚文书院位于海盐县治南侧，北侧是魁星阁和儒学（**图3-2**）。并且，为了强化兴文风之义，书院周边或内部也多增设魁星楼、文昌阁等建筑，如岳麓书院于乾隆五十七年（1792年）在院前南部土阜建魁星楼，还古书院于右翼狮峰山巅踞立文昌阁，求忠书

---

① （清）还古书院志. 卷2. 见：赵所生，薛正舆. 中国历代书院志第8册. 南京：江苏教育出版社，2012：549。
② 王其亨. 风水理论研究. 天津：天津大学出版社. 1992：81。
③ （清）高见南. 相宅经纂. 卷2。

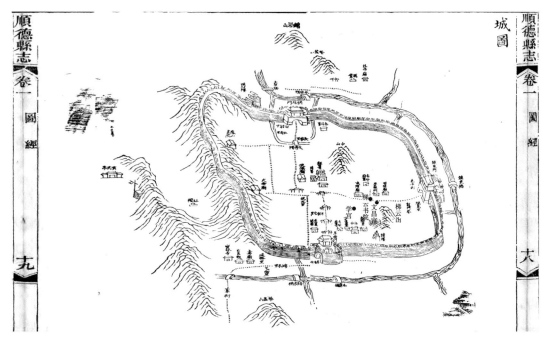

图3-1 清顺德县治（清咸丰《顺德县志》）

图3-2 清浙江海盐县治（清光绪《海盐县志》）

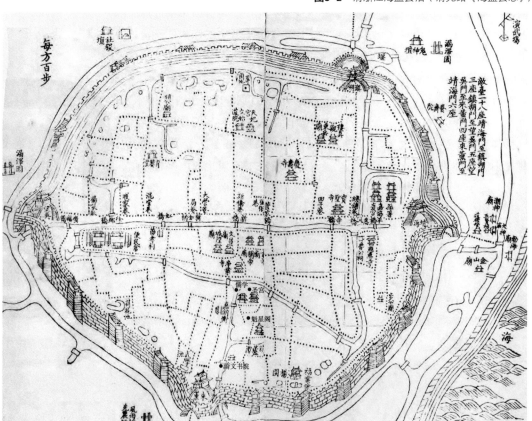

院于东建奎星祠，信江书院于院内加建奎星阁，海南琼台书院为了腾士气，曾将卑小的奎星亭改建成奎星楼，这些都是书院中以风水兆科甲的例证。再者，城内书院周边常常与官学、州县学、文峰塔等关系一方文脉兴盛与否的文化建筑相毗邻，寓意"高山仰止、景行行止"，既提高了书院地位，同时又便于对书院的监督检查。

可见，无论从书院内部建筑营建上，还是书院外部选址上，后期的书院从某种意义上成为主一邑之文风、关乎一邑风水衰亡的文化标志物。由于这些文化景观寄托着独特的人文意象，担负一方培风脉、兴人文、鼎科甲的重要作用，所以地方政府和官员不惜一切财力，经画营建、构思选址、倍极经营，占尽城市的风景地灵处，在中国古代城市规划中占有重要地位，并且成为中国古代城市重要的文化景观建筑。并且这股书院城市化的强大力量还不断推动着"山间庭院"慢慢走进城市，这正是中国传统文化注重地理环境景观对于人文影响的一个非常特殊的现象。

3.1.2 自然胜境与书院选址

3.1.2.1 山水园

山水之于书院有诸多好处，首先，山水美景能怡情养性，利于书院读书环境的营造；其次，山水能营造良好的小气候，有利于书院贮书和藏书的保管；再次，山水亦能在生存危机下，为书院提供庇护及生活基本保障。在对山水的情感和物质双重需求的情况下，山水与书院的关系产生了"山水相分"和"山水相嵌"两种基本形式。

（1）山水相分

"山水相分"指的是山和水相互不相交，处于左右分列的状态。这种书院选址在山水之间，位置或位于山脚下，或利用山体台地营造建筑，较易形成随着山体展开逐层抬高、中轴对称的格局，朝向一般以山为轴、背山面水，这种书院一般不受周围用地限制，面积一般较大，园林景致丰富、景观视野开阔。如湖南长沙的岳麓书院，依附岳麓山麓，面对湘江，建筑群随山体逐渐抬高展开，形成三层台地，最高处的藏书楼与最低处的自卑亭之间存在约5米的高差（**图3-3**、**图3-4**）。湖南醴陵的渌江书院与岳麓书院极为类似，书院初在

图3-3
岳麓书院山水关系示意（作者自绘）

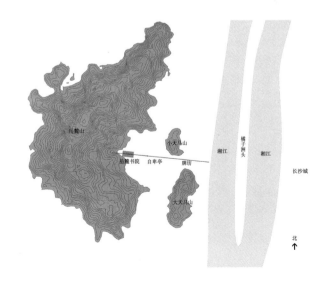

图3-4
清康熙岳麓山图
（《湖广通志》）

城内，后来由于市声喧嚣，不便于学习，遂将书院移至城邑西侧西山的半山腰上（图3-5、图3-6），从渌江江边到书院大门前有近30米的高差（图3-7），书院依山就势、坐西朝东，自东向西形成三进院落，书院从西山上俯瞰渌江，隔江水遥望城邑，西山和渌江山水分列两侧，视野开阔，景色优美，为书院营造了良好的读书环境。

（2）山水相嵌

"山水相嵌"指的是山和水两者相互镶嵌，你中有我、我中有你的襟带关系。依据山水的主被动形势和主次关系又可以大致分成两种类型。①"山包水"指的是周边环山、水从山中间穿过的状态。其一是四面山体包围，水从中过，即形成"盆地"地貌。这种地貌由于受周围高大山体包围的限制，书院用地范围一般不大，而且较难扩张，空间深邃幽静，视野较内敛，景观内聚性强，如江西庐山的白鹿洞书院，四面环山，深邃如"洞"（图3-8）。其二是两面山体包围，水从中过，即形成"峡谷"地貌。这种地貌两侧空间高耸深邃，洞水穿行在两山夹峙的山谷中，有利于营造低温和适宜通风的小气候，对于有大量书籍贮存的书院来说非常有利，如湖南岳麓书院就位于清风峡口东侧，此种书院景致自然活泼，流水从山谷跌落，与谷内的植物和山石结合，形成瀑、溅、溪、泉等多种丰富的水景，发出潺潺的声音，于幽静深

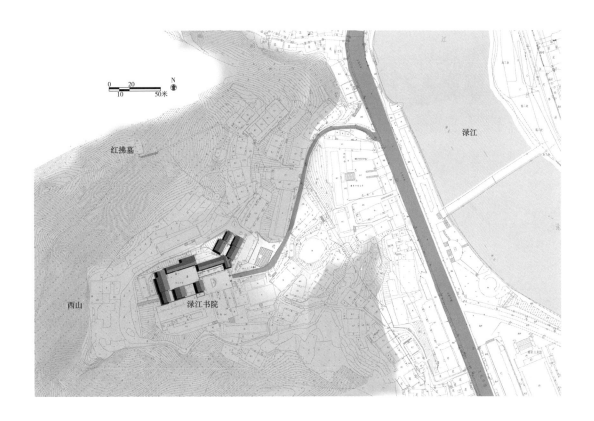

图3-5
渌江书院山水关系
示意（作者自绘）

图3-6
清光绪渌江书院山
水图（《渌江书院
志》）

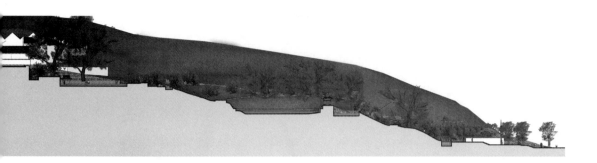

图3-7
渌江书院场地剖面
（作者自绘）

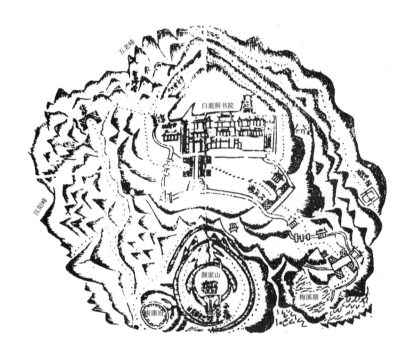

图3-8
明万历白鹿洞书院
山水关系示意图
（《中国历代书院
志》第一册）

邃中更显一股生意。②"水环山"指的是两条或多条水环绕山体，山体位于水环绕之中的状态。为了避免洪水的危害，此类书院一般选址在周水环拥的山上，周边碧水茫茫，用地不受限制，视野高远开阔，景色较佳。如杭州凤凰山万松岭上的万松书院，充分利用万松岭"左江右湖"的地理优势，为书院提供了四周远眺西湖、保俶塔、雷峰塔的丰富景观（图3-9）；

绍兴蕺山书院雄踞龙岗山上，视野也非常开阔，周边山拱三峰、湖环一曲，可府临雄堞，可远眺周边的王家塔和绍兴城，可谓天开伟观；河南登封嵩阳书院位于四面环山、两侧双溪相夹的高地，双溪在书院门前汇合成"双溪回澜"之势，环境十分清幽。

3.1.2.2 山林园

山林园周边环境以突出山体风景地貌为主，着重体现山体高、险、

图3-9
杭州敷文书院山水
关系示意（万松书
院展览馆）

图3-10
山巅之易堂（图片来
源：http://jd.ptotour.
com/9376/）

奇、幽的特征。山林园最为典型的构景方式有两种。①山巅型，指书院选址位于山顶。最典型案例是清顺治初构建于江西宁都府金精山十二峰之一的翠微峰巅的易堂（**图3-10**），创建者为明代逸民的"易堂九子"。他们选择在远离人间的绝壁之巅筑室论道的原因显而易见，明朝灭亡后，以魏禧（1624～1680年）为首的易堂九子不愿臣服于清朝朝廷，为了逃避追杀，遂利用翠微峰周边河流交错、沟壑纵横、众多山峰形成的狭窄而又阴暗深谷的特点，将易守难攻的天险作为世外桃源的隐居处，就地取材，于山势险峻的丹霞独峰翠微峰山顶创建学堂。翠微峰为丹霞地貌，虽然山崖陡峭壁立，但是山顶平坦开阔，据清道光《宁都直隶州志》载"金精山，州四十里，丹崖翠壁，望之如陈云，奇怪万状，道家列为第三十五福

图3-11
翠微峰（清道光《宁都直隶州志》）

地。……在金精山前，色如丹霞，故又名赤面砦。高百余丈，壁立如长剑倚空，中通一线，凿蹬而上，横列石板，暗开瓮口，仅容一人，其天险也。魏征君兆凤构亭馆，率其子隐此"①，可见，易堂所在的丹霞山峰入口极其狭窄，仅有一条裂缝，有一夫当关、万夫莫开之利。这种位于险峻山峰顶部的书院一般都是为了利用周边天然山体的险峻条件作为掩护和避难的场所，具有一定的防御性，与军事上的碉堡有相似之处（**图3-11**）。②洞谷型，指的是书院建于山洞或者山谷之下。如浙江东阳的石洞书院建于石洞之下，入洞后要经过极其狭窄的凿崖隧道方可土开谷明，随即豁然开朗，内部土地平旷，山水之景丰富，有飞石、石壁、突岭、潭、瀑、洞，杂以花木，俨然是一座世外桃源，这是书院园林利用自然地貌达到欲扬先抑效果的最佳例证。

3.1.2.3 水滨园

水滨园周边的环境以水为主，主要包括"聚集水景型"和"开阔水景型"两种类型。①"聚集水景型"指水常常成为环绕书院四周的景观带。如湖南湘乡东山书院（**图3-12**），在书院建筑群和外墙之间有三口池塘

---

① 李才栋著. 江西古代书院研究. 南昌：江西教育出版社. 1993：371。

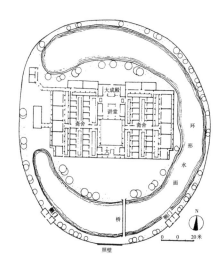

图3-12　东山书院（《湖南传统建筑》）

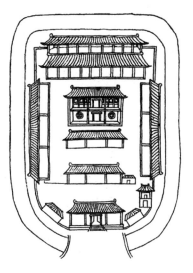

图3-13　项城书院（民国三年《项城县志》）

呈"品"字形环绕，后将三口池塘挖通，形成环绕书院建筑群的宽20米的环状水面，仅留10米宽的通道，沿池种植植物，使得书院建筑群环抱在园林水景之中，成为整个园林体系中的建筑要素；类似的还有河南项城的莲溪书院，书院建筑群被虹河围绕一周，景观内聚性很强（图3-13）。②"开阔水景型"书院一般选址在河湖中的洲岛上，这类书院一般以洲岛为依托、以水为背景，位于河湖洲岛的端部，同时通过建造竖向高度较高的楼阁、高台而成为区域空间视廊上的重要景观点。白鹭洲书院（图3-14）位于赣江江心白鹭洲之尾，四面江水回流，建筑群坐北朝南，整

座江心洲的地势是北高南低，书院建筑群也依据地势呈南北走向，建筑高度由北向南逐渐降低，最北端建有云章阁，前纳章贡、后汇文水，江天风月之景尽收眼底。湖南衡阳的石鼓书院（图3-15）位于石鼓山之阳，屹立于蒸湘二水之间，"湘水在府城东，源出广西兴安县阳海山，……东出海阳，经全州东北，历零陵，湾环曲折，东流至石鼓山，与蒸水相合，北入于洞庭湖。蒸水在府城北，出宝庆邵阳县耶姜山，……东注与湘水合于石鼓山下，北入洞庭"[1]。石鼓书院突兀江心，书院建筑群与山体完全融为一体，两江水自西向东流，在石鼓山东侧合流，名为合江，后向北注入洞

---

① （明）李安仁，（明）王大韶，（清）李扬华撰. 石鼓书院志. 长沙：岳麓书社. 2009：16。

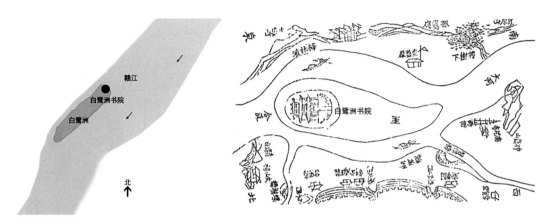

图3-14 白鹭洲书院环境（左：作者自绘；右：《白鹭洲书院志》）

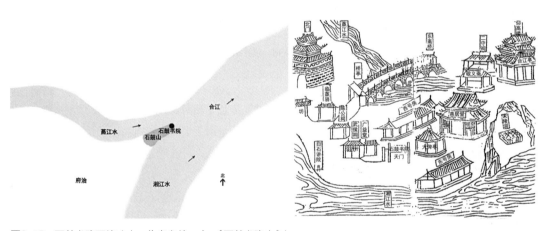

图3-15 石鼓书院环境（左：作者自绘；右：《石鼓书院志》）

庭，合江处建有书院仰高楼和合江亭，登楼入亭可远眺四面景致。

3.1.2.4 乡野园

乡野园往往与村落聚居相结合，书院周边环境具有田园化的特点，典型的如位于江西省铅山县鹅湖山北麓的鹅湖书院。铅山县距离县城河口镇约30里（1里=500米），其地襟喉八闽，控带两浙，是从福建通往浙江的交通要道。铅之山川多发脉于闽中，鹅湖山地处铅山县境东南部，发源于武夷山分水关，周回40里，是武夷山在铅山县境内东南支脉的主要山峰之一，亦是县之望山，周围诸峰联络若狮、若象、若犀、若猊，其中最高峰为鹅湖峰，海拔690米（图3-16）。山顶上有湖，水面广达900亩，湖中多生荷，故名荷湖，后因东晋龚氏居山蓄鹅，双鹅育子数百，故更名为鹅湖，从山南望，山形如冲天之鹅，从山北望之，又若荷之吐蕊，蔚为壮观。鹅湖书院位于铅山县的鹅湖村，

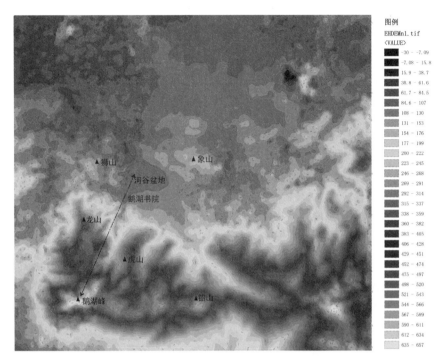

图例
EHDEMn1.tif
<VALUE>

-30 - -7.09
-7.08 - 15.8
15.9 - 38.7
38.8 - 61.6
61.7 - 84.5
84.6 - 107
108 - 130
131 - 153
154 - 176
177 - 199
200 - 222
223 - 245
246 - 268
269 - 291
292 - 314
315 - 337
338 - 359
360 - 382
383 - 405
406 - 428
429 - 451
452 - 474
475 - 497
498 - 520
521 - 543
544 - 566
567 - 589
590 - 611
612 - 634
635 - 657

图3-16
鹅湖书院选址示意

图3-17
鹅湖书院环境（作者自摄）

周围群山拱卫，鹅湖村位于拱卫之山中的盆地处，周边田园阡陌、村落鳞次栉比，唐代王驾的《社日》中曾描写了鹅湖村美丽的田园风光，"鹅湖山下稻粱肥，豚栅鸡栖半掩扉。桑柘影斜春社散，家家扶得醉人归"[①]（图3-17）。书院和村落、田园位于山中盆地，与外界连接的出口处只有北侧一处又长又窄的小路，书院坐南朝北，背靠虎山、东为象山、西北为狮山，且有当年从福建通往京都临安的官道穿过，院西南为龙山，虎、象、狮、龙四山拱卫，书院面对广阔的乡野和村庄，可谓是一处世外桃源。

---

① 钦定全唐诗. 卷690. 清钦定四库全书. 集部. 总集类。

3.1.3 城邑语境与书院选址

3.1.3.1 城邑体系与书院

书院本是私学的产物，是寂静的民间力量，最初，为了学者儒生有清静的环境潜心修学、培养心性，充分发挥大自然教化人类的作用，书院选址一般置于远离城镇、风景秀丽的山间，所以书院又被人们称之为"山间庭院"。推动书院城镇化嬗变的重要力量来自于国家统治者，随着书院影响力的不断增大，官府为了便于管理，明代书院开始了从山间走进城邑的历程，到了清代，很多书院都选择建在城邑内部。

其一，"近城邑"书院的目的是想获得城市和乡村的双重便利，既享有城市的交通便利，同时又能保持自己的独立性，近郊的环境恰好满足了书院这种双重需求，如位于赣江江心洲的白鹭洲书院，与西侧城镇之间依靠摆渡和浮桥联系；岳麓书院与东侧的长沙城之间有湘江阻隔，两者之间的交通往来依靠摆渡。但是，随着城内聚居人口数量的不断增长，导致城市外边界范围不断外延，所以，位于近郊的书院被纳入新的城市范围之内，演变成城市中独特的风景名胜地。其二，直接兴建于"城邑内"的书院选址最常见的是"因园为院"，就原来私家园林旧址的山水骨架改建书院，这种宅园周边景观条件较成熟，不但再建设起来节约成本较为容易，而且，园林丰富的历史和深厚的文化底蕴也非常符合书院对于优美自然环境和浓厚人文环境的要求，从某种程度上满足了书院对自由的教学环境和开放的教学方式的追求。山西太原的晋溪书院，原为明代三大重臣王琼（1459～1532年）的私家园林，西依悬瓮山，周边有鸳鸯中河环绕，园林在王琼去世后改为书院（**图3-18**）；位于上海尚门内凝和路的也是园，本为明代乔氏南园，清代改建成蕊珠书院（**图3-19**）；乾隆年间，阆中锦屏书院从原来锦屏山上迁至城东凤翅山下的古治平园故址上重新修建，治平园在北宋时期就是阆中古城的风景名胜处，书院迁建后引山泉水入渠，还

图3-18
晋溪书院环境示意
（作者自绘）

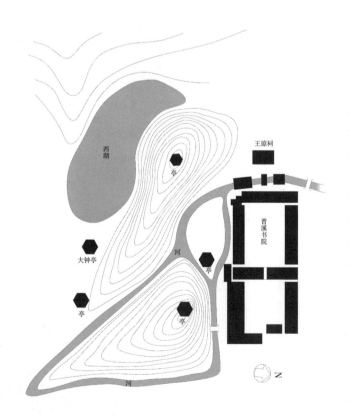

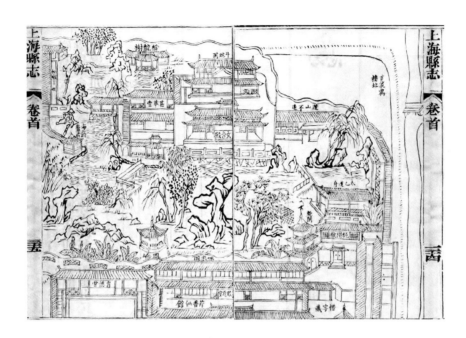

图3-19
蕊珠书院（清同治
《上海县志》）

解决了城东南缺水的现状；正谊书院位于苏州城内，是在清朝礼部尚书沈德潜可园的基础上修建起来的，园内庭宇清旷、景色清幽。

3.1.3.2 八景体系与书院

虽然城邑环境对于书院造园是一个不利因素，但是，传统的山水观依旧指导着迁入城内的书院园林建设，通过在城内仔细筛选风景俱佳之地，进行园林化的经营和营建，不但书院园林内部景致瑰丽，书院所在地周边环境的园林化程度亦较高，加之书院的人文盛名，所以，常常以书院为中心形成围绕书院周边的书院八景或十景，如湖南石鼓书院形成著名的"东岩晓日、西嶝夜蟾、绿净蒸风、洼樽残雪、江阁书声、钓合晚唱、栈道枯藤、合江凝碧"书院八景（**图3-20**）。但是，书院八景体系只是围绕书院形成的小范围景观体系，一些书院由于景致特色突出，纳入具有地方特色的古代城市八景体系之中，即成为城市乃至区域景观体系中的重要景观单元，书院园林成为某一地区的城市或区域文化的代表，可以说是中国古代较早的具有区域景观体系规划性质的典型案例。如江西吉安白鹭洲书院的"白鹭文澜"是庐陵（古江西吉州城）八景之一（**图3-21**）；湖南长沙岳麓书院的"江天暮雪"为潇湘（湖南湘江区域）八景之一；江苏吴江同里镇的同川书院，西北依团园山，西南傍水，环境优美，为明代同里八景之一的"长山岚翠"；杭州万松书院位于杭州城南的万松岭上，背依凤凰山，左襟钱塘江，右带西子湖，其"凤岭松涛"是著名的西湖十八景之一；安徽黄山黟县宏村的南湖书院，选址在

图3-20 石鼓书院八景之一"合江凝碧"(清《清泉县志》)

图3-21
庐陵八景之一"白
鹭文澜"(《白鹭
洲书院史话》)

南湖北岸，为宏村八景之一；广东崧台书院的"江楼远眺"为肇庆市八景之一。

3.1.4　人文艺境与书院选址

3.1.4.1　文化景观

地以人而重，菁莪域朴，做人唯文，书院作为一种教育机构，一方面重视传播文化，另一方面也非常重视人文风景的选择与开发，因为士子人格品德的培养不但受到自然环境的影响，而且也受到文化环境的熏陶。由于中国文化特有的儒释道互补的特色，使得书院的存在历来都不是我行我素的单独个体，书院总是与佛寺道观为邻，交织于儒释道的文化网络中，形成儒释道互相浸润、启迪的文化环境。由于这些硕学大儒、高僧名道对于个人参悟、修养的要求很高，使得他们不约而同地选择了自然风景独具特色之处，这些映入大师眼帘的自然山水，经过先贤们筚路蓝缕的开发和文化的浸润，历经岁月的沉淀和累积，最终形成了各具特色的风景名胜。正所谓地灵人杰，山水不在高深，盖以人重也。历代书院志中都将古迹作为志书中的重要章节加以论述，既可以抚今昔、广见闻，同时又可以追思古人，见古迹就如同见古人一样，所以，书院注重择胜也是注重传承圣贤精神和德育教育的重要体现。

庐山在东晋时期就有东晋名僧、净土宗始祖慧远（334～416年）大师于庐山西麓创建主持的东林寺；著名道长陆修静（406～477年）创建的简寂观；著名诗人、田园诗始祖陶渊明（365～427年）也到庐山隐居，并以庐山南麓康王谷为原型创作了著名的《桃花源记》，谷中峰回溪转、村舍田园掩映的恬淡人居环境成为之后几千年中国知识分子理想家园的象征。唐代时，庐山有李白、杜甫、白居易等诗人留下的大量精美诗篇。宋代，理学创始人周敦颐（1017～1073年）又于庐山莲花峰下创建濂溪书堂，理学大师朱熹于庐山东麓修复了白鹿洞书院，并在周边山体上留下了大量石窟、洞景、摩崖石刻或者石刻造像，为庐山留下了大量理学文化遗迹。如此岁月累积，围绕一处风景名胜就形成了佛教、道教、理学、田园、山水等众多文化互相交织的网络，这些文化景观是自然作为一种景观被开发利用从而纳入人类无限广阔的居住环境之内，使自然美和生活美相结合形成了环境美，这些累代形成的文化景观成为书院周边重要的人文环境。

3.1.4.2　文化事件

书院之名盛于世，与书院中曾经发生的具有历史价值的著名事件相关。略如，1167年，朱张在湖南岳麓书院讲学论道，朱熹和张栻都是当时著名的理学家，他们在岳麓论辩了三天，盛况空前，岳麓书院在"朱张会讲"后闻名天下（**图3-22**）。鹅湖书院之所以闻名于世，并在中国哲学史上占有重要地位的原因就与发生

图3-22
岳麓书院朱张会讲图（明《岳麓书院图志》卷4）

图3-23
鹅湖书院鹅湖论辩图（鹅湖书院展览馆）

在书院中的两次著名历史事件相关；第一次著名事件是"朱陆鹅湖之会"（**图3-23**），宋淳熙二年（1175年）三月，吕祖谦由浙江金华启程到福建武夷山与朱熹相聚于寒泉精舍，二人费时四十余日编纂成《近思录》，五月末朱熹和吕祖谦到铅山鹅湖，陆九渊兄弟也应邀来到鹅湖，四人于此地就治学的问题各抒己见、展开辩论，这就是在南宋士子社会中产生重大影响，并使得理学备受推崇的鹅湖之辩，是中国哲学史上的一次思想盛宴，在中国思想史上留下了浓重的一笔；同样发生在信州鹅湖的第二次著名事件是"陈辛鹅湖之晤"，淳熙十五年（1188年），思想家、文学家陈亮仿鹅湖之会邀请辛弃疾和朱熹来鹅湖商讨世事和学问，朱熹因故未至，陈辛二人共同商讨抗金大计，成为爱国主义史上光辉的一页，辛弃疾晚年留居铅山，曾经留下了两百多首刻下铅山山水人文印记的千古名篇；这两次事件的发生促就了鹅湖书院的诞生，并因此闻名天下。再如，无锡东林书院，由于著名的东林会讲的影响力而名满天下，杭州万松书院作为梁山伯与祝英台爱情传说的发生地也使得书院广为人知。

3.1.4.3　文化人物

园以景胜，景以人名，凡先生过化之地，一草一木皆披道德之光。书院的创建和发展从来都离不开具有远见卓识之人的努力，书院讲习自由，不受官府制约，师生之间以礼义廉耻相砥砺，先贤的学问品德不但影响着书院生徒的思想，还远播万里、跨越千年，成为中华文化思想的重要组成部分，影响着后世若干代人。这些硕学大儒主持创办和兴复的书院因为先贤的学问和人品而闻名天下，后人出于对他们学术和人品的仰慕而对与他们相关的书院倍加珍惜、累代兴建，至千年不衰，如著名的岳麓书院、白鹿洞书院都曾经屡遭战火毁灭，但又屡次受到官府、儒士的兴复，弦歌得以千年不辍，至今仍然发挥着教化人心的作用。

首先，书院由私学发展而来，孔子是私学的师祖，他不但开创了有教无类的私学精神，还对上古三代思想进行整理，创建了影响中国社会千年的儒学思想体系。书院作为传习儒学的场所，一直将孔子供为先师、先祖，在孔子的故乡和过化之地兴建以祭祀孔子为主题的书院，如山东曲阜的洙泗书院和尼山书院。其次，书院是伴随理学的发展达到兴盛的，理学思想后来被封建统治者采纳认定为治

国安邦的重要思想，所以为了标示学道的正统和对先贤的纪念，历代书院都将祭祀先贤大儒作为书院教育的一项重要内容，先贤大儒过化讲学之地，英才蔚起，代有伟人，并建立书院表示纪念。如与周敦颐生平相关的各地，都建起以纪念理学开山之师周敦颐为目的的濂溪书院和祠堂。理学集大成者朱熹过化之地，人们也都建书院表示纪念，略如朱熹出生地福建尤溪的郑氏书斋，后来改建成南溪书院用以祭祀朱熹和其父朱松，朱熹幼年读书的福建武夷山五夫镇有屏山书院和兴贤书院，朱熹教学的寒泉精舍、云谷书院、武夷精舍，朱熹讲学的怀玉书院和渌江书院，朱熹去世的考亭书院，朱熹祖籍安徽婺源的紫阳书院等，还有各地以朱子之号"紫阳"命名的书院，这些祭祀朱熹的书院有一个共同特点，就是在书院内不但塑有朱子的雕像或供奉牌位，且都将朱子在岳麓书院题写的"忠孝廉节"四字和"朱子教条"作为座右铭，题刻供奉于书院之内，如在湖南的岳麓书院讲堂、江西鹅湖书院讲堂、庐山白鹿洞书院礼圣殿内都题刻供奉有朱子"忠孝廉节"四字（图3-24），朱熹的《白鹿洞书院揭

图3-24
朱熹手书之"忠孝廉洁"（《中国建筑艺术全集·书院建筑》）

示》更是成为各大书院的教规，甚至远播海外。再次，中国历史上一些名宦贤士的过化之地，后人为了纪念先贤也修建书院用以表示崇敬，并成为当地文化的象征，如海南为纪念苏东坡为当地所作贡献而兴建的东坡书院。

3.1.5　小结：书院选址原则

总结书院选址的择胜原则主要有以下五点。①"内宽外密、远近环合"。为了满足读书养性的需求，书院对于选址环境的气质要求可以用"幽"和"旷"来概括。"幽"即书院选址四周要具有围合性，周边植被荫翳、山水环拥，环境朴茂而恬静；"旷"即书院建置之地要有隙地数丈，以便于建屋立舍、种茶耕作。②"巨狭为口、以限内外"。书院所选之地与外界联系的入口一般较为狭窄，从而达到自为一区、与人境市井隔异、专心治学的目的。③"景致丰富、可跂可息"。书院选址不但注重周边环境的整体气质，而且重视有景可观，具有放啸山林、饮吸山川的空间意识，即不仅仅满足于窗前寸石半枝的小景，而是要求周边要有丰富的山川、溪涧可游可观，更注重于"行万里路"之身体力行的实际体验。④"爽垲之地、藏书纳画"。《长物志·室庐》中说"（楼阁）藏书画者，需爽垲"，由于书院需要贮藏大量的书籍，对于通风的要求较高，所以书院选址非常注重良好的排水、通风、防潮、温湿的调节等微气候环境。⑤"人境文境、文物之邦"。书院选址都是历代文名朗耀之地，人灵于物，山川草木皆披道德之光，起到了教化于先的作用。

3.2　内部营建

3.2.1　总体布局

3.2.1.1　布局模式

书院建筑群的艺术表现力首先在于总体布置，由于中国古代建筑单体的规格化和标准化，从某种意义上说，古代书院单体建筑只有在群体之中才能显示各自的作用，建筑群所形成的环境序列是书院建筑群的一大特点。

（1）仿寺庙的布局模式：前庙后堂

佛寺、道观、书院常常比邻而居，僧侣、道人和儒生常常一起谈论文章、交流思想，形成"儒以治世，佛以修心，道以养身"的"三教合一"的中国传统特色文化。寺庙前进香的道路称之为香道，通过组织周围的自然景物，变自然景物为园林景观，从而使寺观周边的自然环境变成园林化的游赏空间，同时也起到了烘托气氛的作用。书院前也常利用牌坊、亭等小建筑和成排的植物形成长

景观序幕，与寺观前朝圣进香的香道
有异曲同工之妙，如湖南岳麓书院从
码头到书院大门的前导空间，山东洙
泗书院门前有长约190米、两侧松柏
夹侍的神道等。

　　佛寺的建筑选址、建筑组群布
局、管理制度，如佛寺丛林的讲经说
法、藏经和祭祀师祖的经验都对书院
产生了影响，这里重点论述佛寺建筑
群布局对于书院建筑布局的影响。佛
寺建筑作为一种宗教祭祀建筑，核心
部分采取"前庙后寝"的格局，重要
建筑位于南北中轴线上，次要建筑
置于东西两侧，形成"山门–前殿–
正殿–法堂–藏经楼"的纵轴布局，
各院落均呈现一正两厢的对称格局
（图3-25）。前殿即天王殿，是供奉弥
勒佛的殿堂；正殿又称大雄宝殿，用
以祭祀神像、牌位和神龛，是寺观内
最主要的建筑；法堂或称作讲堂，是
僧众集会说法之处，是仅次于正殿的
主要建筑；中轴线尽端是藏经阁，是
寺院贮藏佛经之处。依据祭祀等级的
不同，正殿前设门的个数亦不同，可
以三重，也可以五重。这条中轴线上
集中供奉着寺观的主要神佛偶像，供
奉其他神佛的建筑采取跨院的形式，
寺观的生活区和接待区也位于中轴两
侧的跨院，一般生活区位于东侧，接
待区位于西侧；寺观后部常常建置寺
观园林。

　　书院建筑群的总体布局受佛寺布
局的影响，亦将主要建筑置于书院中
轴上，形成"大门–礼圣殿–讲堂–藏

书楼"的建筑布局，与佛寺中轴线
上"山门–前殿–正殿–法堂–藏经楼"
相对应，如嵩阳书院中轴线上就形成
了"山门–先圣殿–讲堂–道统祠–藏
书楼"的五进院落空间，又书院中供
士子读书住宿的斋舍号房和接待馆舍
与佛寺中的僧舍和接待区相对应。值
得注意的是，虽然书院与佛寺都具有
祭祀的特点，在布局形制上书院与佛
寺亦相类似，但是两者在空间的精神
气质上却截然不同，佛寺以祭祀神佛
偶像为目的，殿内供奉神佛塑像，空
间氛围幽暗神秘；而书院内常以摆设
文字牌位代替高大的塑像，祭祀对象
为先贤先师，空间气质景明开朗，与
佛寺道观大相径庭，这也正是祭神与

图3-25
汉地佛寺典型布局
示意（作者自绘）

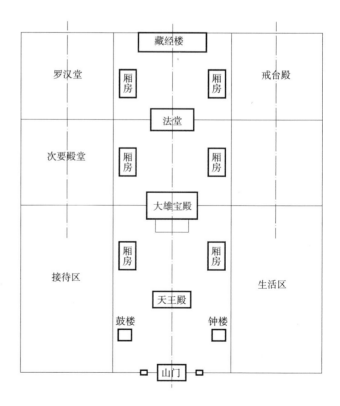

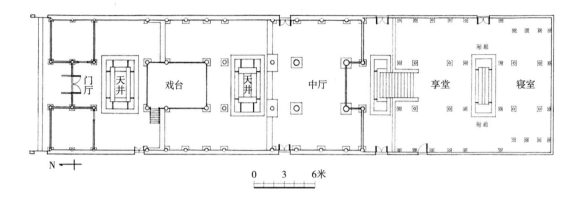

N ←

0　3　6米

图3-26
龙游县后邵村东陵侯厅平面图（李秋香《宗祠》）

祭人的区别所在。

（2）仿宗祠的布局模式：前堂后寝

宗祠是中国古代宗法制度下产生的重要建筑形式之一，是除了祖宅之外最重要的建筑，功能是供奉和定期祭祀宗族祖先。中国古代等级制度森严，对于不同阶层人祭祀的对象都做了明确的规定，《礼记·王制》中曰"天子祭天地，诸侯祭社稷，大夫祭五祀"，宋之前只有天子、诸侯和大夫才有权利建庙祭祖，普通的庶人阶层被严格禁止修建祖庙祭祖。南宋朱熹作《家礼》打破了古礼，倡导平民礼仪和庶人祭祀，将庶人祭祖的建筑称作祠堂，并在《家礼》中描述了祠堂的基本形制，"君子将营宫室，先立祠堂于正寝之东。祠堂之制，三间，外为中门，中门外为两阶，皆三级。东曰阼阶，西曰西阶，阶下随地广狭以屋覆之，令可容家众叙立。又

为遗书衣物祭器库及神厨于其东缭。以周垣别为外门，常加扃闭"[1]。由以上的描述可见：其一，祠堂位于正寝的东侧，这与《考工记》"左祖右社"的古礼和古人尚东的传统相吻合；其二，祠堂的主体建筑为三开间寝堂，前有外门和中门，由中门到寝堂要通过东西阶进入，若寝堂前空间宽阔，则可作享堂。《朱子家礼》中的祠堂形制对后世宗祠产生了重要影响。后世宗祠建筑空间格调整齐、庄重，仪式性较强，形制变化较少，平面具有固定的符号化特征。一般大型宗祠主要由三部分组成，从前到后采用"大门–享堂–寝堂"的院落式堂寝模式（图3-26），其中享堂是举行祭拜仪式的场所，寝堂是供奉祖先神位的地方，三进房屋之间有两个院落，两侧左右布置廊庑或者厢房，作为办事用房，宗祠后面有附属的花园、义塾等。小型宗祠将享堂和寝堂合二为

---

① 郑春. 朱子家礼与人文关怀. 2010: 147。

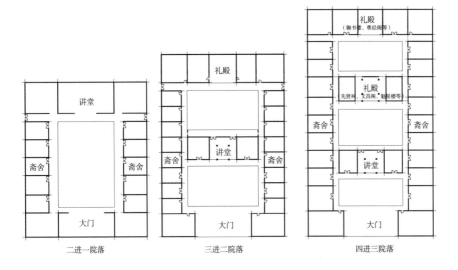

二进一院落　　　　　　三进二院落　　　　　　四进三院落

图3-27
书院布局示意（作
者自绘）

一，直接将祖先牌位供奉到寝堂里，即"大门–寝堂"的二进房屋、一座院落的模式，庭院两侧有廊。

书院和宗祠两者都属于公共建筑，宗祠产生的目的是为了单纯祭祀先祖，从某种意义上讲，发展教育和祭祀祖先亦是同一件事情，教学的繁盛正是祖先血脉延续的重要体现，宗祠的这种建筑模式影响了书院，并与书院的功能相结合，形成从前到后"大门–讲堂–礼殿"、"祀学合一"的书院模式，其中讲堂与享堂对应、礼殿（或先贤祠）与寝堂对应（图3-27）。如鹅湖书院主体部分从"头门–仪门–讲堂–四贤祠–御书楼"沿中轴线形成四进院落（图3-28）；阳明书院主体部分从"大门–二门–桃李门–传习堂–阳明先生祠"形成四进院落；岳麓书院主体部分从"头门–大门–二门–讲堂–文昌阁–御书楼"沿中轴形成五进院落。

还有些复杂的宗祠，进门后，在拜殿前面设戏台，人们可站在一进院两侧的廊庑观戏，起到人神共娱的作用。从岳麓书院头门后所建的赫曦台（图3-29）就能窥见宗祠对书院的影响，戏台的出现并不是书院自身的产物，而是明清以后，随着世俗文化的发展而产生的特殊结果。岳麓书院中轴线上唯一的世俗建筑赫曦台，形制上采用湖南地方戏台的形式，平面呈凸字形，高约1.5米，前面建筑为一间单檐歇山，后部建筑为三开间硬山，台左右内壁上有福、寿二字，外壁上有道教八仙标志，是儒家文化建筑与世俗建筑结合的经典案例，但是，作为书院中世俗文化的产物与宗祠的戏台还是有一些形制上的区别，即无厢楼的配置，另外，赫曦台的出现在进入书院头门前起到了欲扬先抑的障景作用，其封闭小空间也与后面讲堂的开阔大空间形成了鲜明对比。

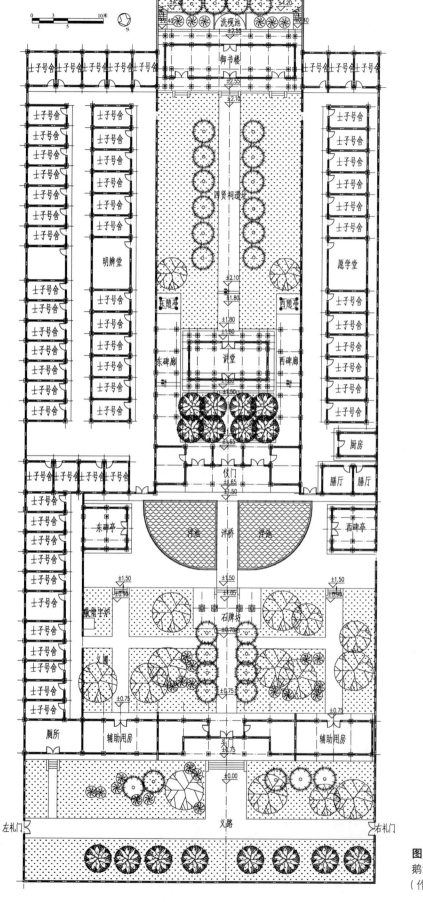

图3-28
鹅湖书院平面示意
（作者自绘）

头门　　赫曦台　　　　大门　　二门　　　　　　讲堂　　　　　　御书楼

图3-29
岳麓书院赫曦台
（《岳麓书院建筑
与文化》）

（3）仿学宫的布局模式：庙学合一

中国古代祭祀庙宇中有一类专门用于祭祀孔子的建筑，称为孔庙或文庙。其最早源于春秋前期周代诸侯国中鲁僖公在都城泮水边兴学养士，兴建的宏大泮宫，从此"泮宫"即称为诸侯国设立大学的代名词，与天子设立的大学"辟雍"相区别。由于孔子首创私学，为古代教育作出了重要贡献，其创建的儒学成为后代封建统治者治理国家的正统思想，所以，孔子受到历代统治者的尊崇，尊奉为圣人、帝王师、文宣王等封号，并被历代学者奉为先圣先师，官府修建文化设施作为祭祀孔子和培养人才的地方，这种庙堂和学馆相结合的建筑就称为学宫，是一种"庙学合一"的场所。

1）前庙后学

学宫建筑一般坐北朝南，有左庙右学，右庙左学，前庙后学，中间立庙、两侧设学等多种形式，其中以"前庙后学"和"左庙右学"两种形式最为常见。"前庙后学"的学宫中轴线上自南向北分别是照壁、棂星门、泮池、仪门、大成门、东西廊庑、大成殿、崇圣祠、明伦堂、尊经阁等建筑，其中"棂星门、泮池、仪门、大成门、东西廊庑、大成殿"属于"庙"的部分，"崇圣祠、明伦（道）堂、尊经阁"属于"学"的部分，并且附有乡贤祠、名宦祠、文昌阁、魁星楼、光霁堂、敬一亭、射圃等附属建筑（图3-30）。书院在布局上与州府县学的学宫有很多相似之处，亦采用"庙学合一"的形式，将祭祀孔子引入到书院内部，如白鹿洞书院有专门祭祀孔子的礼圣殿，从"棂星门-礼圣门-礼圣殿"沿中轴形成二进院落；祭孔书院的中轴线上亦有棂星门、泮池、仪门、东西廊庑、大成殿、明伦堂、尊经阁等建筑，不同之处是书院布局朝向比较灵活自由，不局限于坐北朝南一种形式，而是依据周边自然环境、山水关系、山体朝向等景观元素决定书院建筑群的整体朝向，有坐北朝南（白鹿洞书院）、坐西朝东（岳麓书院）、坐南朝北（鹅湖书院）等多种形式。

2）左庙右学

一些规模较大的学宫，如设在京师的国子监，常常将祭祀孔子的文庙单独设区，由于前面提到的学宫坐北朝南的方位和古人尚东的古礼，单独祭祀孔子的文庙一般设置在学宫的东侧，形成"左庙右学"的结构，如清

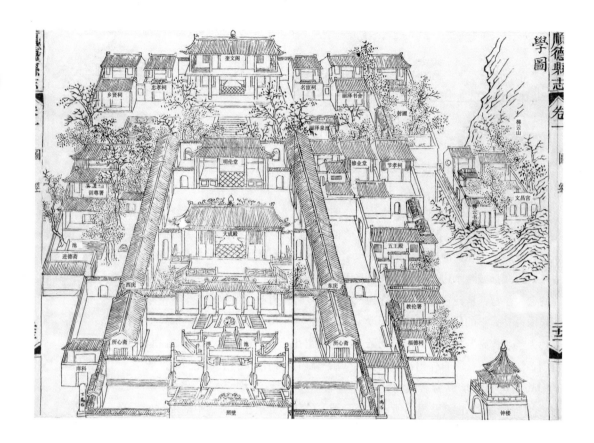

图3-30
清咸丰顺德县学宫图（清咸丰《顺德县志》）

代北京的国子监，祭祀孔子的文庙位于东侧，国子监置于西侧；清代浙江海盐县祭祀孔子的圣宫和儒学东西毗邻（**图3-31**）。与此相似，有些规模较大的书院亦采取"左庙右学"结构，如岳麓书院祭祀孔子的文庙和书院主体之间就是如此，但是由于书院整体朝向并没有采取坐北朝南的方向，而是坐西朝东，故而文庙和书院的真实方位是一北一南的关系，这也正体现了书院布局在遵循古礼之上灵活多变的精神和以自然为宗的宽厚生气。

3.2.1.2 布局类型

"书院采用分斋和讲会制度，分斋是按照学习内容不同分成若干科，讲会就是定期的学术演讲，使书院的教学活动和社会上的学术活动结合起来，这是书院区别于官学和私学的主要标志。……书院建筑为了适应教学上的这些特点，一般由讲堂、藏书楼、祭祀、斋舍四部分组成，组成多进多跨院落的建筑群"[1]，由此可见，

---

[1] 周维权. 中国名山风景区. 北京：清华大学出版社. 1996：125。

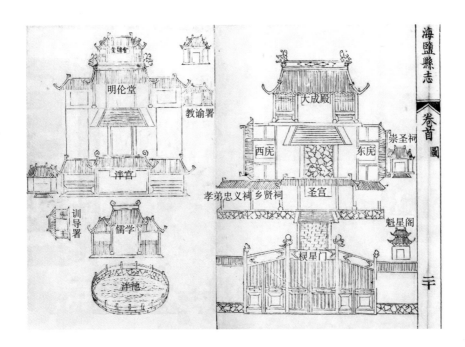

图3-31
海盐县儒学和圣宫
（清光绪《海盐县
志》）

书院建筑群的多功能综合性，以及为了满足不同功能形成的多种分区。

（1）讲学区

讲学是书院的主要功能之一，根据活动内容和目的的不同可分成三种：一是主要针对书院内部弟子的，老师解答学生疑问，目的是由大师的弟子进行本道统学术思想的传播；二是针对当地民众的讲会文会活动，目的是教化民俗，一般由当地著名的贤士、名宦主讲；三是著名学者、大师讲学，目的是传播大师的学术思想。讲学区是书院讲学和进行日常活动的主要场所。一般位于进入书院正门后中轴线的中央位置，是书院可识别性较强的公共区域，亦是书院建筑群的核心，其他如藏书区、祭祀区、斋舍区和园林区都围绕讲学区展开布置。讲学区一般以讲堂为中心形成庭院，中轴对称，左右配以廊庑或者厢房，如徽州紫阳书院"中为堂，前为两庑，重门后为学舍"[1]，杭州敷文书院"中为讲堂，颜曰正谊。……后为山长之居，斋房四所"[2]。讲学区主体建筑讲堂前多设有外廊，目的是与外部庭院环境相接，形成内外空间的过渡（图3-32、图3-33）。讲堂这种扩大空间的方式是为了满足书院开放式的教育理念，特别是在书院有讲会活动时，不限制听众的身份和地位，任何

① 徽州府志. 卷7. 清道光七年刊本。
② 杭州府志. 卷16. 民国十一年刊本。

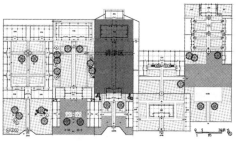

图3-32
白鹿洞书院讲堂
"明伦堂"（作者自
摄）

图3-33
渌江书院讲堂
（作者自摄）

阶层的人都能参加，这种情况下人数众多，对于空间的需要量较大，这就要求书院讲学空间的开敞性和有一定的面积容量，如乾道三年（1167年）岳麓书院著名的"朱张会讲"，可谓盛况空前、听众甚多，曾达到"一时舆马之众，饮池水立涸"的局面；明代书院讲会活动更是频繁，主讲座席，其他学者环列以听，有时可达数百上千人。讲学区庭院空间开阔，讲堂前多对称栽植植物，形成庄严肃静的气氛，如鹅湖书院讲堂两侧以廊庑夹紧，讲堂前庭院对称栽植，从而突出讲堂在庭院的中心和尊贵位置，桑泉书院"甬道左右杂植花木，升街为讲堂五楹"[1]；讲学区庭院景观以近观为主，一些讲堂前配置小型水景，以达到活跃气氛的作用，如札溪书院"方且考卜奇胜，肇造书宇，讲堂其中，匾以'达善'，前有涌泉，疏池洗砚"[2]。

（2）藏书区

从名称上看，《说文》中解释"书，著也。著于竹帛谓之书"；《周

①（清）王先第. 桑泉书院碑记. 临晋县志. 乾隆三十八年刊本。
②（宋）程琰. 札溪书院记. 洛水集. 卷7。

礼·地官》将"礼、乐、射、御、书、数"作为古代教育的六艺;《玉篇》中解释"院,周垣也",从名称上可将书院看作是源于由矮墙围合起来的藏书之所,与中国古代重视图书收藏、整理、编修的文化传统密切相关。从功能上看,藏书功能是书院功能中出现最早的一种,也是最重要的一种;藏书功能是聚徒讲学、学术研究等其他功能的基础,也是衡量书院规模大小的标准。书院藏书源于古代私家藏书的传统。

春秋战国时期纸张还没有出现,是以简策和缣帛为主要形式书籍的黄金时代。由于这一时期还不存在书籍印刷和买卖,私家治学和私家藏书发挥了最大的互动性,私家教学的发展产生了对教材的大量需求,从而导致诸子著书立说,用自己的著作教育学生,大量著作的涌现又促进了私家藏书的发展。春秋战国时期出现的最早关于私家藏书的记载是"孔子西藏书于周室,子路谋曰:由闻周之征藏史有老聃者,免而归居,夫子欲藏书,则试往因焉"[1],孔子晚年专门从事古代文献的整理和传播工作,私人藏书已经初具规模,主要以六艺为主,包括《诗》、《书》、《礼》、《乐》、《易》、《春秋》,既是当时孔门私学的教材,也为后世书院教育所利用,贯穿封建社会教育始终。这时期私家

藏书的地点不固定,环境简陋,以车、箧为主要载体,没有藏书楼建筑,在诸子周游列国、宣扬政治主张的同时,书籍也随之流动,如藏书三车的墨子(公元前476~前390年)就有"载书游学"、"负书而行"的记载。自东汉蔡伦改进造纸术后,提升了纸张的质量,轻便廉价,易于制书。东晋末年,政府下令,以黄纸代简,废除简牍,帛简时代结束。伴随着纸张的普及,出现了众多的私人藏书家,并且万卷藏书家频频出现。《蜀中广记》载"三国时期蜀汉学者、官员谯周(201~270年),……创建果山书院。后郡人边速达,以秘书监致仕归隐于此,藏书四千二百七十一册。三国时蜀汉及西晋时著名史学家陈寿(233~297年),……也曾经隐居于此,有万卷楼在山之麓"。

随着社会文化的发展,尤其是文化向民间普及,社会上读书人的数量激增,纸抄本书籍已经不能满足社会发展的需要,人们对于书籍的渴求催生了印刷术的快速发展,唐代雕版印刷发明,使书籍有了更快速的生产办法,加之唐代经济发达、商业繁荣,私家藏书呈现繁荣局面。山林贫寒士子的草庐亦有藏书的记载,并且除了山林藏书的个体行为外,还出现了父子、三代、四代,甚至五世、六世的藏书世家,如李承休、李秘、李

---

① (宋)李昉,李穆,徐铉. 太平御览. 卷618. 清钦定四库全书. 子部. 类书类。

繁为祖孙三代藏书。李秘（811～855年），山东刺史，曾被贬为知县，为唐朝著名的藏书家，由于其藏书数量为唐之冠，并且保存精美，获得了"邺侯插架"的称号。李秘藏书是受其父亲李承休的影响，传其父亲羡慕前朝藏书之雅事，偶遇秘籍，或抄或购，必欲得之，渐成多书之家。李秘除了继承父亲藏书之外，还修建专门贮书的建筑，王应麟《困学记》载"（李秘）构筑书楼，积至三万余卷"，说明这一时期不但藏书数量巨大，而且开始修筑藏书建筑"藏书楼"。在李秘去世之后，其子李繁继承了父亲的全部藏书，并有所发展。李繁为了纪念其父亲，在其隐居处修建了南岳书院，《湖广通志》载"南岳书院在衡山县西，唐肃宗时，李秘退隐衡山，诏赐道士服，为治室庐于艳霞峰侧，名曰端居室，多藏书。故韩愈诗云：邺侯家多书，架插三万轴，自宋元来掌教，有官育土有田"。五代时期虽是中国历史上动荡的年代，但是由于雕版印书术的发展，便捷了书籍的流通，书籍数量增多，所以私家藏书较之前代，并未停滞不前。藏书楼建筑在这一时期继续发展，一些藏书丰富之所遂发展成为书院，随着北宋书院制度的形成，藏书功能也在书院中固定下来，成为书院的重要功能之一。

藏书区是书院内书卷气最浓之地，一般位于书院的后部，独立成区。作为书院中主要用于学子读书治学、修养心性和重要的藏书、修书之地，对环境的要求非常高，与讲学和祭祀空间相比，书院的藏书空间相对独立封闭，环境幽静典雅，可以用隐、藏、幽概括。朱熹曾用"深源定自闭中得"来描述读书学习环境的封闭属性，乾隆皇帝用"抑斋"命名自己的书斋（图3-34），"抑"指日日谦谨，言何克制，才能善施天下，本身就体现了一种克制自身、潜心修学的哲学思想，乾隆《抑斋记》曰"颜书室曰抑斋，与重华宫西厢同。（清高宗）即位后，凡园亭行馆有静憩观书者，皆以抑斋为额。只有抑然志，庶几乎残公"，可见，乾隆辟抑斋为书屋，以示为君谨慎之道。从"抑斋"小院的比例尺度来看，更是小巧精致，与周围空间形成鲜明对比。藏书区周边环境设计精致优美，常配以亭廊、假山、水池，这种建筑周边小环境的人工修饰创造了舒适宜人的阅读空间，为书院园林精华之一（图3-35）。

书院藏书区主体建筑为藏书楼，由于楼阁体形高大，所以一般位于中轴线的最末端，但是由于不同书院具体情况的不同，藏书楼的位置也不是固定不变的，依据书院祭祀和教学功能的伯仲关系，藏书楼在中轴线上的位置会发生变化。略如，书院以聚徒讲学功能为主，祭祀功能为辅，藏书楼就紧贴讲堂之后建设，用于祭祀的祠堂建筑位于藏书楼的后面，这时书院藏书楼一层平面一般采用通道式布

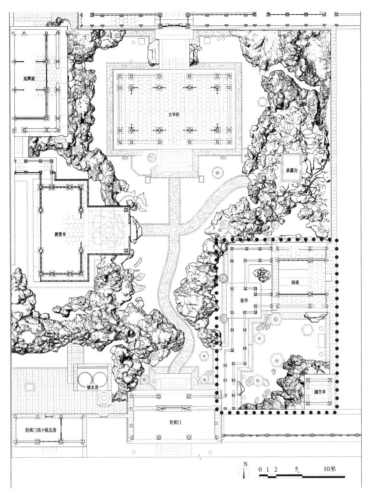

图3-34
乾隆花园一进院落
和抑斋平面图（清
华同衡提供）

图3-35
明代天一阁藏书楼
（清乾隆《鄞县志》）

局，前后空间相通、相互渗透，藏书楼的纪念感较弱。相反，书院若以祭祀为主要功能，那么，祠堂就会位于中轴线的最前端，后面依次为讲堂和藏书楼，更类似于佛寺的布局模式，这种位于书院中轴线末端压轴的藏书楼一层平面多采用厅堂式布局，竖向上较其他建筑高，建筑体量较大，屋顶规格采用较高的重檐歇山形，建筑的纪念性较强。也有藏书楼位于讲堂前面的情况，如白鹿洞书院御书楼就位于讲堂前面，从御书楼命名可见，藏书楼供奉有御赐之物，这样也就不难理解藏书楼位于书院中轴线最前端的含义了，这时藏书楼藏书、读书的功能已经弱化，取而代之的是对封建礼制的崇敬和标榜（**图3-36**）。

明正德年间，书院由于和王阳明、湛若水的学说结合而再次鼎盛，开启了中国历史上自南宋后又一个书院与学术互为表里、一体发展的时代。王、湛都是陆九渊心学的继承者，陆九渊著名的论断就是"心即是理，宇宙便是吾心，吾心便是宇宙"，

心学相对漠视读书，重悟性、重轻谈、轻读书、轻积累，王阳明心学反对朱熹读书穷理的教学方法，力图将学生从死书堆里面解脱出来，亦重清谈、内心感悟，轻读书，以"讲"为主要的方式，到清代甚至发展到倦读书、只求顿悟的极端"狂禅"，明代心学的极盛局面使得明代书院藏书、读书功能减弱，相应地，藏书空间地位下降，讲学空间为了满足大规模讲会的需要而不断扩大，这使得供士子藏修的藏书空间较之前有被压缩甚至取消的倾向。自宋以来，确立的讲学、祭祀和藏书三大空间制度自此在明代书院内部悄然发生了变化，明代书院教育以会讲为特点，讲学和祭祀空间在某种程度上挤压着书院的藏书空间，书院藏书楼建设不普遍。

（3）祭祀区

《礼记·文王世子》曰"凡始立学者，必设奠于先圣先师"；朱熹曰"惟国家稽古命祀，而祀先圣先师于学宫，盖将以明夫道之有统，使天下之学者皆知有所向往而及之，非徒修

图3-36
藏书楼布局示意

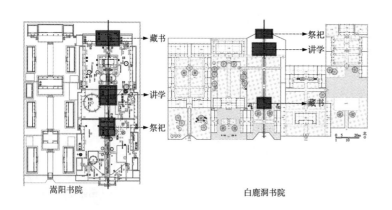

嵩阳书院　　　　　白鹿洞书院

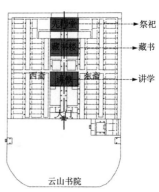

云山书院

其墙屋、设其貌像、盛其器服升降俯仰之容以为观美而已也"①，再次证明中国古代书院是庙和学的结合体，由于儒家礼制文化的影响和书院德育教育的目标，所以，树立先贤榜样、标明道统，并且激励生徒见贤思齐的祭祀活动就成为书院的一项重要组成部分。祭祀空间是书院教育目标在建筑上的重要反映，是书院内重要的精神空间，一般位于书院中心或是后进的位置。依据祭祀人物身份地位的不同一般可以分成祭祀孔子、儒学先贤、为书院作出特殊贡献的乡贤官宦三个等级，有些书院专门设立文庙和专祠进行祭祀（**图3-37**、**图3-38**），有些书院祭祀采取兼具的形式，即书院的讲堂或者藏书楼兼具祭祀功能。随着书院和理学结合得越来越紧密，到了封建社会后期，书院从某种程度上成为理学标榜和宣扬学统的旗帜，这使得祭祀空间在书院内显得更加重要。

第一，最高级别的祭祀对象是孔子，规模较大的书院一般会单独设立独立的庭院进行祭祀。代表文庙重要精神空间的主体建筑是大成殿，位于文庙庭院中轴线的中心位置，内设孔子塑像，建筑体量较大，一般三开间或五开间的形式，采用规格较高的重檐歇山屋顶。书院本身规模大小并不影响大成殿建筑的规制，规制高低主要取决于书院建设者对于祭祀者的重视程度。到明清时期，中国的封建君主专制发展到顶点，为了加强对人民思想的控制，尊孔发展到无以复加的程度，尤其是清代光绪时期，下令将孔庙的门坊亭阁改为黄色琉璃瓦顶，自此，文庙在色彩上采用等级较高的红、黄颜色，与书院其他建筑色彩形成鲜明对比。文庙中轴线两侧多用常绿植物规则排列，气氛庄严、肃穆、严谨，具有强烈的纪念性景观特征。

第二，祭祀对儒学理论发展作出

图3-37
岳麓书院专祠（作者自摄）

---

① （宋）朱熹. 晦庵集. 卷80. 清钦定四库全书. 集部. 别集类。

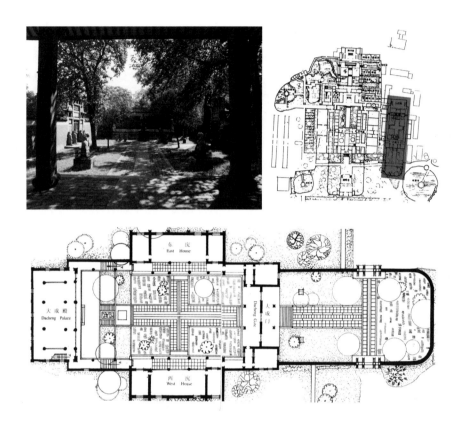

图3-38
岳麓书院文庙（作者自摄）

重要贡献者，体现儒家人伦精神和品质的古代名士，如苏东坡、诸葛亮、陶渊明等，对书院建设作出重大贡献的乡贤官宦、山长主讲等，并为他们设立专祠。祭祀儒学大师的专祠又按照师承关系排列，如从师承关系上看周敦颐是二程的老师，二程又是朱熹的师祖，所以，朱熹虽然是理学集大成者，但是从道统师承看，祭祀周敦颐的专祠更为尊贵，所以，在位置的摆放选择上，从"左尊右卑"的礼制关系看，东西向以"东"为尊，所以祭祀周子的濂溪祠在左、祭祀二程的四箴亭在右；又从南北向关系看以"北"为尊，所以祭祀朱熹的崇道祠

和祭祀书院功臣的六君子祠位于濂溪祠和四箴亭的下方，而以崇道祠居左为尊（图3-39）。专祠建筑规格亦要求较高、构造精美，但是与祭祀孔子的文庙不同之处在于建筑室内不设置塑像，一般以祭祀牌位和画像为主；专祠建筑的空间一般自成体系、较为封闭，庭院尺度较小、环境幽静，并不像宗祠庙宇那样具有强烈的神秘气氛，而是以文化纪念气息为主导。

第三，书院发展到后期祭祀对象体系庞大繁杂，随着科举和官学的不断影响和同化，祭祀主持文运功名的道教之神文昌帝君和主宰文化的道教之神魁星爷的风水建筑在书院中悄然兴起，两者都是中国古代民俗系统中主宰文章兴衰、掌握科举文试的神灵，祭祀魁星和文昌帝君常常与书院的藏书楼结合，或者单独修建专门祭祀的楼阁，对于方位选址有特殊的要求，成为书院建筑群中特殊的文化景观建筑。无独有偶，有些书院祭祀造字师祖仓颉和沮诵，如广东崧台书院建有苍沮殿，贵州龙岗书院建仓吉宫，江苏常昭游文书院的仓圣祠；更有甚者，少数书院还祭祀山神、土地、菩萨、关圣帝（关羽）、老君李耳、三清神等。书院祭祀对象的变化反映着书院精神从崇尚道德人格的高尚情操向注重得失成败的功利主义的转变，成为所在地文风的物质见证，但已非书院本色。

（4）斋舍区

明代计成在《园冶·书房基》中写道"书房之基，立于园林者，无拘内外，择偏僻处，随便通园，令游人莫知有此。内构斋、馆、房、室，借外景，自然优雅，深得山林之趣。如另筑，先相基形：方、圆、长、扁、广、阔、曲、狭，势如前厅堂基余半间，自然深奥。或楼或屋，或廊或榭，按基形式，临机应变而立"[①]。书院以居学为重，书院中都建有供老师和学生住宿的斋舍，斋舍区主要分成两类，一类是书院管理者山长、掌教居住

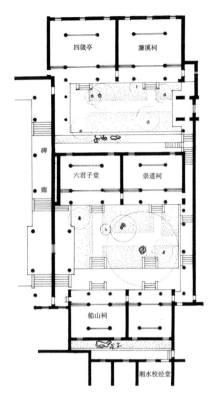

图3-39
岳麓书院祭祀区
（《岳麓书院建筑与文化》）

的斋舍，书院山长的斋舍建筑一般采用"轩"和"楼"的建筑形式，主要用于山长日常居住和接待客人，一般自成院落，位于书院的后部较安静处，并且都临近书院园林区，景色优美，空间也相对比较宽敞明朗，如岳麓书院山长斋舍百泉轩位于清风峡谷口溪泉荟萃处，前临水池，池上架以小桥，环池垒以石岸，并栽植各种景观植物，为书院风景绝佳之地；白鹿洞书院洞主居住在书院后面东侧的春风楼，前面是宽敞的庭院，楼东侧有逸园，楼西侧有状元泉（图3-40）；

---

① （明）计成著. 陈植注释. 园冶. 北京：中国建筑工业出版社. 1981：75。

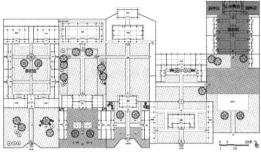

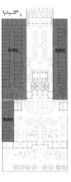

再如福州鳌峰书院掌教斋舍庭院内种植荔枝树，并且临近书院园林的大方池，池中种植荷花，掌教斋舍"荔竹轩"的命名也非常具有园林的韵味。

另一类是书院教职工和学子读书精修与居住的号舍，又称作斋舍，一般作为书院的书房，位于中轴线两侧偏僻的位置，成行排列形成内向的小天井，空间比较幽静封闭，便于士子读书自修，有些书院为了表示读书环境的幽静亦用"山房"命名，斋舍旁边还包括一些后勤供应和仓储用房。如鹅湖书院御书楼两侧各安排有东西两列号舍，其中东侧有号舍28间，西侧有号舍13间，分别呈坐东朝西和坐西朝东两组，对称布置在中轴线两翼（图3-41）。

（5）园林区

书院的园林区表面上看是供师生学习之余休闲游息、怡情养性的场所，但实际上是书院进行德育和美育的第二课堂。《云山书院仰极台记》曰"天下郡县书院，堂庑斋舍之外，必有池亭苑囿，以为登眺游息之所。……而山川之佳胜，贤达之风流，每足以兴起感发其志，其为有益于人也"。书院园林建设的目的不是为了娱耳目、快心意，而是寄托了士子的理想，是理学家追求的乐处，通过愉悦的园林审美，从而体会出曾点之乐、孔颜之志，从而参悟宇宙的无穷境界，完成士子人格的完善，获得心理上的平衡和满足。书院园林在建筑、景物的题额、植物的运用上侧重于以理学教义为审美主旨，如岳麓书院的拟兰亭、自卑亭、风雩亭，白鹭洲书院的浴沂亭和悦性斋等，园林建筑以亭和碑廊的形式居多。

书院的园林区可以分成三种类型。①第一种是书院周边通过融景、借景、点景的方式纳入大书院体系的广大园林化的自然区。这种园林环境较开放，周边景点呈散点布置，重要景点与书院保持视觉上的因借关系，景物朴素自然，如福建武夷山的武夷精舍和庐山的白鹿洞书院，处于武夷山和庐山天然的大园林中，园林营建的主要工作是围绕独具特色的自然景物进行人工点染和修饰。②第二种是书院单独设置的园林，这种书院一般位于城郊或乡村，周边不受城镇用地和自然地形的限制，在与书院建筑群毗邻处单独设置园林，这种独立园林的好处一方面在于用地不受限制，更重要的是园林和书院各自独立、互不干扰，对于书院教学和士子读书不会产生影响。如虞山书院园林位于书院建筑群的西侧，并且与周边虞山上的人文胜迹联系在一起，形成范围广大的园林环境体系；四川绵竹晋熙书院园林建在书院建筑群的左侧；江苏常昭的游文书院和浙江温州的中山书院园林都设置在书院建筑群的后部；再如"桐乡书院后堂前，除隙地为园，杂列木石花草，坐后堂赏玩之，甚可乐也。诸子属余纂额于后堂楣扆之间，因题曰旷怀以名园，且以寓学者以高大其心志也"①。③第三种指的是书院内部集中营造的园林，这种书院多位于城镇内部，周边用地受到限制，书院园林区集中在书院内部的一处，一般多与书院山长住所临近，如杭州敷文书院、湖南岳麓书院（图3-42、图3-43）。园林不但承担书院生徒日常游息的活动，而且是书院重要的宴集接待区，信江书院中部的园林区，以亦乐堂和一杯亭为中心，不但是书院师生游憩的活动区，还是书院举行宴集活动的重要场所。

3.2.2　院落空间

3.2.2.1　院落模式

（1）合院式

老子在《道德经》中曰"凿户牖以为室，当其无，有室之用"②。合院式建筑是中国古代建筑群的基本格局，建筑群多采用中轴对称的格局，中轴上布置较重要的建筑如厅堂，轴线两侧布置卧室或是杂用等次要和辅助建筑。建筑群内至少有一座院落，规模大的有两座、三座或者更多的院落，以一座院落为主院，其他几座院落或是通过在纵向上串联形成多进的纵深空间，纵向上有几座院落即称为几进，或是通过在横向上并联形成众

---

① 清. 桐乡书院志. 卷6。
② 老子. 道德经·无用第十一. 卷上. 清钦定四库全书. 子部. 道家类。

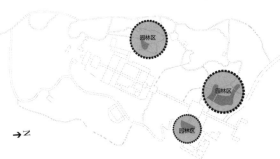

图3-42
敷文书院园林区
（作者自摄）

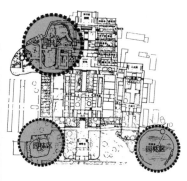

图3-43
岳麓书院园林区
（作者自摄）

多跨院，通过这种前后串联、左右并联的方式组成大片建筑群，形成规整对称、主次分明的布局（**图3-44**）。建筑群四周围以封闭院墙，院外除宅门外，很少或者完全不开洞，各房屋都朝向院落开门窗，内部形成以院落为中心的开敞空间，院落还在功能上起到采光和通风的作用，这种对外封闭、对内开敞的布局模式建立起以家族为单元的邻里单元和领域感，形成中轴对称向心的凝聚格局，符合中国人内敛的性格特征和中国古代源于农耕文化的亲近自然的文化传统。

书院教学重视的是整体的潜移默化和精神相感，而不单单是知识的传授，所以，书院采取的是"居学"的传统，老师和学生都共同居住生活在书院中，通过老师的言传身教感染学生，避免言教的轻浮，强调身教重于言教。从这种意义上说，书院建筑群是古代知识分子群居的一种人居环境，所以它的布局也受民居住宅的影响，采用合院式的形式，围合的方式主要通过墙、廊和屋三种方式，其中以墙围合的方式最弱，以廊和屋围合的方式较明显。北方书院建筑群多采用四合院或三合院的布局形式，南方书院建筑群多采用庭院空间较狭小的天井式四合院或三合院的形式，布局上与北方合院类似，所不同之处是建

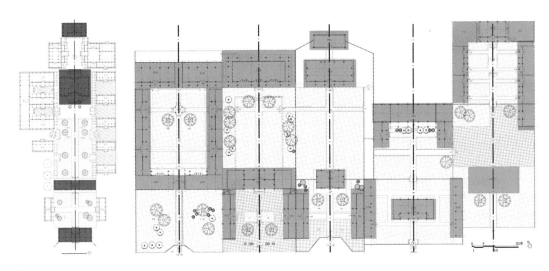

图3-44
多进和多跨院书院之合院式布局

筑山墙采用具有防火性质、高出屋面的马头墙形式，如湖南醴陵的渌江书院考棚采用金字形封火外墙的基本形制（**图3-45**）。合院式的书院布局空间规整对称，主从尊卑关系分明，位于书院中轴线上的建筑一进尊于一进，即越往后越尊贵，轴线之外的建筑越远地位越低。

（2）曲尺式

由于书院选址周边自然环境和人文环境的影响，或是复杂多变的地形，或是城邑内宅基性质的复杂，书院建筑为了力求与周边环境融为一体，所以，建筑群常常采用因地制宜的方式，随基址构筑建筑群的方法。在自然条件所限的情况下，建筑采取随圆即圆、随方即方的灵活方式，以周边自然环境破坏最小为原则，充分利用周边环境特色，达到与自然环境情景交融的境界。如江苏常熟城内虞

山上的游文书院（又名虞山书院）依山而建，入口在东侧的文学里官街，讲堂坐北朝南，东入口并不与讲堂正对，而是从入口进入后需向西前行一段后右转两次才能进入书院讲堂，讲堂、藏书楼、斋舍形成串联的建筑，与正厅、至山堂形成的一组建筑和入口空间形成曲折排列，完全打破书院建筑中轴对称的严谨格局，建筑与园林融为一体（**图3-46**）。

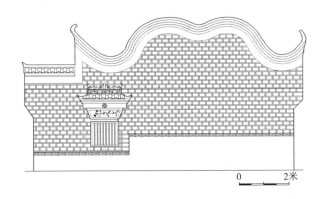

图3-45
渌江书院金字形封火山墙（《渌江书院文物保护规划》）

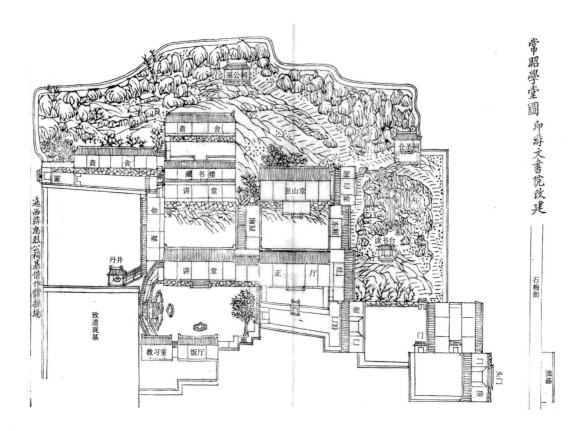

图3-46
游文书院图（清光绪江苏《常昭合志稿》）

（3）散点式

在一些山地书院中，由于地形复杂，书院建筑群不能保持严整规则的合院形式，采取局部轴线或者无明显轴线的灵活多变的布局模式，这种书院打破规则的形式，将建筑分散置于地形上，形成不对称的散点式灵活布局。如重庆江津的聚奎书院建在黑石山上最大的一块黑石上，为了减少对自然山石的破坏，书院四合院、川主庙、石柱楼、鹤年堂和图书馆，几座不同年代的建筑分散布置在自然山石

间，形成三条不同方向的建筑轴线，建筑群构成如中国古代"秤"的整体不对称均衡的布局。钩深书院在涪陵州大江北岸的北岩下，周围被长江包围，与涪陵城隔江相望，环境非常优美。"钩深"语出《易·系辞上》"探赜索隐，钩深致远"[1]，"钩深"即为探索幽隐、求取深意，探索精微的道理和深奥学问的意思。书院基址在北岩山南麓狭长的峭壁处，用地狭长，书院建筑群充分适应地形，打破合院布局形式，将建筑灵活分散安排在长

---

[1] （魏）王弼，（晋）韩康伯注，（唐）陆德明，孙颖达疏. 周易注疏. 卷11. 清钦定四库全书. 经部. 易类。

约300米的陡峭悬崖的狭长地带，书院主体建筑"钩深堂在北岩，宋程伊川谪涪，即旧普净院辟堂，黄山谷为题'钩深堂'。注（点）易洞在钩深堂西，宋程伊川谪涪时注《易》于此，背岩面江，景极幽邃，宋以来名人留题甚多。致远亭北崖东，宋嘉定间州守范仲武建。碧云亭，亭在州对江北岸上，每逢人日，太守率郡僚游宴于上。三畏斋北岩侧，洗墨池北岩致远亭右，有溪积水若池，宋黄山谷涤砚于此故名"[①]（**图3-47**）。

3.2.2.2　空间理法

（1）曲径通幽

为了避乱净心，追求幽静的读书环境，古代书院往往藏于山林之中，入山进院前往往有较长的一段距离，所以在空间处理上书院建造者别具匠心，常常利用曲径通幽的方法将院址大门和主要道路之间的距离，采用景观建筑或者景观小品进行选择性的点缀和裁剪，组织自然景物和周边环境空间，密植常绿植物，从而营造前导景观序列，形成深邃的甬道空间，使得坊门、小亭隐现于丛翠曲径之中。如铅山的鹅湖书院，与西侧主要道路之间形成了3公里长的景观线，形成进入书院前的景观和叙事线；这种类似于古代朝圣香道的书院前导甬道空间，形成独具特色的线性园林空间，一方面可以营造烘托书院圣域的悠久和深奥的环境气氛，另一方面亦起到

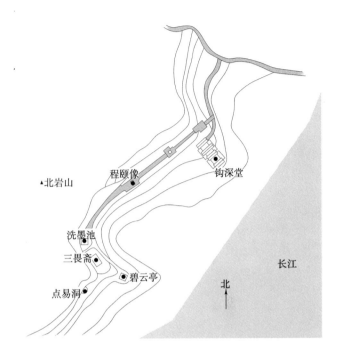

图3-47
钩深书院平面布局示意（作者自绘）

营造读书氛围、净化心灵，培养进谒者肃穆崇敬心情的作用，寓意在访贤求学之前必经历过一番曲径通幽的心理探索。

长沙岳麓书院位于长沙城西侧的岳麓山上，与人口密集的城镇之间有湘江相隔，古时人们从府城到书院要横渡湘江，这就形成了湘江西岸渡口到书院大门长达1公里的引导空间。景观序幕的起点是书院牌坊，之后经过梅堤、咏归桥、天马山、凤凰山、自卑亭、桃李坪、吹香亭、风雩亭、前门、赫曦台到达书院内部，形成"一坊、一桥、二山、三亭、一台"的前导景观序幕，将书院前呈原始无序状态的自然景物组织进书院的景观序列中，并赋予

---

① 王鉴清. 民国十七年. 涪陵县续修涪州志. 卷3. 疆域志三. 古迹. 铅印本。

了人文意蕴，达到了书院前环境园林化的目的；值得注意的是，这条景观线并没有在书院前戛然而止，而是穿过书院内部的讲堂和御书楼一直延伸到书院外部的广大园林中，并且与书院之后园林中的道中庸亭、极高明亭、禹碑亭形成通向广大自然的延续轴线，从而又扩大了书院周边自然环境园林化的范围，使整个书院处于园林环境的包围之中（**图3-48**）。

白鹿洞书院位于庐山南麓的山间盆

地中，与东侧主要道路之间存在约1.5公里的崎岖山路，从大路进入书院只能依靠步行。这条曲折的入院前导空间起点是白鹿洞书院牌坊，过牌坊不远就是五老峰，随后便进入两山夹一路的幽闭狭窄的空间，游览者无法看见远处的空间，视线被限制在眼前的范围内，随着不断地往山里走，游览者的视线不断地跟随山路转折变换，山路的标高不断降低，山路一侧的小溪若隐若现，经过距离较长的一段曲折下坡山路后，到达

图3-48
岳麓书院前导景观序幕（作者自绘）

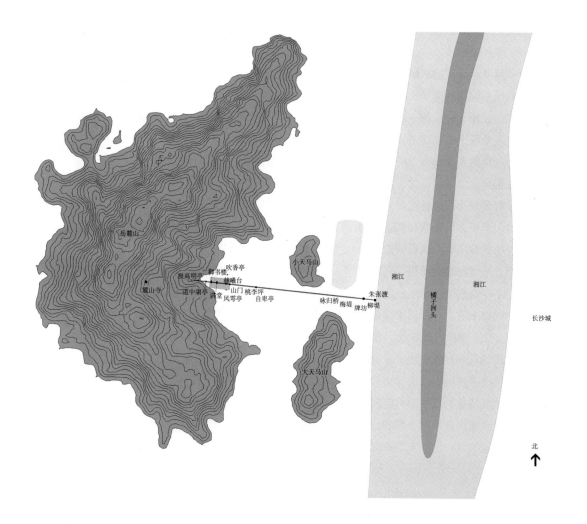

书院前的棂星门，泮池和泮桥首先映入眼帘，景观豁然开朗，最终进入书院。白鹿洞书院前1.5公里的狭长空间具有很强的引导性，关键部位具有暗示性的自然和人工景物构成了景观序列，即牌坊、自然山体、溪流、棂星门、泮池和泮桥，使人在期待和惊喜中经历了"明–暗–明"的视觉变换、"开朗–闭锁–开朗"的风景变换和不断变化的丰富高差体验，起到了良好的烘托氛围、引人入胜、增加景深和层次的作用（**图3-49**）。

（2）允执厥中

书院建筑群是体现儒家"礼"文化的典型代表。建筑群采用中轴对称的方式，主要建筑位于中轴上，重要建筑位于中轴线的末端，次要和辅助建筑分列中轴线的两侧。具体而论，一般讲堂位于中轴的中间核心位置，号舍分列轴线两侧，藏书楼位于书院轴线末端，并且随着轴线和层层院落的不断递进建筑等级不断升高，沿着中轴线院落有三进二院、四进三院、五进四院、六进五院多种形式，形成纵深多进的院落形式。规模大的书院还在左右横向上进行扩展，形成多跨院的结构，并由此产生若干条次轴线，形成双轴、三轴，甚至多轴并列布置的格局，形成几进几横的结构，从而形成轴线网络体系；一般处于进深方向轴线上的建筑为书院主要的功能性建筑，与纵轴垂直方向的

图3-49
白鹿洞书院前导景观序幕（作者自绘）

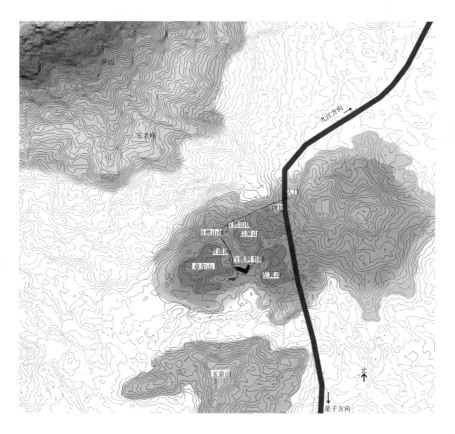

横向轴线上是次要建筑或是景观建筑构成。为了增加书院空间层次，有时还利用轴线的局部转折增加书院建筑群体的错落变化。

（3）旷奥兼用

"旷"和"奥"分别代表了"开阔"和"幽深"两种不同的空间品质，并且与儒家"仁"与"智"的文化寓意相联系。书院园林在空间处理上常采用"先旷后奥"的手法，即书院主体周边的环境开发广阔开敞，建筑自由穿插点缀于自然山水之中，而被包围在开阔环境中的主体建筑群整体上较严谨封闭，体现着欲暗先明、欲小先大、欲扬先抑的对比，空间由"旷"到"奥"的过程，正是历练清净无碍的内心，抑欲专学的象征。并且书院内部根据建筑不同功能的作用，处理手法灵活多变，空间类型丰富，略如书院讲堂，由于是举行公共活动的场所，所以空间开朗明亮，建筑与庭院之间界限不明确，甚至为了增加空间的宽敞感，讲堂更像是通道，建筑采取完全敞开的堂屋的形式；与讲堂形成鲜明对比的是斋舍，为了营造潜心读书的环境，斋舍和前面的庭院空间闭锁封闭，形成小天井的形式；与书

院建筑群相比，书院园林空间以灵活开朗为特色，与书院建筑形成一动一静的对比。总之，书院建筑功能的不同决定了空间形制的风格各异，形成了开朗与闭锁、明与暗、虚与实、动与静不同空间特质的对比。开敞明亮的讲学空间、幽静阴暗的斋舍空间、闲适优美的园林空间、庄严肃穆的祭祀空间、清新雅致的藏修空间，这些空间共同反映着文人墨客独特的孤傲气质，形成书院内各自独立的小世界。

（4）含融互妙

书院园林景点之间往往相互渗透融合，彼此因借、相得益彰，形成含融互妙的关系。"互妙"一是指园林空间通过廊、漏窗、格栅、漏花墙、洞门等方式向书院空间的过渡（图3-50），二是指园林空间以若干独立的小空间方式插入书院空间中，在两者的博弈中书院空间处于主导地位，能保持自己独立的秩序和格局，园林空间则采取见缝插针的方式，以庭院绿化的形式丰富和点缀着书院空间，每进庭院和天井中通过穿插种植植物，构置山石花木小景，设置廊、坊、亭等分割和联系空间，形成一院一景的丰富形式。由此，人工气氛和

图3-50
白鹿洞书院漏窗、格栅和洞门（作者自摄）

自然气氛的相互补充和渗透，增添了书院内部的生活气氛，并能起到改善小气候的作用。另外，书院建筑前面一般都设有外廊，或是周围廊，外廊宽度一般在1.2米左右，一方面可以避雨遮阳，另一方面起到室内外空间过渡和连接串联左右空间的作用，将不同功能的小空间组合起来，而且，前廊完全开敞的空间与建筑木格栅半开敞的空间之间形成前后的关系，丰富了层次，增加了空间的景深。

"含融"指的是中国古代书院并不是单纯地指一座院落，而是由一座主体院落和周围若干单体建筑或小建筑群组合而成，这些小建筑分布在周围广阔的自然山水环境之中，起到点缀和统摄风景于书院的作用。此外，在周边环境尤其是地形环境复杂的情况下，书院建筑群无法保持轴线和秩序的组合方式，主体建筑院落完全依靠地形融合在自然环境中，自由散点布局的书院建筑此时成了大自然风景的点缀，建筑功能退居次位，成为大园林中的景观建筑。

3.2.3　建筑营构

3.2.3.1　门

书院中的门有黉门、礼门、仪门、山门等多种称谓。①黉门："黉"为古代学校的称谓，故书院之门以"黉"称之。②礼门：《孟子·万

章下》曰"夫义，路也；礼，门也。惟君子能由是路，出入是门也"[1]，由于来书院读书学习的人都是君子，所以书院大门又被称为"礼门"，书院内的路被称作"义路"，"礼门"和"义路"共同构成书院前的院落空间，象征入院求学的开始。③仪门：有些书院大门又称作"仪门"，取"有仪可象"之义。④山门："山门"是古代佛寺道观的大门，因为书院也多修建于山中，故有些书院大门沿用了佛寺道观大门的称呼，称之为"山门"。

门的位置在书院建筑中非常灵活，门的方向与书院建筑群的方向不一定一致，有些居中，有些位于书院的侧方位，有些与主要建筑在同一轴线上，有些则与主要轴线垂直，如河南花封书院大门方向就与主要建筑中轴线垂直。由于书院建筑群采用中轴对称的多进院落形制，书院除设置大门外，还相应地设置二门、三门等多重院门。书院院门形式多样，有采用墙门的形式（图3-51），亦多采用门屋或门楼的形式，小一些的书院门屋为一间，一般为三到五间（图3-52、图3-53）。书院门楼两翼常配以斜墙，俗称"八"字墙（图3-54、图3-55），这与前朝后寝结构的故宫在朝和寝空间转换处的乾清门采用"八"字门的形制类似，一方面起到

① （汉）赵岐注，（宋）孙奭疏. 孟子注疏. 卷10下. 清钦定四库全书. 经部. 四书类。

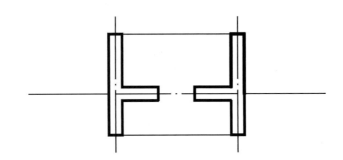

图3-51
门墙平面图（作者
自绘）

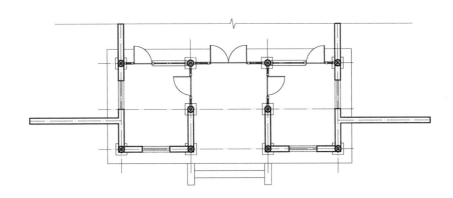

图3-52
三开间门屋平面图
（作者自绘）

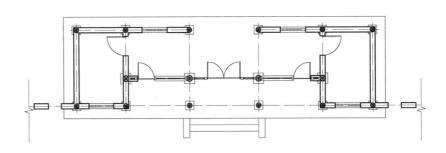

图3-53
五开间门屋平面图
（作者自绘）

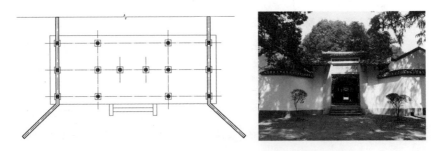

图3-54
八字门（左：作者
自绘；右：作者自
摄）

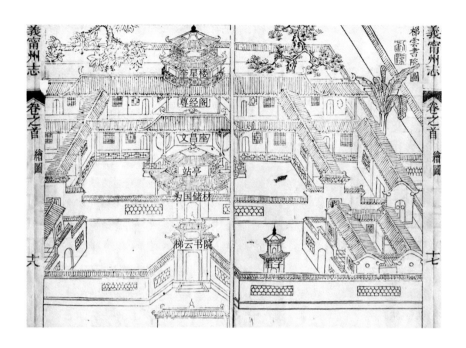

图3-55
梯云书院八字门
（清同治《义宁州志》）

影壁的作用，另一方面形成门前向内凹的宽阔空间，从景观效果上讲有迎人的作用。所不同的是，"八"字墙用在故宫朝寝空间转换处起到强调空间功能转换的作用，而用在书院门前意在向世人传达着书院作为精神圣地之内敛谦虚的态度和退一步天宽地阔的胸怀。到了封建社会后期，特别是明清两朝，书院大门的位置和朝向受风水思想的影响较严重。明代岳麓书院曾因为"风水背戾"的原因调整书院大门朝向，使得大门与二门之间偏斜了5°；清代石鼓书院为取旺财之意，曾将书院大门改向东南。

3.2.3.2　坊

在"万般皆下品，唯有读书高"的中国封建社会中，书院是人们心目中的高雅圣洁之地，为了营造读书之地的神圣感，书院往往在门前或者院内建起庄重高雅的牌坊和棂星门，以象征并表彰书院的功德、科第、忠孝、节义。由此，牌坊成为书院门前特有的一种门洞式建筑，是书院前导空间内重要的标志性建筑物。书院牌坊一般体型高大，采用二柱、四柱、六柱"一"字形。依据书院性质和规模的不同，有些书院拥有一座牌坊，有些书院拥有多座牌坊，如福建南溪书院门前沿河的东西两侧分别建有相对的"观书第坊"和"毓秀坊"，百泉书院门前立有相对的二坊为"百泉书院坊"和"继往圣开来学坊"，白鹿洞书院门前沿着贯道溪旁立有三座牌坊，分别是位于书院前的"山水辉先坊"、流芳桥西的"前修逸亦坊"、溪口桥北的"白鹿书院坊"。

图3-56
鹅湖书院牌坊（作者自摄）

图3-57
万松书院品字牌坊（作者自摄）

和"蝙蝠"造型，象征"福禄"的"葫芦"造型，还有"双鸟衔瑞草"吉祥图、"丹凤朝阳"吉祥图；象征科举文化寓意的，如寓意"鲤鱼跳龙门"的倒立状青石鲤鱼，寓意进士及第的"雁塔题名"图案，形容读书艰辛的"寒窗苦读"图案等（图3-56）。

鹅湖书院的牌坊，始建于明正德六年（1511年），位于头门以南正中央，纯青石构成，坊高7.49米，底座长6.4米、宽2.3米，是四柱三间五楼模式，四柱底座为三层长条青石组成，南北各以石鼓作为支撑，北额匾"斯文宗主"、南额匾"继往开来"。石柱左右不对称，寓意朱陆两家学问不同。石柱通身雕刻有吉祥寓意的图案，如寓意"福寿双全"的"寿"字

由于牌坊中空通透的特点，又能起到良好的沟通空间和贯穿视线的作用，多个牌坊之间常组合排列，形成书院前部重要的公共文化活动空间。如杭州万松书院前呈"品"字排列的三座石坊，限定了书院内泮池前的公共空间，同时又使两边空间通透、不相互阻隔。万松书院大门内三座石牌坊呈"品"字形排列，其中主石坊呈南北向，高约9.22米，面阔约8.2米，阳额"万松书院"，阴额"太和元气"；其余两坊呈东西向相对而立，高约7.8米，面阔7.3米，左石坊阳额"太和书院"，阴额"德牟天地"；右石坊阳额"敷文书院"，阴额"道冠古今"。三座石坊的阳额分别代表了万松书院的三个重要时期，即明代的万松书院、清代的太和书院和敷文书院，阴额多为对孔子学说和精神的赞美。三石坊皆为四柱三间，歇山顶，坊脊两端有鱼化龙装饰，柱子底部前后有抱鼓石支撑。三坊身雕塑有关于吉祥纹饰的，如"丹凤朝阳"、"二龙戏珠"、"福禄寿"等，有寓意科举及第的如"鲤鱼跳龙门"、"狮子滚绣球"等（图3-57）。

3.2.3.3 惜字炉

惜字炉是书院内一种特殊的建

筑，又名曰"惜字亭"、"化字塔"，是专门为文字而建的，它的基本功能是焚化字纸。其由来与传说中创造汉字的仓颉有关，许慎《说文解字》中曰其"初造书契"，《世本·作篇》记载"仓颉造字，天雨粟、鬼夜哭、龙潜藏"，故后人尊奉仓颉为文化之神。古代书院中读书人写错字的纸张是不能随便丢弃的，全部要放回惜字炉里面进行焚毁，体现了中国人对精神文化产品的敬重。古人惜字的风俗在宋代之前并不普及，是在明清时期才兴盛起来的，这与唐代开始的科举取士的政策有关，科举政策使得文字成了改变读书人命运的信物，文字得以被神化，为了表示对文字的尊敬，人们通过焚烧字纸的形式避免对文字的亵渎，达到过化存神的目的。《凤山县采访册》曾经记载凤仪书院处理焚化字纸的情景，"装送圣迹入海，是日众绅齐到，与祭者数百人，恭送出城，董事预备酒肴数十席以应客，计糜银一百二十元"。由此可见，惜字炉是书院内具有崇文敬字教化功能的重要精神空间。

惜字炉一般采用砖石结构，分上中下三层，上层有通风的孔道，中间有一个可送字纸的堂口，下层称为炉础，有用于出字纸灰的出口。惜字炉体量较小，更像是书院园林中的小品，常常位于书院讲堂前，成为庭院景观的点缀。在鹅湖书院义圃里面现

图3-58
鹅湖书院惜字炉
（作者自摄）

存一个明代正德六年（1511年）的惜字炉（图3-58），高达4米左右，青石雕刻，六柱五开半圆形，通体为暗红色，分上中下三层，顶层为石雕瓢檐葫芦顶，檐下横匾"敬惜字炉"为朱熹当年亲书，中间层是炉身，有堂口供投字纸，下层炉脚有出口，周边雕有吉祥花纹。清同治《信江书院记》载在信江书院讲堂前有一处惜字炉，清同治《栾城县志》载在龙岗书院内有惜字炉一处，另外，贵州黄平的龙渊书院（图3-59）、河北的广泽书院、陕西的玉山书院内也有惜字炉的记载。

3.2.3.4　厅堂

"古者之堂，自半已前，虚之为堂。堂者，当也。谓当正向阳之屋，以取堂堂高显之义"[①]。厅堂是书院中

---

① （明）计成著. 陈植注释. 园冶. 北京：中国建筑工业出版社. 1981: 83。

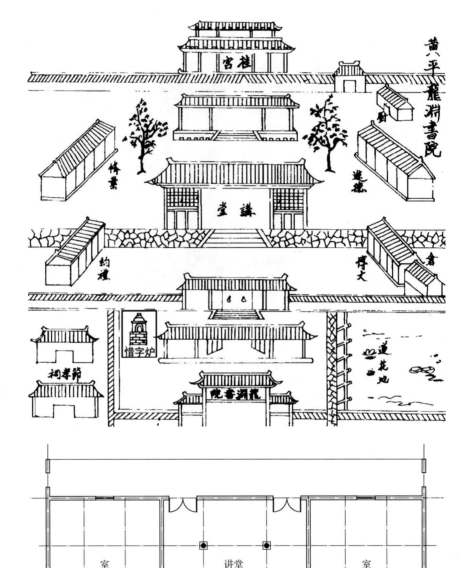

图3-59
龙渊书院惜字炉
(《中国书院词典》
304页)

图3-60
讲堂平面图(作者
自绘)

　　最常见的一种建筑类型,多位于比较重要的书院建筑的中轴线上,一般三到五开间,带前廊,屋架高举,空间开敞。书院中的讲堂一般采用厅堂的形式,为了以示讲堂地位的崇高,讲堂前常常悬挂皇帝御赐的匾额和楹联。小型书院讲堂面阔一般三开间,大一些的书院讲堂面阔三到五开间,多为一层砖木建筑，以硬山顶为主，个别采用歇山顶，有些书院讲堂周边设有附属用房，作为教师休息之所（图3-60）。书院讲学形式灵活，以老师主讲、学生提问为主，学生或坐或立，形式灵活自由；书院定期举行讲会活动，期间论辩激烈，并穿插茶点招待和诗歌诵读，气氛严肃又活泼自由。为了满足书院教学和讨论的这些特点，书院讲堂采取了多种扩展建筑空间的方法，在内部空间上多采用减柱造和移柱造的做法，又讲堂前采取一面完全敞开的堂屋的形式，即讲堂前后都不设格栅和墙体，讲堂的内部空间和外部庭院空间完全连成一体，自然延伸沟通，讲堂还兼具过道的作用，这也正是书院有教无类、摒弃门户之见、自由教学精神在建筑上的反映（图3-61）。

讲堂虽然是书院建筑群的中心，但是从建筑形制上看并不如寺庙、祠堂、宫殿建筑群主体建筑那样规格高、气势咄咄逼人，建筑追求朴素典雅之美，采用砖木结构，以单层硬山为主，屋顶以灰瓦为主，一般不架斗拱、不施彩绘；建筑色彩大多比较素雅，多以白墙黑柱为主，丝毫不与院内植物争色，简约而清新。屋宇和廊的柱子采用圆柱形式，南方书院相对于北方书院建筑的出檐较多，翼角起翘较大。讲堂建筑的造型变化丰富，多吸取当地民居的做法，采用当地材料，形成千姿百态的造型。

3.2.3.5　轩馆斋

"轩"在园林中是重要的点景建筑，空间高敞，多为三到五开间，在书院中一般作为山长的居所，位于后院侧房，僻静安静的院落，多为助胜

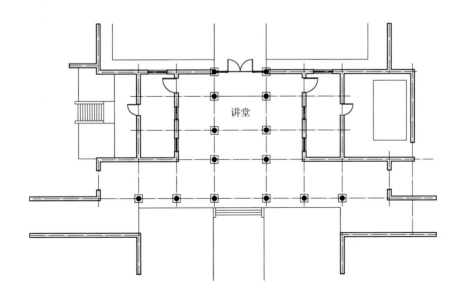

图3-61
岳麓书院讲堂平面图（作者自绘）

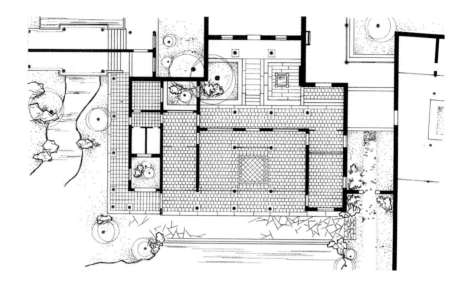

图3-62
岳麓书院百泉轩
(《岳麓书院建筑
与文化》)

而构。如鳌峰书院后院东侧的山长居室荔竹轩、龙岗书院的王守仁居室何陋轩等。轩多与书院园林相毗邻，面水的轩前面还筑有临水平台，充分体现了建筑的亲水性，如岳麓书院的百泉轩，成为书院中赏景的最佳建筑（图3-62）。"馆"即散寄之居，是书院中用于接待宾客住宿的园居建筑，体量比轩要大，并自成院落。如白鹿洞书院的延宾馆，用于接待从南康至书院的师生；武夷精舍的寒栖馆用于接待道流来访的宾客。

"斋较堂，惟气藏而致敛，有使人肃然斋敬之义。盖藏修密处之地，故式不宜敞显"[1]。"斋"在书院中用于学生居住和自学，称为"号舍"，具有书房的性质，一般位于中轴线两

侧长廊外，以厢房或者侧屋的方式相邻成列，构造简单。常见的是带回廊的号舍构成长条形的斋房，有一二列的，也有多至几列的，有单面外廊式和双面外廊式两种形式，并通过墙体划分成书院的别院。一般一院数斋，一斋数舍，号舍数量的多少由书院的规模决定，少则几间，多则上百间，一般1~2层，每间号舍尺度比较接近，面积不大，可居住1~2人（图3-63、图3-64）。有些书院若干斋舍中间会安插一间开间较大的房屋，用于较多学生聚集讨论，如鹅湖书院斋舍每间长度在5米左右，宽度在2.7米左右，在一列13幢斋舍的中间安排一间三开间约8.6米宽的斋舍，名曰"明辨堂"；与号舍类似的

---

① (明) 计成著. 陈植注释. 园冶. 北京: 中国建筑工业出版社. 1981: 83。

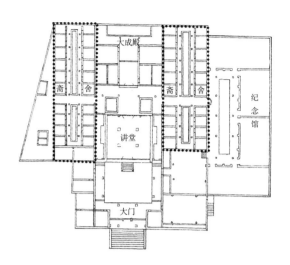

图3-63 涞泉书院斋舍平面图(《湖南文庙与书院》)

图3-64 天岳书院斋舍平面图(《湖南文庙与书院》)

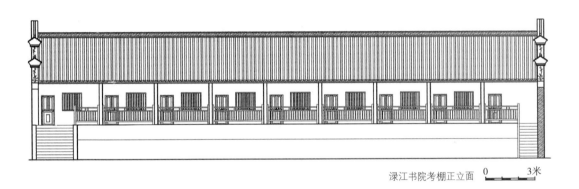

渌江书院考棚正立面　　0　　3米

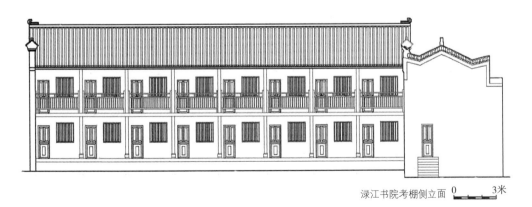

渌江书院考棚侧立面　　0　　3米

图3-65 清代渌江书院考棚立面示意(《渌江书院文物保护规划》)

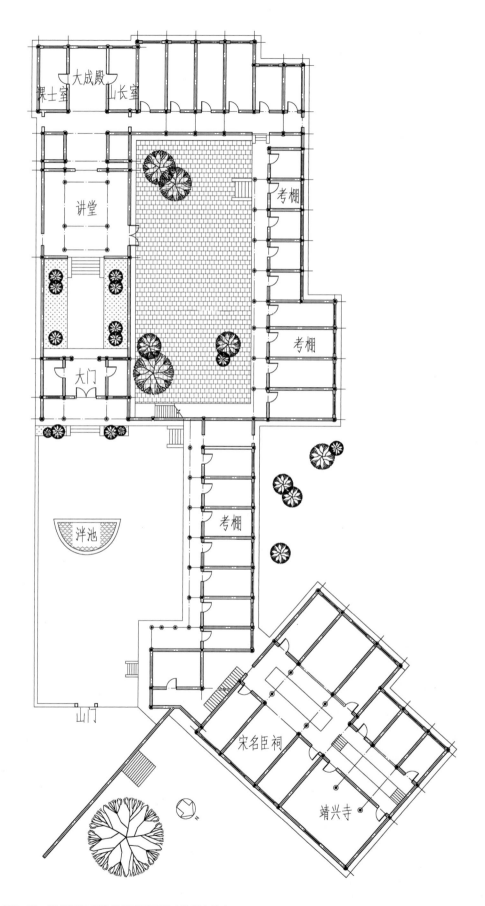

大成殿
课士室
山长室
讲堂
考棚
考棚
大门
考棚
泮池
山门
宋名臣祠
靖兴寺

N

图3-66 清代渌江书院考棚平面示意（作者自绘）

图3-67　岳麓书院御书楼（作者自摄）

图3-68　白鹿洞书院御书阁（作者自摄）

是清代书院增建的考棚类建筑，亦是长条形排列，空间狭小，如渌江书院清代考棚分成若干小间相邻布置，每间考棚有一门一窗，面积约14平方米（图3-65、图3-66）。空间一般较内向、幽静，利于学生静心读书、修身反省。两列斋舍相对排列，中间常常形成小天井，号舍均向内侧的天井开窗，天井中种植植物、摆设景观石，这些自然景观通过号舍的外廊和窗户渗透进建筑内部，为内向封闭的空间增添了生机和活力。后期书院还增设作为监院的行政用房，一般设在号舍较前面的几间。

3.2.3.6　楼阁

楼阁是书院中体型较大、形制较高的建筑，一般三至五开间、二至三层高，屋顶多用重檐歇山或重檐攒尖顶的形式。《园冶·楼阁基》中曰"楼阁之基，依次序定在厅堂之后，何不立半山半水之间，有二层三层之说，下望上是楼，山半拟为平屋，更上一

层，可穷千里目也"[1]，由于楼阁体型较大、高度较高，所以，常常置于中轴线上的显赫位置，成为主景或空间序列的高潮，是书院中重要的景观建筑，同时是书院内观远景的主要场所（图3-67、图3-68）。

书院中的楼阁建筑有三种基本类型。①一是书院内的藏书建筑。由于贮藏书籍要求防潮、通风，书院的藏书建筑一般采用楼阁的形式，高二至三层，面阔三五间。中国古代藏书楼尚未形成统一的规制，名称很多，季啸风在《中国书院辞典》中说"（书院）藏书志所名称不一，有书楼、书库、书廨、尊经阁、崇文阁、宝经堂、御书楼、博文馆、藏书馆等"[2]。由于藏书楼体形高大，往往成为书院内的视觉焦点、中轴建筑的高潮，所以有些书院的藏书楼除了贮藏书籍的基本功能外，还兼具登高眺望、赏景的作用，成为书院中一处兼具观赏功

---

①（明）计成著. 陈植注释. 园冶. 北京：中国建筑工业出版社. 1981：66。
② 季啸风. 中国书院辞典. 杭州：浙江教育出版社. 1996。

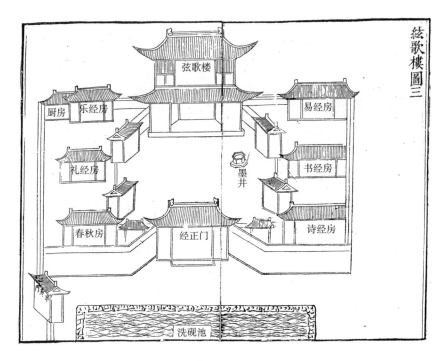

絃歌樓圖三

弦歌楼

厨房　乐经房

易经房

礼经房

墨井

书经房

春秋房　经正门

诗经房

洗砚池

图3-69
虞山书院弦歌楼
（《中国书院志》
第一册）

能的景观建筑，这也能从藏书楼的命名上窥见一斑。如南宋淳祐元年（1241年）江万里创建的白鹭洲书院藏书楼名曰"云章阁"；万历丙午年（1606年）创建的虞山书院藏书楼名曰"弦歌楼"，借用孔子门人言偃"武城弦歌"的典故（**图3-69**）；嘉庆三十七年（1558年）创建的复真书院藏书楼名曰"萃胜楼"；江西赣州大庚县道源书院藏书楼名曰"萃胜楼"；开封府大梁书院藏书楼名曰"高明楼"。可见书院藏书楼在功能和命名上都具有一定的园林化倾向。②二是祭祀文昌帝君、魁星的文昌阁和魁星楼，亦常采用楼阁

的形式。这种楼阁相当于书院内的风水建筑，一般位于书院的东南方位，造型复杂多变，充分体现了书院发展后期世俗化的严重倾向。③三是书院内祭祀孔子的祭祀建筑，俗称大成殿。"大成"一词源于《孟子·万章下》"孔子之谓集大成。集大成也者，金声而玉振之也。金声也者，始条理也，玉振之也者，终条理也。……孔子时行，则行时止则止，孔子集先圣之大道，以成已之圣德者也，故能金声而玉振之"①，"金声"指奏乐从击钟（金声）开始，"玉振"指奏乐以击磬（玉振）结束，"金声玉振"即是奏乐的全

① （汉）赵岐注.（宋）孙奭疏. 孟子注疏. 卷10上. 清钦定四库全书. 经部. 四书类。

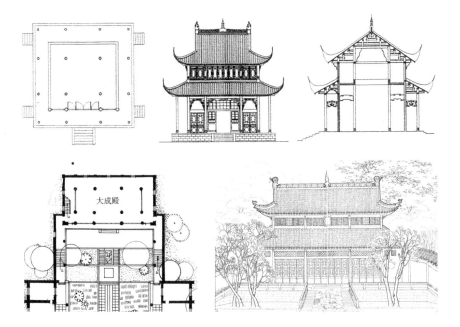

图3-70
文华书院大成殿
(《湖南文庙与书
院》)

图3-71
岳麓书院大成殿
(《岳麓书院建筑
与文化》)

过程，孟子以此来形容孔子是古圣先贤绝学的集大成者。中国古代封建专制集权社会大力提倡儒学为治国哲学，所以对儒学的创始人孔子倍加尊崇，唐玄宗开元二十七年（739年），追谥孔子为文宣王，"其庙像，内出王者衮冕衣之"[1]，即祭祀孔子的殿中塑像，南面而坐，将孔子的地位从配祀周文王提高到和周公同等重要的地位。宋崇宁三年（1104年）宋徽宗"诏辟雍文宣王殿以大成为名"[2]，自此大成殿成为祭祀孔子文庙中的重要建筑。如湖南的文华书院大成殿，面阔三间，进深三间，高二层，周围带回廊，坐落在1.26米高的砖砌石台上，通面阔14.44米，通进深14.51米，高14米，全殿由20根石方柱和4根金柱支撑（图3-70）。早期祭祀孔子的大成殿覆以灰瓦，由于光绪时期下令孔庙采用黄琉璃瓦覆顶，这也是中国古代封建社会两千年尊孔活动的最终升级，自此，较大规模书院或文庙中用以祭祀孔子的建筑大成殿常常采用黄琉璃瓦的形式，如岳麓书院文庙的大成殿（图3-71），采用重檐歇山顶，黄色琉璃瓦，面阔五间，高两层，坐落在石台上，殿前有月台，是祭孔时表演礼乐的场地。

书院园林建筑屋脊上一般不做过多装饰，有些采用空花屋脊的形式。楼阁建筑由于等级较高，其殿宇的屋

①（清）秦蕙田. 五礼通考. 卷118. 清钦定四库全书. 经部. 礼类. 通礼之属。
②（清）秦蕙田. 五礼通考. 卷118. 清钦定四库全书. 经部. 礼类. 通礼之属。

图3-72
书院楼阁鳌鱼尾
（作者自摄）

顶正脊和两端常采用鳌鱼尾的形式，翼角上翘，鳌鱼吻状。这种鳌鱼尾的吻兽即象征科举高中的"鱼化龙"，鱼化龙来源于鱼跃龙门的典故，传说鲤鱼越过龙门就能化身为龙，后来被应用于科举文化中，比喻贫寒学子一日中举、飞黄腾达，"鱼"化身为"龙"，能光耀门楣。这种鱼身龙头装饰的神兽被广泛应用在书院藏书楼建筑的正脊两端，如湖南岳麓书院的御书楼、杭州万松书院的藏书楼（**图3-72**）。

3.2.4 园林经营

3.2.4.1 建筑

（1）桥

桥是书院园林中的重要园林建筑类型，计其形式，有石拱桥、石板平桥、曲桥、木桥等多种形式，一般体量比较小，与园林水面的尺度相映衬。①泮桥：架设在书院泮池上的小桥，又称状元桥，寓意古代只有考中状元的人才能从桥上通过，多为单孔拱形石桥，两侧有石柱护栏，柱间置石栏板。如白鹿洞书院棂星门后，泮池上横跨有泮桥，桥为单孔拱形桥，桥两边有青石护栏，望柱10根，柱间嵌青石栏板，刻有蝙蝠，桥长10米、宽2.5米（**图3-73**）；白鹿洞书院的枕流桥亦为单拱石桥，两侧有石栏杆，长约12.5米，宽约3.2米，高约10米。②平桥和曲桥：书院园林水池上多用平桥和曲桥，尺度较小，仅容一人通过，桥一般紧贴水面，在满足游览需求的同时，起到划分水面、增加层次的作用，如岳麓书院百泉轩前水池上的平桥（**图3-74**）、杭州敷文书院浣云池上的平桥、信江书院西侧水池上的曲桥等。

（2）亭

《释名·释亭》"亭，停也，亦人所停集也"。亭是一种空间开敞、有顶盖无墙垣的小型建筑物，由于亭无墙的开敞性具有纳虚的作用，书院中的亭具有收四时之烂漫、纳宇宙之万千的作用，即将周围自然景物都收

图3-73
白鹿洞书院泮桥
（作者自摄）

纳进来，并通过书院建筑群中轴线的
延伸或者与书院之间形成景观视线廊
道，起到两者间沟通交流、扩展人居
环境、使书院外围自然园林化的作
用。书院园林内最爱用亭，并将亭经
营运用到淋漓尽致的程度，如著名的
白鹿洞书院园林内亭的数量就达到了
二十多处。依据使用功能的不同，书
院内的亭主要有三大功能。①景观
亭：主要功能是供人游憩赏景时小憩
或是点缀景色。由于书院外围游憩观
赏的亭子多位于山顶、山腰等自然环
境中，所以在材质上较多使用石材，
木材使用较少，造型朴素，没有过
多的装饰，基本采用石材本身的色
彩，与周围自然山石和环境非常协
调，亭柱采用八角柱和六角柱的形式
（图3-75）。②碑亭：主要功能是珍藏
文物，即保护书院中记事、题咏、训
示的碑刻。碑亭内珍藏的文物内容丰

富，使人在游览中起到精神教化的作
用。依据所保护的碑刻高度尺寸的不
同，碑亭有单檐和重檐之分，依据重
要等级不同亦有色彩的不同，如岳麓
书院所遗存的唐代麓山寺碑的价值较
高、体量较大，所以碑亭采用二层攒
尖顶建筑，颜色采用高等级的黄色
（图3-76）。③宴集亭：主要功能是为

图3-74
岳麓书院平桥
（作者自摄）

图3-75 白鹿洞书院高美亭（作者自摄）

图3-76 岳麓书院碑亭（作者自摄）

图3-77
岳麓书院碑廊
（作者自摄）

游宴聚会提供空间。由于书院之亭常摄于书院内或周边景色绝佳之处，故成为书院内文人雅士、师长学子举行雅集的最佳地点，如石鼓书院的合江亭、信江书院的一杯亭。

（3）廊

书院中用廊联系各个建筑单体，形成空间层次上丰富多变的建筑群。按照使用功能划分，书院中的廊有三种基本形式。①碑廊：为书院保护和展示重要碑刻和碑文的廊，采用一侧封闭、一侧开敞的单面空廊形制，是书院中连接建筑群和组织游览路线的重要园林建筑，碑廊一般不设置供游人休憩的坐凳或者美人靠（图3-77）。②游廊：主要是组织游览路线，一般为双面空廊的形式，并设置有供游人休憩的设施，但是，在书院中的运用远不及碑廊普遍。③过廊：即利用屋檐前出挑联系书院内主要建筑物的交通空间，为书院在下雨时创造可通行的游览空间，一般采用卷棚屋顶的形式，如鳌峰书院西侧的过廊。另外，依据庭院形状和所连接建筑物的不同，书院中廊又分为直廊和曲廊，一般在园林区以曲廊的形式为主，其他区域受建筑规则形制的影响，多用直廊；由于书院多依山而建，建筑处于不同高程的台地上，形成向上递进的阶梯状，故爬山廊成为连接不同高程建筑物的纽带（**图3-78**）。

（4）台

《尔雅》中称"四方而高曰台"，《说文》曰"高，崇也，象台观高之形"[①]，《园冶》曰"或掇石而高上平者，或木架高而版平无屋者，或楼阁前出一步而敞者，俱为台"。台是高耸的象征，是一种露天的、上面平整、四周开放的构筑物，是书院内重要的景观建筑。书院常于山巅不宜构亭置屋的地方铸台，如朱熹在《云谷记》中曰"稍上山顶北望，俯见武夷诸峰，欲作亭以望，度风高不可久，乃作石台，名以怀仙。小山之东，径绕山腹，穿竹树南出而西，下视山前村墟井落，隐隐犹可指数。然亦不容置屋，复作台，名以挥手"[②]。白鹿洞书院有思贤台，位于中轴线末端，傍山而建，平面为长方形，长约9.8米、宽约7.76米，台上建思贤亭，是书院的最高点，站在台上可以俯瞰全院。书

图3-78
岳麓书院爬山廊
（作者自摄）

院中有的台是利用原有自然山体略加改造而成的，因石为台，围以栏杆，作为可依可俯之处，如虞山书院读书台位于虞山南麓，是利用一处自然小山加以蹬道、上铸小亭改造而成的（**图3-79**）；石鼓书院留待轩外，因石为台，翼之以栏，成浩然台，登台四望，山川尽收眼底。台亦有居于水际的，如白鹿洞书院小三峡边的勘书台；江西白鹭洲书院由于位于江心洲上，洲势低矮易受水患的困扰，故在永堤内填土垒石为台，高约3米，于台上建堂、楼、亭等建筑。

3.2.4.2 理水

仁者乐山，智者乐水，书院作

---

① （汉）许慎. 说文解字. 见张三夕，刘果. 说文解字（注音版）. 长沙：岳麓书社. 2006:
110。
② （宋）朱熹. 晦庵集. 卷78. 清钦定四库全书. 集部. 别集类。

图3-79
虞山书院读书台
(《中国书院志》
第一册)

为古代知识分子的聚居地、理学思想传播的中心，不但对周边山水环境的要求甚高，而且对山水的品赏也自有独到之处。由于"智者乐水"传统山水审美的影响，加之人工营造水景造价费用较高，维护起来又比较困难，所以，书院对自然水环境历来非常珍视。书院中赏水多以水的自然形态为主题，《孟子·尽心上》曰"观水有术，必观其澜"，"澜"即所谓的"大水广阔"之意，并且，书院观水将"大水"泻而为瀑、渟而为渊、溅而为濑、聚而为湖的形态与"道"联系在一起，水为书院师生营造了修身、养性、悟道的生境，成为沟通人道与天道的中介。如白鹿洞书院门前的贯道溪，水从凌云峰山顶跌下，流经书院门前，后汇入梅湖，

最终汇入鄱阳湖，经历一路瀑、涧、溪、湖的形态变迁，这川流不息的生生景观成为书院精神的典型观照；嵩阳书院东北的叠石溪，发源于谷北高登岩，一路奔腾澎湃，汇入书院前的双溪河，后注入颍河，溪涧花草四时有色，可谓胜境；岳麓书院的清风峡，峡内兰涧石濑景色清幽，小气候宜人，为书院观景的佳处。书院内水景的类型比较简单朴素，与江南私家园林水面聚散开阖，并与陆地洲岛犬牙交错、左右潆洄的复杂景象不同，书院园林水景相对集中。书院中水流的形态可分成溪流、江河、湖泊、池塘、泉井五种类型。

（1）湖泊型

此种水景一般出现在面积较大的书院中，湖水与园外的活水相连，水

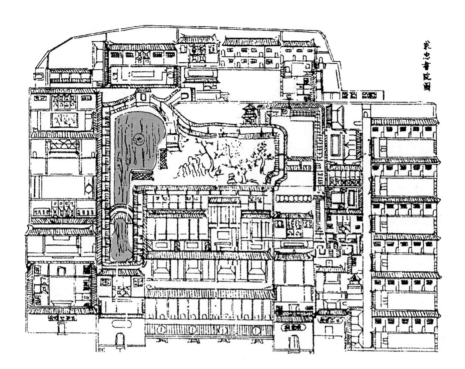

图3-80
求忠书院古图（清
湖南《长沙县志》）

岸蜿蜒曲折，湖边垒石成岸，湖面架以小桥，丰富层次，湖周种植花木。典型的如莲池书院，围绕中心湖泊形成著名的十二大景观。

（2）池塘型

此种类型的水景在书院中应用最为广泛，岳麓书院八景中有四景"柳塘烟晓、风荷晚香、花墩坐月、碧沼观鱼"是以池塘为母体产生的，再比如鳌峰书院有以池塘为景的"方池鱼跃"。"非规则形池塘"往往在园林内的中心位置，周围环绕水面配置若干景点，水面往往成为书院园林景观的焦点和中心，如岳麓书院南侧园林水池周边布置有百泉轩、时务轩、麓山寺碑亭、蜿蜒曲折的碑廊，一座小桥将水面划分成大小两部分，池边垒

石砌岸、环植花木，形成丰富多彩的园林景观；再如鳌峰书院和求忠书院中心的荷花池（**图3-80**），凤山书院利用凤山下积水为池，环池筑学舍四十余间，池边植桃柳桐竹等。"规则形池塘"平面以长方形、半月形和圆形居多，如白鹿洞书院有方池，岳麓书院入口有圆池，鹅湖书院（**图3-81**）和敷文书院有半月池，面积较小的规则形池塘往往不能起到控制全局的作用，而是以园林小品的形式成为书院建筑物的点缀或建筑前的标志，这些池塘常以方塘、泮池、流杯池、洗笔（砚）池命名，具有浓郁的书院精神特色，池塘内常种植荷花、养殖游鱼。"方塘"的寓意取自朱熹著名诗篇《观书有感》"半亩方塘一

图3-81
鹅湖书院泮池
（作者自摄）

鉴开，天光云影共徘徊。问渠那得清如许？为有源头活水来"①中抽象观水的景观意象，如福建南溪书院尊道堂前有名曰半亩方塘的方形水池，水池中建有源头活水亭，自此，方塘成为书院内景观的典型观照。"泮池"是位于书院大门前的半月形水池，由于书院中尊奉理学开山鼻祖周敦颐，周子喜爱莲花，莲花喜生于水，故在书院的泮池中多有栽植荷花的记载，既标示道学渊源，同时又借莲花的寓意为书院增加文化意蕴，借以砥砺师生品格，所以泮池又称为莲池。鹅湖书院泮池在石坊之后，书院讲堂前的中轴线上，池呈半月形，环池有36根青石护栏，柱间嵌青石望板，正面刻花卉、飞禽、万字等图案，北面刻蝙蝠图案，池东西各有一个石质龙头吐水口。鹅湖书院的泮池基本保持了泮池原有的形制，现存许多书院由于累代修建的缘故，后人在重修泮池时为了工艺简单便捷常将泮池砌筑成长方形。

（3）河渠型

这种书院选址周边的山水条件较佳，书院往往通过围绕自然河流和溪流来造景，使其成为书院园林景观的一部分，有的甚至成为核心。溪流和江河为自然形态的水，溪流较窄、蜿蜒曲折、环绕书院，形成幽静的气氛，如白鹿洞书院前的贯道溪、嵩阳书院前的双溪河等；江河比溪流宽，气势开阔，形成开朗的气氛，如白鹭洲书院之于赣江、岳麓书院之于湘江、石鼓书院之于湘水和蒸水、海鹤书院之于凤嘴江。

（4）泉井型

一些书院所在地引水条件欠佳，遂凿井引泉，如学海堂的玉山泉"粤秀山无水，汲于山下，陟降为劳。同治二年，凿井于此君亭东，深三十尺，乃得泉。设辘轳于井上，可用汲矣"②；嘉靖《建阳县志·山川志》中载"在考亭书院之西，文公故宅之后有一口水井，名曰汲古"，据说"汲古"二字为朱熹亲题。另外，利用泉水一见一否、汩汩而出的天然景象，用以象征文思泉涌的美好寓意，如岳麓书院的文泉、白鹤泉（图3-82），白鹿洞书院的状元泉、三叠泉。

---

①（宋）朱熹. 晦庵集. 卷2. 清钦定四库全书. 集部. 别集类。
② 学海堂志. 道光戊戌刻。

书院水的来源有三个。①引院外活水，郊外书院选址一般在山水条件俱佳之处，引院外的活水入园较方便，城内书院周边自然环境欠缺之处，也会通过人为的方式弥补不足，如锦屏书院选址周围无江河可畔，为了改变这种情况，通过修建人工引水渠，将架筒车抽出的嘉陵江的水引入书院，为书院营造了良好的人工环境。②院内打井，井一般离书院的生活区和园林区较近，井水可作为日常生活用水和园林用水的补给，如书院记中都会有"庖次井湢"（湢bì，沐浴的意思）的记载，井常常通过暗渠与园林水池相连作为水源的补给，有的"井"甚至成为书院的著名景观，如鳌峰书院十景之一的"仙井斗奇"。③通过建筑屋檐下的明渠收集雨水，所谓"四水归堂"，在白鹿洞书院和岳麓书院的庭院内都设有明渠，深约20～30厘米，用青石垒成，在角点和转折处设置排水口，将整个庭院的水系统相连，并且将院内人工水系与院外自然水系沟通，形成大的自然生态循环系统。

3.2.4.3　山石
（1）自然石

文人喜爱赏石，赏石是私家园林和皇家园林中重要的园居活动之一，赏石以石之怪姿取胜；书院园林赏石与其不同，以欣赏自然山石景观为主，书院赏石的这种审美趣味更多地与书院崇尚自由生气的人文精神相关。如河南嵩阳书院有著名的"三

公石"和"甘拜下风石"，三公石是三块体量巨大的天然山石，最大者高约8米、围长40米，最小者高约6.5米、围长45米，三块巨石均可供人攀登其上，最大的一块可供10人在其上排坐，北宋枢密使张升常与人踞石上饮酒消遣，可见石体量之巨大；三公石不但形色独特，还被赋予浓厚的人伦色彩，清人耿介曾经用"五色灿烂，具五行之性，兼备五德"来形容三公石的灵性，并将三公石与太师、太傅、太保相媲美。甘拜下风石是距离三公石东10米处一块高约3米的小石，外形潇洒自然，取与三公石相比稍有逊色的谦虚之义，故得名。还古书院周边有兑卦石、水观岩、印石，兑卦石是宋淳熙年中县令邹补之兑卦之处；水观岩在塔山之麓；印石为狮山崩落于涧中之石，形类印，故得名。杭州敷文书院有一处"天然的大假山"，即书院西侧一片天然的石林，据说清乾隆年间书院的山长次风

图3-82
岳麓书院文泉
（作者自摄）

先生（1703～1768年）非常醉心于这片云涌波幻的奇石林，常常晨夕相对、细细观赏（**图3-83**）。

相对于欣赏石头的自然形态来说，书院赏石则更重视石的寓意，这表现在许多书院都保留的石刻艺术上。书院多与名山大川为伴，硕学鸿儒在书院讲学的同时造访名山，名山裸露的岩石表面就成了硕学鸿儒天然的纸张，留下了大师们珍贵的书法手记，这些珍贵的文学和书法艺术作品以摩崖石刻的形式散落点缀在书院周边，如重庆涪陵北岩书院遗址有一块长146米、高16米的摩崖石刻，上面刻有朱熹、黄庭坚、陆游等名家书法80余篇（**图3-84**、**图3-85**），成为书院园林环境的重要组成部分，同时也成为名山的重要风景点，吸引着后人游其境、揽其胜，对于名山和书院人文色彩的浸润和知名度的提高都起到了

图3-83 敷文书院山石景观（作者自摄）

图3-84 钩深书院朱熹在程颐讲经处题诗

图3-85 钩深书院黄庭坚在程颐点《易》处的题刻

促进作用，同时又成为山岳石文化的重要代表，具有深刻的哲理和寓意。据统计，"白鹿洞书院贯道溪及两岸现存的摩崖石刻有 50 余方，其中宋代 9 方，明代 14 方，清代 9 方，时代不明 18 方，还有少数字迹不清无法辨认的石刻"[1]，这些石刻从不同层面诠释着书院的文化境界，有讲述理学义理的，如风雩、听泉、流觞、流杯、隐处、观德、文行忠信、枕流、漱石、流芳自洁、仰思、砥柱、洙泗分流、吾与点也之意、源头活水；有述景状物的，如圣泽之泉、风泉云壑、观澜、回流山、闻泉、鹿洞。这些石刻的主人包括著名的理学家、文学家、书法家、书院的山长、当地乡贤明宦，如有南宋理学集大成者、著名教育家朱熹，明代著名文学家李梦阳，白鹿洞洞主陶思贤等，这些"文化石"较多与天然溪水组合，与书院周边自然环境巧妙融为一体，营造了文人化的园林环境。朱熹在武夷山武夷精舍附近的九曲溪上也留有众多的手记石刻，如镌于一曲溪北水光岩的一处、二曲溪南勒马岩的一处、三曲溪北车钱岩的一处、四曲溪北诗岩一处、五曲溪西岩壁的一处、六曲溪南响声岩的四处、七曲溪南岩麓的一处、八曲溪北上水狮名的一处、九曲溪南岩壁的一处。杭州万松书院西侧

留月崖之石匣泉边的岩壁上留有明代监察御史刘栾、刑部郎中方豪、进士张鳌山等游留月崖时留下的石刻，也是书院最早的石刻；书院西侧芙蓉石上留有明代官员白泉的楷书"青天白日"、"高明光大"石刻，其他的还如"时雨圣化"、"万古嶙峋"、"日光玉洁"、"有美"、"登峰"、"开襟"等。

（2）假山

书院内"作假山"是从明代开始的，一直到清代都有延续，究其原因是由造园尺度和环境所限导致的。书院内很少见像江南园林那样大量用石堆叠假山的现象，书院中所称的假山以土石相间的做法为主。《鳌峰书院记》中载书院园林中心的鉴亭南侧有"假山"，鉴亭西侧的小楼北侧"垒石为洞"，从洞口的蹬道可登上假山，山上栽植竹木佳果，从假山上有植物种植可判断，假山应不是纯石垒砌，而是土石相间而成，并且运用了一定的人工技法，如修建山洞、蹬道，从一定程度上注重了人的游观体验，是明清书院园林娱乐功能加强的一种表现。书院中的假山常与池沼结合，形成园林的山水骨架，如彝山书院"师取艮月遗石之塞水城外者，举以致叠为山，半宫考棚最著者曰留云峰，……依山浚池曰小蓬池，池上构

---

① 周銮书，孙家骅，闵正国，李科友. 千年学府——白鹿洞书院. 江西：江西人民出版社. 2003: 216。

一亭曰东亭"[①]。

（3）峰石

书院关于园林置石的记载非常少，书院园林中景观置石体量一般都比较小，石形朴素，技法简单。置石常与花木组合，如《信江书院记》中载"堂之左荤湖石为小山，杂植梅竹，其石之巨者卓立如伟人，名曰苍玉，而镌以铭"[②]。

3.2.4.4 植物

（1）天然植物

书院因多选址在郊外依山傍水的环境中，故其周边植物以天然林为主，较多自然野趣。如虞山书院乐寿门外山坡上古木参差，达数万株之多；重庆聚奎书院所在的黑石山上植被茂盛，有近千株樟、松、柏、橘，并杂以山茶、杜鹃、紫薇、梅花、玉兰等，吸引了众多禽鸟，不但是城邑近郊著名的胜地，还是鸟类乐园；杭州敷文书院所在的万松岭以茂盛的松树著名，成为书院天然的绿色背景；广州学海堂由于所在的粤秀山上盛产木棉，故成为书院植物景观的一大特色。

（2）地域特色

书院内部植物景观亦较朴素，不用奇花异草，色彩运用上崇尚清淡典雅，在植物种类的选择上因地制宜，宜用乡土树种为主。如福州的鳌峰书院地处闽南地区，植物种类上突出岭南特色，多用榕树、荔枝；虞山书院地处常熟，植物种类上突出江南特色，多用桂树。

（3）功能搭配

书院在植物运用上重视搭配以体现书院气质，按照不同功能区搭配植物景观。首先，依据书院教学、祭祀、藏书、居住、休闲功能的不同，在不同功能区的植物选择和配置上以凸显区域功能为原则。书院前导空间在植物配置上以密闭成排栽植为特色，形成绿荫，起到引导空间的作用。教学区空间开敞明亮，人群密度相对较高，植物栽植上以疏植为主，并常常对称栽植，充当建筑前的辅助造景角色。祭祀区空间庄重严肃，为了营造这种空间氛围，植物选择上多用树形高耸挺拔的常绿植物，采用对称栽植的手法，如岳麓书院孔庙大成殿前庭院中轴线两侧成排栽植的侧柏。书院园林区植物种类相对丰富，除了乔灌木的运用外，此区是书院中花卉运用最多、色彩最丰富的一处。如清礼部郎中秦敬衡（字竹浯）作《岳麓群芳十八咏》中提到的花木类型有：桃花、垂柳、山踯躅（杜鹃花）、蜀葵、铁线莲、桐花、紫薇、秋海棠、木芙蓉、春不老、紫薇、月季；清江遴《和秦竹浯岳麓群芳十八

① 彝山书院志. 见：赵所生，薛正兴. 中国历代书院志. 第六册. 南京：江苏教育出版社. 1995。

②（清）王赓言. 同治信江书院志. 合肥：黄山书社，2010：11-12。

咏元韵》中提到的花木类型包括：桃花、山踯躅（杜鹃花）、绣球、转珠莲、桐花、秋葵、罂粟、木芙蓉。

（4）植物比德

书院教化重视植物比德，在种类选择上喜用具有儒学寓意、符合学者审美标准的植物种类，包括桃、李、桂、桐、荷、竹、梅、兰、杏、松、柏、槐、银杏。这些植物在中国书院文化中常被赋予不同的人伦属性和理学寓意，如桃李象征书院生徒繁盛、桂树象征科举高中、桐树和荷花象征高洁、竹和兰象征君子、梅花象征坚毅、杏树象征圣人等，并且这些植物通过搭配，形成了具有书院特色的植物单元。如桃树和李树片植形成"桃李坪"的壮观景象；池水、白鹭与荷花组合成寓意"一路连科"的书院池沼景观；竹和桐树常常以成排栽植的方式出现，用以营造幽静的浓荫小径的景观；梅花常常成片栽植成梅园、梅林或梅坞，如苏州正谊书院的红、白、绿梅争艳，安徽黟县碧阳书院两侧各有梅园一处；"槐市"常用以寓意文人聚会、讲学之所，《艺文类聚》曰"去城七里，东为常满仓，仓之北为槐市，列槐树数百行为隧，无

墙屋，诸生朔望会此市，各持其郡所出货物及经传书记、笙磬乐器，相与买卖，雍容揖让，论说槐下"[1]，岳麓书院二门悬有"潇湘槐市"的匾额，陆九渊象山精舍讲学之处命名为"槐堂"；另外，一些古树名木累代相传，成了书院中独具特色的景观，如嵩阳书院汉封的将军柏、龙岗书院的文成柏、白鹿洞书院的朱子桂等。

3.2.5　小结

总结书院园林内部营建理法主要有如下几个特点。①总体布局上，寺庙、宗祠、学宫的布局对书院总体布局模式产生了较大影响，形成了讲学区、藏书区、祭祀区、斋舍区和园林区五大功能分区。②书院院落布局因地制宜、形式多样，主要包括合院式、曲尺式、散点式三种基本类型；空间处理上采用了曲径通幽、允执厥中、旷奥兼用、含融互妙的手法。③书院建筑类型主要包括门、坊、惜字炉、厅、堂、轩、馆、斋、楼、阁。④园林建筑类型包括桥、亭、廊、台；园林山水以凸显真山真水为特色，园林植物重视地域特色，强调植物的理趣。

---

① （唐）欧阳询. 艺文类聚. 卷38. 清钦定四库全书. 子部. 类书类。

第 4 章

园居活动综合今析

4.1 游赏宴乐

中国古典园林强调可游、可居、可观，即人的活动和人的感受对于园林之真境和意境的营造具有直接的影响，所以，作为文人聚居地的书院园林，文人游观栖居的生活样貌同样影响着园林的空间功能和形式，并且其清静风雅的格调必定与富商甲胄、王公大臣、豪门权贵的园林有明显的区别与不同，甚值研究与总结。

4.1.1　静坐澄心

"主静"之说源自道家，老子曰"致虚极，守静笃"[①]，道家主静的主要目的是为了修身炼气，是一种养生之道。佛教亦有静坐，其目的是为了达到无欲的真空境界。儒家讲究中庸思想，"喜怒哀乐未发之时，则可；若言求中，于喜怒哀乐未发之前，则不可"[②]，要达到如此心性修持的境界，加强个人内心修养是重要途径之一；儒家的"静"最初源自于理学开山鼻祖周敦颐的"主静"说，周子将"静"与"一"看作是无欲的状态，后来此观点被二程继承，通过默坐澄心来修养心性、体验本心，二程

认为静坐沉思可以排除私欲，从而获得澄清的心境，成为儒家的心性修养之道。所以，在传习理学的书院内，修养心性、自省内心是非常重要的一项内容，是培养"道心"、"致圣人"的必经之路，这种方法便是静坐，在理学家中世代相传。略如伊川先生每见人静坐便赞其善学；朱熹非常重视静坐，为了便于与禅林静坐相区别，还将"静坐"说成是"居敬"，并且提出"若浑身都在闹场中，如何读得书！……用半日静坐，半日读书，如此一二年，何患不进"[③]的观点，朱熹自己经常在沧洲精舍静坐；心学家陆九渊也以终日"澄坐内观"闻名；明代的心学大师王阳明在贵州龙岗悟道时"日夜端居澄默，以求静一"，终悟"知行合一"之说，后自滁阳后，又多教学者静坐。

书院内文人静坐的场所常常选择在园林中高敞清净之地，如白沙先生陈献章（1428～1500年）"读书穷日夜不辍，筑阳春台，静坐其中，数年无户外迹"[④]，"以静中养出端倪教人"。明代著名文学家李梦阳曾多次造访白鹿洞书院并登回流山，寻访先贤足迹，在回流山顶平旷之地静坐直到红日西沉。明代东林书院高攀龙在《静坐吟》中描写了在山中、水

---

① 老子道德经. 上篇. 清钦定四库全书. 子部. 道家类。
②（宋）朱子. 中庸辑略. 清钦定四库全书. 经部. 四书类。
③（宋）黎靖德. 朱子语类. 卷116. 北京：中华书局. 1986。
④ 明史. 卷283. 清钦定四库全书. 史部. 正史类。

边、花间、树下不同园林景观下静坐的感受，"我爱山中坐，恍若羲皇时；青松影寂寂，白云出迟迟；兽窟有浚谷，鸟栖无卑枝；万物得所止，人岂不如之；岩居饮谷水，常得中心怡"。"我爱水边坐，一洗尘俗情；见斯逝者意，得我幽人贞；漠漠苍苔合，寂寂野花荣；潜鱼时一出，浴鸥亦不惊；我如水中石，悠悠两含清"。"我爱花间坐，于兹见天心；旭日照生采，皎月移来阴；栩栩有舞蝶，喈喈来鸣禽；百感此时息，至乐不待寻；有酒且须饮，把盏情何深"。"我爱树下坐，终日自翩跹；据梧有深意，抚松岂徒然；亮哉君子心，不为一物牵；绿叶青天下，翠幄苍崖前；抚己足自悦，此味无言传"[①]。可见，静坐除了涵养心性、收敛身心的作用外，还是书院园林中以静观物的重要方式。

4.1.2　赏景明理

书院园林的赏景注重欣赏景物的理趣，主要活动包括赏石、观澜、赏花、弄月等。赏石是书院游憩的一项重要活动（**图4-1**），由于书院大多修建在深山幽谷之中，周围自然山川秀美壮丽，故而早期书院内的赏石活动即是以欣赏自然山峰奇石为主，书院园林内很少单独设置人工假山和置石，如江西庐山白鹿洞书院以欣赏五

图4-1
书院赏石（岳麓书院湖湘古代木雕艺术馆）

老峰闻名，杭州万松书院坐落在西湖南岸万松岭上，院内有自然形成的天然石林奇观；书院发展到后期，随着书院选址不断地向城市内移，相应的书院周边环境的园林化和开放程度不断降低，书院内士子更多地将砥砺身心的赏石活动寄希望于书院内部的壶中天地，高度写意化、抽象化的景观石和人工假山成为书院园林中的重要组成部分，清代的省会书院中表现得最为明显，如信江书院中名为"苍玉"的孤赏石，莲池书院入门秀障之春午坡亦为一座人工大假山。

书院师生欣赏水景强调对大水的观赏，即欣赏水之自然状态，可称之为"观澜"，孟子曰"观水有术，必观其澜。澜，水中大波也"[②]，所以，书院园林的水景常利用自然环境加以

---

① (明) 高攀龙. 高子遗书. 清钦定四库全书. 集部. 别集类。
② (汉) 赵岐注，(宋) 孙奭疏. 孟子注疏. 卷13下. 清钦定四库全书. 经部. 四书类。

图4-2
书院赏菊和书院赏荷（岳麓书院湖湘古代木雕艺术馆）

点缀改造，形成具有自然特色的大水奇观，观瀑、临潭、坐溪、涉峡、掬泉往往成为书院观澜的主要内容，书院师生通过"观波澜浩荡，然后知天下莫大于水，……观澜知水之本"[①]，从而悟道之本，完成明理的教育过程。如朱熹晚年定居考亭，对门前水中洲渚景色非常喜爱，"梅雨，溪流涨盛，先生扶病往观，曰：君子于大水，必观焉"[②]，石鼓书院之所以成为一郡之佳处即源于合江亭的辟建，而合江亭的妙处就在于其是观澜的最佳处，登临小亭，蒸水浑浊、湘水清澈，近观二水合流的奇观便展跃然眼前，从而联想到人性的善恶，远观江光荡漾，视野空灵，使人发世事升沉、人生聚散之思。

书院内赏花主要包括春赏桃、夏赏荷、秋赏菊和桂、冬赏梅，四季赏兰（**图4-2**）。岳麓书院师生曾在寒食节后观赏书院桃花坞内千株芳枝春放之半里红的美景。赏荷的渊薮出自北宋思想家、理学开山鼻祖周敦颐，他酷爱莲花，在任南康知军时曾在府署东侧挖池种莲，常常口诵《爱莲说》漫步于赏莲池边，晚年定居在庐山北麓的莲花洞，建濂溪书堂，这遂成为后世书院园林景观的重要命题。清罗典《和友人书院观荷》中曰"不是红香擢满池，栽培无力负皋比。偏饶脱颖锥如许，尽作生花笔亦宜。谢句芙蓉君手出，毛诗菡萏我心知。频来莫算肩舆值，月夕风朝雨过时"[③]，书院中修建的泮池又名莲池，池中常常种植素莲，以供书院师生欣赏，并激励学生纯净品格。赏莲在书院中除了追思先贤、砥砺品格的作用外，在封建时代后期，科举昌盛的时代，"莲"

① （清）黄宗羲. 明儒学案. 卷55. 清钦定四库全书. 史部. 传记类。
② （宋）黎靖德. 朱子语类. 卷107. 北京: 中华书局. 1986。
③ 谭修，周祖文选注. 岳麓书院历代诗选注释本. 长沙: 湖南大学出版社. 1986: 85。

图4-3
一路连科（岳麓书院湖湘古代木雕艺术馆）

与"连"谐音，赏莲还寄托着学子科举"一路连科"的美好愿景（**图4-3**）。万松书院学生吴世涵（1798～1855年）在诗《和刘笃斋讲院赏桂原韵》中题咏书院师生秋日赏桂的情景，"秋风昨夜度西泠，花气薰人户不扃。地近鹫峰千粟绽，林依孔室一山馨。攀枝客到香生席，招隐辞成月满庭。不用蟾宫问消息，与君延赏且飞觥"[①]。

4.1.3　游步寄志

春秋战国时期的孔子首创私学之时，没有固定的教学场所，游学列国，学生也跟随其各处受教，这种从游的教育模式不但可以扩大教育对象的规模和学术影响，而且师生之间朝夕相处、气息相染，围侍在老师左右的弟子可以随时请益，可直接从师之日常点滴观察学习，有利于提高学生的学识和人格层次。汉代司马迁谓"读万卷书，行万里路"，其"二十而南游江淮，上会稽，探禹穴，窥九嶷，浮于沅湘。北涉汶泗，讲业齐鲁之都，观孔子遗风，乡射邹峄，厄困鄱薛彭城，过梁楚以归"[②]。书院继承了古代从游的教育方式，北宋胡瑗主张从游学之，"胡先生翼之尝谓滕公曰：学者只守一乡，则滞于一曲，隘吝卑陋。必游四方，尽见人情物态，南北风俗，山川气象，以广其闻见，则为有益于学者矣"[③]。书院园林作为师生重要的从游场所，成为书院园居生活最基本的需求，作为平日案牍劳形之余放松身心、调适心情的活动，达到游步寄志的目的。

继孔孟之后的道统继承人朱熹创建了朱子书院模式，他非常重视环境的教育作用，将教育寓于休闲、游乐之中，将知识传授与人性休养相结

---

① 邵群. 万松书院. 长沙：湖南大学出版社. 2014：152。
② （汉）司马迁. 史记. 卷130. 清钦定四库全书. 史部. 正史类。
③ （宋）王铚. 默记. 卷下. 清钦定四库全书. 子部. 小说家类. 杂事之属。

合，使教学过程充满生机和快乐，他经常与学生悠游散步于山水林泉之间，把课堂设在室外美丽的大自然环境之中，在山水中体察万物，从而达到启迪思想、修炼心性的目的，朱子还时常与院中生徒到书院外广大的园林中游学，常常去一整天至晚才归。南宋心学大师陆九渊在象山精舍"平居或观书，或抚琴。佳天气，则徐步观瀑，至高诵经训、歌楚辞及古诗文，雍容自适"①。明代大学者王阳明讲学多于山水之间进行，《年谱》中称"盖先生点化同志，多得之登游山水之间也"，正德八年（1513年）冬十月王阳明在滁州做地方官，督马政，地僻官闲，日与门人游于琅琊、酿泉间，夕则环龙潭而坐，听其讲者数百人，歌声震山谷；《诸生夜坐》中记述了王阳明与学生朝夕畅游山水间讲习、谈笑的超然境界，"分席夜堂坐，绛蜡清樽浮。鸣琴复散帙，壶矢交觥筹。夜弄溪上月，晓陟林间丘。村翁或招饮，洞客偕探幽。讲习有真乐，谈笑无俗流。缅怀风沂兴，千载相为谋"；又《春日花间偶集示门生》中记载了王阳明与学生暮春步游行教的场景，"闲来聊与二三子，单夹初成行暮春。改课讲题非我事，研几悟道是何人？阶前细草雨还碧，

檐下小桃晴更新。坐起咏歌俱实学，毫厘须遣认教真"②。可见，书院园林中的游步活动促进了师生之间感情的融洽，给书院教学以无限的快乐和生机。

4.1.4 登高远眺

书院中屡有在周边山巅建亭台和于园内修建楼阁、高台建筑的记载，究其原因有四。其一，书院多选址在山间清净之地，作为德育和审美教育的第二课堂，书院建设者非常注重对周边风景的点缀和改造，以为我所用，所以在书院周围的山巅，只要是人能登临其上的，都修建有亭或台，既可作为风景的点缀，同时又是书院师生登高望远、修炼心性的绝佳场所。其二，囿于城邑内部的书院为了借景园外，修建高楼，建筑的高度决定了其登高远眺风景、俯瞰四野人文风情的作用。其三，从整个书院景观的构建来讲，高层建筑会成为全院的视觉焦点，起到点景和标志物的作用。其四，登高观景，犹如"孔子登东山而小鲁，登泰山而小天下"③，是为心怀天下之意。另外，所谓"若升高，必自下；若陟遐，必自迩"④，书院修建高台也在于暗示学子，要攀登学术高峰必须从脚下低处做起，谦虚

---

① （宋）陆九渊. 陆九渊集·年谱。
② （明）王守仁. 王文成全书. 卷19. 清钦定四库全书. 集部. 别集类。
③ （汉）赵岐注，（宋）孙奭疏. 孟子注疏. 卷13下. 清钦定四库全书. 经部. 四书类。
④ （宋）史浩. 尚书讲义. 卷8. 清钦定四库全书. 经部. 书类。

谨慎。

白鹭洲书院有高8.7米的云章阁，既是书院的藏书之处，又可供师生游憩登高观赏远景，阁上周边围以栏杆，可倚栏四望，"前纳章贡，后汇文水，江天风月之景，有随四时而异。观者至，若东顾青螺、西眺神冈、北瞻天瑞、南对香城，远望天岳，青原诸峰层峦耸翠，气象万千，亦无一不于阁上遇之"①。另外，书院中14.7米高的风月楼也是文人墨客登临吟诵眺望之所。万松书院内西侧石林的芙蓉石上有欣赏西湖最佳的观赏处——见湖亭，上悬乾隆皇帝御题"湖山萃秀"，于亭内西湖湖中三岛、六桥烟柳、远处的保俶塔、近处的雷峰塔和西湖全景尽收眼底，万松书院其他的登高远眺处还有留月台和掬湖台。信江书院内有钟灵台，蹬台"若乃瞻其四郊，千村万落，鳞附栉比，绿桑在林，黄云栖亩，农夫红女声笑相闻，不下堂序而民风稼事胥可知也"②。白鹿洞书院建筑群中轴线的后端建有可以俯瞰整个书院和远眺五老峰的思贤台，且书院周边群山环绕，山间高处点缀的亭子达二十几处之多。虞山书院于西侧旧梁昭明太子读书台上建亭，围以院墙，周围植梧

桐树和桧树，成为书院体系内重要的点景和观景点。石鼓书院最大的景观建筑大观楼，登楼眺望四面，"揖衡岳，拱九嶷，襟览三江，眼空七泽，所观之景不可谓不大也"③。

4.1.5　垂纶泛舟

垂纶与观鱼是书院园林中非常普遍的一项活动，书院由于选址一般远离城市，周边自然环境更富于野趣，水景常呈现自然状态下的溪、涧、潭、湖的形式，故而垂纶与观鱼活动亦非常普遍。"鱼之性寒则逃于渊，温则见于渚；喻贤者世乱则隐，治平则出"④；昔日姜太公渭水垂钓曰"太公钓于滋泉，遭纣之世也，故文王得之而王。文王，千乘也；纣，天子也。天子失之，而千乘得之，知之与不知也"⑤，东汉时期的隐士严子陵垂纶于富春江，刘秀听闻而请其出山，担任谏议大夫，却被子陵拒绝。可见，钓鱼这种简单的活动一方面可以修养身心、砥砺心境，另一方面亦蕴含了封建时代知识分子丰富的内心世界，从某种意义上讲表达了封建时代的读书人希望通过得到贤君赏识，从而实现自己政治理想的愿望。白鹿洞书院南侧贯道溪北岸有朱熹垂纶的钓

① 白鹭洲书院志·艺文. 卷7. 见：高立人主编. 南昌：江西人民出版社. 2008。
②（清）冯誉骢. 信江书院灵台记.（清）王赓言. 同治信江书院志. 合肥：黄山书社. 2010：138。
③ 郭建衡，郭幸君. 石鼓书院. 湖南：湖南大学出版社. 2014：77。
④（清）何焯. 义门读书记. 卷1. 清钦定四库全书. 子部. 杂家类。
⑤（战国）吕不韦. 吕氏春秋·听言. 卷13. 清钦定四库全书. 子部. 杂家类. 杂学之属。

台；又朱熹曾垂纶于武夷精舍前九曲溪内的钓矶，"短棹长蓑九曲滩，晚来闲弄钓鱼竿"[1]；虞山书院的尚湖相传为太公尚父居东海之滨的钓鱼处；凤山书院利用山下自然的池塘，围池环筑学舍40间，学子于池可钓可观；石鼓书院所在的石鼓山后有巨石，上可坐数人，游鱼出没其下，可以垂钓，故命名为钓台。

书院多选址于自然山水佳处，周边拥有天然的河流、湖泊，成为书院师生舟游的乐处，《漳南书院记》中载"须院事竣，院前壑，启土必更深广，引水植莲，中建亭，窗棂四达，吾子居之。讲习暇，元偕诸子，或履桥，或挈舟入，弦歌笑语，作山水乐"。武夷精舍坐落在九曲溪内，朱熹与学生常常泛舟徜徉在九曲溪内，并在两岸陡峭的石壁上留下纪游题刻，朱熹本人还首唱赞美九曲溪的《九曲棹歌》，被后代众多文人步韵唱和。《园中杂咏》描写了泛舟岳麓书院前之湘江的情景，"白日移轻棹，沿溪引兴长。岸花明锦缆，林雀下牙樯。浦逼蒹葭乱，洲回橘柚香。自谙渔父意，鼓枻咏沧浪"[2]，可见，泛舟对于书院文人来说一方面是寄情山水的悠游隐逸，另一方面亦暗示"舟"为济险而非安居之物，时刻提

醒着舟中之人不忘"穷则独善其身，达则兼济天下"[3]的初衷。

4.1.6 莳园饲物

书院师生在修业有余的时间还经常亲自动手莳花栽竹、饲养动物。如清代严如煜在《鸿胪寺少卿罗慎斋先生传》中记述了岳麓书院山长罗典指导学生植草莳花的情景，"先生立教，务令学者，陶泳其大趣，坚定其德性，而明习于时务。晨起讲经义，暇则率生徒看山花，听田歌，徜徉亭台池坞之间。隐乌皮几，生徒藉草茵花，先生随所触为指示"，罗典在闲暇之时，也亲自在书院周边的隙地栽花种竹，为书院师生提供了颐养性情的优美园林。书院内常饲养的动物包括鹭、鹿、鹅、鹤和鱼，鱼和鹿在古代为仁兽，鹤有隐逸和招贤的象征，鹭与科举取士"一路连科"的美好期冀有关，这些动物的存在不但丰富了园林的景物，同时又是书院观生意的重要参照。

4.1.7 觥筹宴集

朱熹在《答黄子耕》书中曰"今且造一小书院，以为往来干事休息之处，他时亦可以藏书宴坐"[4]。宴集一般在书院有喜庆之事或是节庆日的时

① 武夷山朱熹研究中心. 朱熹与中国文化——朱熹与武夷山. 学林出版社. 1989：176。
②（清）欧阳厚均. 岳麓诗文钞. 长沙：岳麓书社. 2009：89。
③（汉）赵岐注.（宋）孙奭疏. 孟子注疏. 卷13上. 清钦定四库全书. 经部. 四书类。
④（宋）朱熹. 朱文公文集. 四部丛刊。

图4-4
书院文人雅集（岳
麓书院湖湘古代木
雕艺术馆）

候举行，活动内容包括给山长祝寿、庆祝考中科举的"鹿鸣宴"、庆祝学校建成或是得到皇帝赏赐的"闻喜宴"等，这些活动一般会邀请地方官吏、当地名门望族、达官贵人参加，非常热闹，讲究宾主礼仪，一般在空间弘敞的厅堂中进行。如康熙六十五年（1717年），鹅湖书院举行为期三天的"闻喜宴"，为的是庆祝康熙皇帝御赐亲书的"穷理居敬"的匾额和"章岩月朗中天镜，石井波分太极泉"的对联。岳麓书院为山长祝寿，在书院大门前修建赫曦台，以供师生表演、观戏之用，与皇家或者王府园林中尺度巨大的戏楼明显不同，书院内这种戏台尺度一般较小，结构简单，平面为凸字形，歇山与硬山结合。另外，有些书院还承担皇家宴请使节的作用，如保定古莲池书院，融合园林、书院和行宫三位一体。

4.1.8　诗赋雅集

"君子之于学也，藏焉、修焉、息焉、游焉"[1]，读书治学之余雅集是历代书院中的一项重要内容，形式包括饮酒、琴棋、书画、歌诗、会文、踏雪、投壶等，活动地点主要选择在书院内部及周边各处景色极胜的亭馆池楼中，或是山水林泉间进行，用于雅集的园林建筑一般视野较开敞，或是临近水边，或是居于高处，周边有景可观、有空间可以活动，雅集活动相对于宴集活动来说气氛比较闲适，无间宾主（**图4-4**）。

朱熹在白鹿洞书院时，常与学生环坐于流杯池边，浩歌其上，流觞共饮，书院东南有枕流亭，建于小三峡上，下有清泉奔流，前有悬崖对峙，飞湍陡绝，景色奇幽，白鹿洞门生常常在此聚会、饮酒、赋诗。朱熹之子朱在曾在白鹿洞书院建会文堂，作为会文活动的开展地。刘珙在岳麓书院修建风雩亭，作为岳麓师生雅集游憩之地。绍兴贡生赵东在《上巳陪侍家大人游岳麓，拟兰亭宴集》中记载了上巳节岳麓书院拟兰亭中文人们以泉流繁花为目前之景，仿佛兰亭修禊之乐的情景，"千里趋庭子，追随修禊时。当筵既学礼，此日复论诗。酒向

---

① （汉）郑玄注. 礼记注疏. 卷36. 清钦定四库全书. 经部. 礼类. 礼记之属。

流泉急，花于曲槛低。吟笺虽已献，终愧右军儿"①。朱熹在武夷精舍时，常在五曲溪上的一块洲石上举行茶宴，以茶会友，并留下了"仙翁遗灶石，宛在水中央。饮罢方舟去，茶烟袅细香"②的名句。朱熹与张栻共同讲学雅集于石鼓书院合江亭，后来书院历代师生都有游览石鼓山、登文会阁、下合江亭并且于溪崖壁题字的传统。嘉靖三年（1524年）的八月中秋节，王阳明与诸弟子宴集于天泉桥，学生随游百余人，饮酒半酣，他命弟子歌诗，诸弟子比音而高，能琴善箫者相竞其技，投壶聚算，鼓棹而歌，远近相答，任性忘情。

清代信江书院著名的雅集之地包括一杯亭、亦乐堂和小蓬莱。一杯亭位于信江书院东侧的半山之上，文人雅士常于亭中饮酒赏景，宿雨乍晴风物静好之日，歌《短歌行》抒雄略畅怀，直至暮色群来；王赓言在《一杯亭宴集》中记载了亭中雅集的场景，"共传桥下水，还比在山清。城郭已非旧，林泉尚有情。昔时人不见，高会酒仍倾。落日怀羊传，寥寥千载名。当年赵忠定，觞客在于斯。古道今如昨，流风安可追。功名余慨叹，

水石尚清奇。廉叔来何暮，能令去后思"③。康基渊在兴建亦乐堂时明确指出建亦乐堂为公暇宾宴之地。王赓言在《雨后同朱镜溪调元、孝廉于南符旭钟、进士于履享登小蓬莱》中描写了登小蓬莱如海外仙山般的美妙景色和登高畅怀的愉悦心境，他曰"疑从海上蹑三山，金阙银楼缥缈间。到此林峦都有兴，知他鱼鸟也应闲。古梯路滑云生展，阆苑花明鹤守关。得上蓬莱真厚幸，几时身入列仙班"④，除此之外，信江书院周边八景也是书院师生和官宦雅士聚会雅集的场所。

值得注意的是，书院雅集的目的并不在于赏玩和纯粹悠游山水，而是以道相砥砺、以学问相切磋，从而寻找志同道合者，是学习读书之余放松身心、寓教于乐、玩索有得的一种调节活动，并且深深刻有道德的烙印。元代吴澄在《百泉轩记》中指出："二先生之酷爱是泉也，盖非止于玩物适情而已。逝者如斯夫，不舍昼夜，惟知道者能言之，呜呼！是岂凡儒俗士之所得闻哉？⑤"清代王赓言在信江书院亦乐堂雅集的精神宗旨亦非玩物适情，而是与民同乐，即"盖即士之

① （清）欧阳厚均. 岳麓诗文钞. 长沙：岳麓书社. 2009：163。
② 朱杰人，严佐之，刘永翔. 朱子全书. 第二十册. 朱文公文集. 卷九. 武夷精舍杂咏诗序. 上海：上海古籍出版社. 2002：524。
③ （清）王赓言. 同治信江书院志. 合肥：黄山书社. 2010：161。
④ （清）王赓言. 同治信江书院志. 合肥：黄山书社. 2010：163。
⑤ （元）吴文正集. 卷43. 清钦定四库全书. 集部. 别集类。

所乐，以乐其取资之广也；即民之所乐，以乐其向化之诚也"[1]。

4.1.9 小结

古圣先贤非常注重环境的德育和美育作用，康有为在《大同书·小学院》中说"学校当选择山水佳处，爽垲广原之地，以资卫生，以发明悟"[2]，在《大学院》中又说"各大学皆有游园，备设花木、亭池、舟楫，以听学者之游观、安息、舞蹈"[3]，致使书院在外部选址和内部园林经营上颇为讲究，或是选择在近山林、文物荟萃之地，或是城市中自然环境良好的胜地，并且书院建筑和园林的建设并不是孤立于周围环境自说自话，而是融入自然之中并相互渗透，书院的到来使周围的自然山水园林化了，并且由于大儒的过化富有了深邃的理学内涵，同时书院又吸取着周围自然环境的给养，营造独具特色的书院园林，成为书院审美教育的重要组成部分。

可见，书院园林中的游赏活动实质上是书院一种特殊的教育形式，它将园景作为游观的重点，通过在园林中问奇、求知、求乐的游观活动达到精进精思、砥砺品格、传道授业的教育作用。按照园林中游观活动之动静的不同可以将以上几种园居活动分成静态活动和动态活动两种，静坐、赏景属于静态的活动，游步、登高、泛舟、垂纶、莳园、饲养动物、宴集和雅集等属于动态的活动。总之，这种群体化的文人园居活动，不但是教育的重要手段，而且还是书院内部师生重要的社会交际手段。

4.2 日常课艺

4.2.1 升堂讲学

书院讲学的方式包括升堂讲学和会讲。升堂讲学是书院进行的主要日课，开讲前一般会先去圣殿和名祠祭拜先贤，后至讲堂，引赞唱"登讲席"，学生向主讲老师行作揖礼，老师回礼后进茶，随后"鸣讲鼓"，老师才开讲；讲毕，再进茶，学生谢教后，老师先行离开，后学生才能离开。

日讲之外，书院还定期组织会课，学生们集会在一起传阅所做的课艺。除了书院内部的师生会讲外，书院还定期邀请不同学派的著名学者和地方官员来书院会讲，如朱熹曾经邀

① （清）吴嵩梁. 亦乐堂记.（清）王赓言. 同治信江书院志. 合肥: 黄山书社. 2010: 130。
② （清）康有为. 大同书. 北京: 中华书局. 1936: 322。
③ （清）康有为. 大同书. 北京: 中华书局. 1936: 331。

请与自己学术观点不同的陆九渊到白鹿洞书院会讲，江西提举江万里重修白鹭洲书院，初建时书院没有山长，提举便亲自在书院内"为诸生讲授，载色载笑，与从容水竹间，忘其为太守。古贤侯盖有意于成就后进者，使之亲已如此，此所谓犹父兄之于子弟"①。

4.2.2 相与讲习

《惟教学半》中曰"传谓教人所得，居自学之半，盖教学相长。……以此观之，则教者止说得一半，学者当自用功，如举一隅能以三隅，反之类未见，其为憸巧也"②，可见，学习知识除了教师教授外，学者自己体悟精进亦是非常重要的一面，即自学读书是书院诸生日常生活的重要内容之一。教师的目的是引导学生自去理会、自去体察、自去涵养，为此，《朱子读书法》中曰"为学之道莫先于穷理，穷理之要必在于读书，读书之法莫贵于循序而致精，而致精之本则又在于居敬而持志，此不易之理也"，即循序渐进、熟读静思、虚心涵泳、切己体察、着紧用力、居敬持志，朱熹以此"读书六法"引导学生认真读书、自行理会。

除了以研究为主的自学外，书院内师生相互砥砺、质疑问难亦是重要的教辅手段。书院师生往往群居书院，共同读书、探讨学问，有共同的道德追求和价值取向，追求的是精神境界的提升，故而学习气氛相当浓厚，师生之间的关系亦非常融洽，不受固定教学形式的束缚，自主性很强。为了鼓励师生互动、相互切磋讨论，并提倡质疑问难，日课中的会讲不仅仅局限于老师，诸生也可以讲，朱熹认为读书需"疑者足以研其精微"，鼓励学生要善于提出疑问。朱熹在白鹿洞书院讲学"每休沐辄一至，诸生质疑问难，诲诱不倦，退则相与徜徉泉石间，竟日乃返"③，王阳明在白鹿洞书院讲学期间"每晨班坐，次第请疑，问至即答"④。因此，书院师生以居学为主，内部存在大量供教师和学生居住的斋房号舍，书院内的园林和周边园林化的自然山水都成了自学和辩论的重要场地。

4.2.3 悬弧射矢

《周礼》曰"而养国子以道，乃教之六艺，一曰五礼，二曰六乐，三曰五射，四曰五御，五曰六书，六曰九数"，朱子曰"小学教之以事，如礼、乐、射、御、书、数，及孝悌忠信之事；大学教之以理，如格物

① （宋）欧阳守道. 白鹭洲书院山长厅记. 巽斋文集. 卷14. 清钦定四库全书. 集部. 别集类。
② （元）王充耘. 读书管见. 卷上. 清钦定四库全书. 经部. 书类。
③ （宋）黄榦. 勉斋集. 卷36. 清钦定四库全书. 集部. 别集类。
④ （清）黄宗羲. 明儒学案. 卷25. 清钦定四库全书. 史部. 传记类。

致知，及所以以为忠信孝悌者"①，可见，"射"乃为古代"礼、乐、射、御、书、数"六艺之一，古人自小学始习射艺，重视对身体素质的培养。经文纬武、文以观德、武以戡乱，合文武之道者谓之全才，所以，悬弧射矢亦是书院重要课程之一，除此之外，书院内的习武活动还包括举石、超距、击拳。

　　书院往往在建筑群周边的空地处设置射圃，供学生练习射箭、出操锻炼，如河北东阳书院"其后隙地二亩余，西有地三亩余，亦曰射圃"②；《石鼓书院记》中有"大辟射圃，将以暇日观士子之德"的记载；大吕书院"更于院之西构观德堂三间，为习射圃"③；岳麓书院相地兴射圃，供学生练习射击，并且圃旁建有待学者肄习的亭子；白鹿洞书院的射圃位于贯道溪南岸卓尔山东面的山谷中，占地约5亩，环境清幽；虞山书院的射圃在书院弦歌楼后，是一块近似长条形的场地，长约133.92米，东宽约28.52米，西宽约33.48米，东临文学里，西侧为山麓，周边种植柏树，圃的西端建有射圃坊，平时不开放，入射圃可经南侧的观德门（**图4-5**）；湖北荆门市龙泉书院有绎志园，是专门用于书院学子骑马射箭的地方，之所以以"绎志园"名之，《周礼注疏》解释为

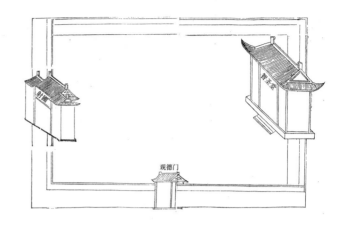

图4-5
虞山书院射圃
（《中国书院志》
第一册）

"射义曰，射之为言绎也，绎者各绎已之志"，可见"绎"即为"射"之义，"绎志园"即为通过射箭的竞技方式来锻炼射者意志之地。

4.2.4　小结

　　正所谓"讲于堂，习于斋"，教学、自学和健身习武是书院最基本的日常课艺。教学一般在讲堂及前面的庭院进行，讲堂命名多冠以儒家义理，如明仁堂、依庸堂、成德堂、明伦堂、道心堂、君子堂、闲道堂、敬义堂、正心堂、志道堂等。书院生徒自学和生活的地方一般称为号舍、号房、书斋、斋房、书舍，健身习武之地一般称作射圃、射亭、绎堂、绎园等。书院讲学的目的不仅限于向书院内部的学生传习儒家经典，更向广大民众开放，无分乡约、市井、农夫、

①（宋）真德秀. 西山读书记. 卷21. 清钦定四库全书. 子部. 儒家类。
② 东阳书院. 南宫县志. 卷6。
③（清）吕民服. 大吕书院碑记. 新蔡县志. 卷9. 清乾隆六十年刊本。

僧、道、游人，无分本境他方；书院教学的形式灵活多样，不受固定规矩的禁防，强调自主性和独立精神；书院师生关系融洽、志趣相投，教师以个人魅力感召学生，学生是教师道统的忠实践行者。总之，在封建时代，书院的讲学活动真正起到了作育人材、教化民众的作用；书院教学活动要求书院园林不仅仅是作为视觉欣赏的对象，同时还要具有体育活动的积极休闲功能，书院的自由精神同样影响着书院园林的规划选址、设计营建和运营审美。

4.3 祭祀展礼

4.3.1 释菜释奠

祭祀是书院的重要功能之一，通过祭祀孔子及其弟子、学派先贤、本师及其为书院作出重要贡献的创建者、山长和乡贤名宦等，不仅为书院师生提供了学习的榜样，同时起到了表达敬意和激励学生的作用，从而达到儒家慎终追远的教育目的。书院根据祭祀者身份地位的不同，往往设有多处不同等级的祭祀建筑。书院一般会将祭祀孔子及其弟子的建筑群称为文庙或者孔庙，主体建筑称大成殿，规模较大的书院文庙还会与书院其他建筑形成"左庙右学"的平行体系，如岳麓书院；除孔庙外，书院还祭祀与本书院相关的名儒先贤，如白鹿洞书院除了祭祀孔子的大成殿外，还有宗儒祠、先贤祠、二先生祠、三先生祠、忠节祠、鲁公祠、紫阳祠等。

书院祭典主要分成释菜和释奠两种，主要区别在祭品的种类上。释菜之礼颇为简易，"释菜"又称作"舍采"，祭品以并不名贵的菜蔬为主，包括芹、藻、蘩、栗、菹等。《周礼》曰"春入学舍，采合舞。……郑司农云：舍菜谓舞者，皆持芬香之采。或曰：古者士见于君，以雉为挚；见于师，以菜为赘；菜，直谓疏食菜羹之菜"，书院学生在入学之初都会向先生和先贤行释菜之礼，朱熹在竹林精舍建成时，曾经率诸生行释菜礼于先贤，之后才将精舍更名曰沧洲精舍。可见，释菜之礼虽然简单、祭品不多，但是贵在其礼的诚意，这种简单朴素的祭祀礼仪也非常符合书院尚简的精神。

《礼记》曰"凡始立学者，必释奠于先圣先师"，释奠礼与释菜礼相比要重，祭品主要有牲畜和币帛，包括鹿醢（醢：肉酱）、兔醢、鱼醢、猪肉鲊、鹿脯等，配以白饼、黑饼、糗饼、豆实等，数量和种类都非常丰富。日期一般在岁首，春秋二仲的丁日，一般书院开讲前师生要进行祭祀先圣先贤的祭祀活动，每月初一和十五的朔、望祭祀是书院的一项规定，祭祀前一般要斋戒三日，不饮酒、不茹荤；散斋二日，沐浴更衣，宿于别室；致斋一日，才能宿于书院。祭祀当日除了行祭祀礼、上祭品外，还要行香、朗诵祭文；祭祀结束后还要进行"颁胙"之礼，将祭肉颁发给参祭者，为了扩大书院的影响范围，发挥其教化民俗的作用，颁肉还会发放到山长家人、鼓乐、看司、斋夫等乡民的手中。

4.3.2　束脩会揖

展礼是儒家教育的重要内容，古代士人和教师见面之初，并先执礼，称作束脩之礼，"朱子曰：脩脯也，十脡为束，古者相见必执赞以为礼，束脩其至薄者"[①]，即师生见面之初，赠送教师礼物，一般为一束肉脯，表示敬意，方可入学。

会揖指书院学生每日早起后和晚上就寝前都会升堂序立，向师长拜揖，并且相互拜揖，在会食、会茶、会讲等活动前也要进行"会揖"。迎送师长、上司、宾客，书院师生都会列队班迎，根据迎送对象身份和地位的不同出门迎送的距离不等，如白鹿洞书院迎送客人，根据所来者身份地位的不同，书院师生列队在书院门前

贯道溪的位置亦不同，若上司到，则先生迎于枕流桥内，诸生迎于枕流桥下，若贵客至，先生则迎于贯道桥南，诸生迎于枕流桥内；客人至书院中也要进行简单的拜礼，行初见之礼。生徒离院时要到各殿祠和先生处拜辞。

4.3.3　小结

祭祀展礼是古代书院日常的重要活动和行为规范。首先，祭祀先圣先贤是对书院生徒进行伦理道德教育的重要手段，一般在书院内的祭祀建筑中进行，如石鼓书院先后兴建过多处祭祀建筑，包括先贤祠、武侯祠、大成殿、三先生祠、四贤祠、先师燕居堂、陈公祠等，依据祭祀者身份地位的不同，祭祀礼的形式亦有不同。其次，展礼是书院师生日常行为活动的规范，学子的一言一行都要发乎情而止乎礼，居处必恭、步立必正、衣冠必整、言语必谨、出入必省，这是古代书院教育的重点。中国古代书院对于精神空间和礼仪规范的追求，正是现代学校教育所应重视和传承的珍贵遗产。

---

① （明）陈士元. 论语类考. 卷12. 清钦定四库全书. 经部. 四书类。

第 5 章

书院园林文化探源

5.1 宇宙观

5.1.1 理一分殊

在中国传统文化日渐衰微的时候，宋理学家广泛吸取之前各家思想之精华，集理学之大成，将理学发展到一个至高的境界，使处于礼崩乐坏的传统儒学再一次焕发了生机，形成了理学的宇宙观和人格观，对书院园林审美和造园理念产生了重要影响。理学开山鼻祖周敦颐处在儒释道三教合流的时代，他杂取诸家之长，借鉴释、道两家的宇宙生成论，援道入儒，在他的著作《太极图说》中建立了儒家宇宙生成学说，为宋以后儒学提供了"无极"和"太极"的天道范畴。张载在《西铭》中提出"有无一，内外合，此人心之所自来也。……万物本一，故一能合异"[①]。程朱由此推演出"理一分殊"的宇宙本体论，重塑了传统儒学天人之际的宇宙观，认为宇宙体系中本体和表象是高度统一的，大至宇宙，小至草木泉石，本体都只有一个，即"理"，宇宙间的任何事物都是由"理"演化而来的，即著名的理学本体论"理一分殊"。

5.1.2 观物之乐

"理一分殊"理论建立了严整的天人体系，并且这种理学宇宙观不断强化着园林对于境界的追求，所以，在书院园林中"观物"的意义被着重强调，"观物之乐"在理学家的园林中反复出现。如邵雍吟咏园林中的盆池曰"都邑地贵，江湖景奇。能游泽国，不下堂基。帘外青草，轩前黄陂。壶中月落，鉴里云飞。……可见观止，可以忘疾，可以照物，可以看时，不乐乎"[②]。朱熹重视从审美中启发道德和培养人格，他认为自然山水和优美的环境能使人的精神获得自由，从而体悟宇宙中天理流行，获得涵泳天理、悠游永恒的精神面貌，从而完成构建和培养理想人格的目的，最终达到"理与己一"的"大乐"境界。朱子曰"乐，喜好也。智者达于事理而周流无滞，有似于水，故乐水；仁者安于义理而厚重不迁，有似于山，故乐山"[③]，这就是书院外部选址于优美自然环境中，从中获得自然美的熏陶和为师生提供天然的"观物"之境的原因。在书院选址上，朱熹一直践行着"格物穷理"的相地精神，他曾经亲自踏勘，为西山草堂、云谷书院、武夷精舍、考亭书院、白鹿洞书院择胜选址；有些书院为了选

---

① （宋）张载. 张子全书. 卷3. 清钦定四库全书. 子部. 儒家类。
② （宋）邵雍. 盆池吟. 伊川击壤集. 卷14. 清钦定四库全书. 集部. 别集类。
③ （宋）赵顺孙. 论语纂疏. 卷3. 清钦定四库全书. 经部. 四书类。

择一处最佳的读书治学环境曾经不惜多次迁址，目的只为了寻得读书问字之佳境。

5.2 人格观

5.2.1 颜曾之乐

中国古代封建社会实行的是君主集权制度和统一的宗法制度，为了维系这种绝对皇权下的统治，古代社会形态赋予士大夫阶层的重要任务即调和绝对皇权和社会整体利益之间的矛盾，作为双重利益代表的士大夫阶层为了能完成调和的作用，就必须保持在任何情况下都不能丧失对理想人格的追求。自孔子时便确立了"孔颜乐处"的理想人格，并且一直被士大夫阶层所尊崇，成为士大夫阶层努力"为圣人"的终极目标。"孔颜乐处"命题由理学鼻祖周敦颐提出，具体指代的是孔子的两段话，"子曰：饭疏食饮水，曲肱而枕之，乐亦在其中矣。不义而富且贵，于我如浮云"[1]和"子曰：贤哉，回也！一箪食，一瓢饮，在陋巷，人不堪其忧，回也不改其乐。贤哉，回也！"[2]，赞美的是仲尼、颜子不以贫为忧的安贫乐道的理想人格，不妨称之为"颜乐"。"颜乐"后来经理学家加以发展，将士大夫阶层的理想人格与宇宙观、审美观联系起来，将对待个人命运的乐天知命的态度升华到"浑然与物同体"的"理与己一"的大乐境界，即"人于天地间并无窒碍，大小大快活"[3]的"新颜乐"境界。

这种对"浑然与物同体"的大乐境界的追求，自宋理学开山鼻祖周敦颐卜居庐山之阴建濂溪书堂开始，被后世历代理学家尊崇和相传，对书院园林产生了重要影响。周子在人道观方面，与天道对应，提出了"诚"的范畴，"诚"即为人生的最高境界、道德的最高理想，周子在《通书》中提出"诚者，圣人之本"，"圣，诚而已矣"，这种天道和人道的范畴大大丰富了儒家关于"道"的内涵。周子继承并发展了儒家的人格美学，以善为美，以理想人格为人生终极追求目标，他在知南康军（今星子县）时，卜居庐山北并著名篇《爱莲说》，塑造了理想人格的代表"莲君子"的形象，成为后来许多书院园林主题景观和人格化山水的内在依据。林焕在《题濂溪》中曰"我来濂溪拜夫子，马蹄深入一尺雪。长嗟岂惟溪

---

① （魏）何晏注，（宋）邢昺疏. 论语注疏. 卷7. 清钦定四库全书. 经部. 四书类。
② （魏）何晏注，（宋）邢昺疏. 论语注疏. 卷6. 清钦定四库全书. 经部. 四书类。
③ 二程遗书. 卷15. 清钦定四库全书. 子部. 儒家类。

泉濂，化得草木皆清洁。夫子德行万古师，坡云廉退乃一隅。有室既乐赋以拙，有溪何减名之愚。水性本清挠之浊，人心本善失则恶。安得此泉变作天下雨，饮者犹如梦之觉"①。朱熹在《爱莲诗》中言"闻道移根玉井旁，开花十丈是寻常。月明露冷无人见，独为先生引兴长"①。书院作为理学道统的重要传播之所，敬仰周子，并以周子的濂溪精神教化学子，其方式除了在书院内设置濂溪专祠以供朔望、早晚祭拜以外，更重要的是通过园林环境的营造潜移默化地浸润学子的心灵，起到寓教化于无形的作用，如书院中设置的泮池又称荷池，池中常常种植荷花，赏荷成为书院园居活动的重要内容之一。

孔子曾询问几个弟子的志向，曾点说在暮春的美景中，身着春装，五六人结伴而行，浸入沂水中沐浴，登舞雩台临春风，唱着歌归来，这就是曾点所高兴之处，孔子表达赞成弟子曾点的志向，其胸次悠然，直与天地万物上下同流，妙处自见于言外，这就是著名的"曾点气象"的典故。即理想人格的完善最终要达到"咏归乐"的境界，为了追求"浴沂咏归之乐"的大乐境界，明代大儒王阳明即非常仰慕曾点的沂水之乐，他在滁州时就将滁水比作沂水，在教学中

追求先秦欢乐自由的教学方式，他曰"滁流亦沂水，童冠得几人？莫负咏归兴，溪山正暮春"②，儒家圣人亲近自然，并与自然和谐相处。曾点之事自宋理学开始颇受重视，被认为是天人凑泊、生机流行的园林最高审美境界。朱熹曾经描写"曾点气象"曰"春服初成丽景迟，步随流水玩晴漪。微吟缓节归来晚，一任清风拂面吹"③。为了乐圣人之道，书院学子常常在老师的带领下游学山水，并在园林审美的愉悦中完成理想人格的培养，体会到宇宙天理，真正达到曾点在暮春美景中体会到的天理流行的"咏归乐"的至高境界。经过宋理学家不断发展，"咏归乐"所蕴含的园林审美意境和理学义理在后世的书院园林中多次被应用，景点的命名和意境营造都取义于此典故。如岳麓书院入口南侧池中，宋刘珙建风雩亭，书院前导空间开端有咏归桥；白鹿洞书院于贯道溪畔构风雩亭以赏景，并在溪流中命名风雩石，与听泉石相邻，在山体崖壁上书有"风雩"和"吾与点也之意"的摩崖石刻；白鹭洲书院有"浴沂亭"，亭外万竿竹柳纷披，洲水支流绕出其下，波湍清激，可濯可风，一派活泼泼之境；信江书院有士子读书的"课春草堂"，推窗望去，堂前一派园林佳景。

---

① （宋）周敦颐. 周公元集. 卷7. 清钦定四库全书. 集部. 别集类。
② （明）王阳明. 王阳明全集. 卷20. 上海古籍出版社. 1992：729。
③ （宋）朱熹. 晦庵集. 卷2. 清钦定四库全书. 集部. 别集类。

5.2.2　浩然乾坤

"乐天为事业，养志是生涯"①，为了实现理学的理想人格，达到咏归乐的境界，士人们在书院园林中园居生活的重要目标就是养浩然之气。孟子曰"我善养吾浩然之气"。石鼓书院临江处有以浩然命名的景观台，台前视野开朗，近处大江奔涌、波涛浩荡，远处衡岳雄峙、烟云倏忽、雄伟怪丽，"独登台四望，山经川互，天穹地隆，浩然之气，仿佛见之"②，"凭眺其间，蒸湘交流，樯帆上下，衡岳七十二峰突兀目前，盛大流行之气不可限挠。……人受天地之气以生，至大至刚，上而日星，下而河岳，莫非是气所充。周养之不失，天地之大，赖以撑持故也"③。苏州正谊书院假山上建有浩歌亭，取王冕诗"浩歌拍拍随春风，大醉惊倒江南翁"④之意。

5.3　审美观

5.3.1　以理观物

书院园林中观物以欣赏景物的理趣为主要对象，强调静观的审美方式，园林中无论是坐观、卧观还是游观，都强调从"静"出发，注重用楹联匾额的题名揭示主题，寄情以物，寓理于景，达到吟咏书院园林美景、劝学励志、阐发儒家义理的目的，对园林景物起到了藻绘点染的升华作用，理趣最强。书院讲堂建筑多以"明伦堂"命名，明伦堂之意实为儒者讲习、倡明人伦道德之所，孟子曰"设为庠序学校以教之。庠者，养也；校者，教也；序者，射也。夏为校，殷为序，周为庠，学则三代共之，皆所以明人伦也"⑤；朱熹倡导"明人伦"的教育观点，他在白鹿洞书院学规中称"熹窃观古昔圣贤所以教人为学之意，莫非使之讲明义理，以修其身，然后推以及人，非徒欲其务记览，为词章，以钓声名、取利禄而已也。今人之为学者，则既反是矣。然圣贤所以教人之法，具存于经，有志之士固当熟读深思而问辨

①（宋）邵雍. 击壤吟. 伊川击壤集. 卷17. 清钦定四库全书. 集部. 别集类。
②（清）孙鼎臣. 浩然台记.（清）李元度. 南岳志。
③（清）罗泽南. 浩然台跋后.（清）光绪. 石鼓书院志。
④（明）王冕. 竹斋集. 续集. 清钦定四库全书. 集部. 别集类。
⑤ 朱汉民. 岳麓书院. 长沙：湖南大学出版社. 2004：16。

之"①；王明阳在谈到兴办书院的目的时亦指出"古圣贤之学，明伦而已。尧舜之相授受曰：人心惟危，道心惟微，惟精惟一，允执厥中，斯明伦之学矣"②。可见，"明伦"指明了书院建学之初意，即讲求古圣先贤的明伦之学，意义在于补救官学的流弊，追求的教育目的是做人教育，此为书院教育的核心，只有明人伦，才能正其心、修其身，从而实现修身治国平天下的理想。书院内还常用理学义理命名建筑，如取义儒家"敬以直内，义以方外，以为为学之要"③的朱子紫阳楼内的"敬斋"和"义斋"，喻义"仁善"思想的武夷精舍中的"仁智堂"和"观善斋"，表现"中庸"思想的"依庸堂"，其他的还略如诚意堂、正心堂、志道堂、道源堂、明道堂、求志堂、学古堂、成德堂、明仁堂等。

书院内主要建筑都配有楹联，充分体现出书院的文化精神。如鹅湖书院"章岩月朗中天镜，石井波分太极泉（清·康熙）"和"鱼跃鸢飞，斯道由来活泼泼；锦明水止，此心本是常惺惺（清·李淳）"，明确阐发了儒家义理。岳麓书院教学斋前的对联"业精于勤，漫贪嬉戏思鸿鹄；学以致用，莫把聪明付蠹虫（佚名）"具有鲜明的劝学喻义，岳麓书院中与"教学斋"相对的一处号舍称为"半学斋"，表达了儒家"惟教学半"的思想，即"教人所得居自学之半，盖教学相长。……教者止说得一半，学者当自用功，如举一隅能以三隅"④，书院山斋联"叠石小峥嵘，修篁高下生。地偏人迹罕，古井辘轳鸣（宋·张栻）"描写了书院山长住处优美的园居环境。朱熹在建阳考亭书院的联曰"诚意在心，阐邹鲁之实学；主敬穷理，绍濂洛之真传"，阐明了他源于邹鲁、濂洛的道学渊源，并说明了他"主敬穷理"的主要理学思想。

5.3.2 宁拙舍巧

周敦颐提出儒家"主静"的思想，《太极图说》云"圣人定之以中正仁义而主静，立人极焉。故圣人与天地合其德，日月合其明，四时合其序，鬼神合其吉凶"⑤。宇宙的本源在人生境界的体现就是"静"，"主静"思想是伦理道德境界修养的完善。后来，程颐将周子的"主静"改为"主敬"，为的是避免儒家弟子流入佛老，"主敬"遂成为理学心性修养

① 江西通志. 卷145. 清钦定四库全书. 史部. 地理类。
②（明）王守仁. 王文成全集. 卷7. 清钦定四库全书. 集部. 别集类。
③（宋）朱鉴. 文公易说. 卷16. 清钦定四库全书. 经部. 易类。
④（元）王充耘. 读书管见. 卷上. 清钦定四库全书. 经部. 书类。
⑤（宋）周敦颐. 周元公集. 卷1. 清钦定四库全书. 集部. 别集类。

的重要代表。朱熹在二程的基础上自“敬以直内，义以方外”[①]提出“敬义夹持”的主张，即将内心修养和向外功夫结合起来，并指出“敬有死敬，有活敬。若只守着主一之敬，遇事不济之以义，辨其是非，则不活”[②]。从周敦颐到朱熹，理学主敬的内心修养思想深刻影响着理学家的审美情趣。周敦颐曾用“平生癖爱林泉处，名利萦人未许闲”来表达不愿为名利缠身，希望回归林下清净生活的心愿，周子一生都在追求冲和淡远、尚自然、尚简易古拙的审美情趣上，在他的名篇《拙赋》中通过将“拙者”和“巧者”的对比，指出“天下拙，刑政彻，上安下顺，风清弊绝”[③]，表现了君子“尚拙”的审美情怀。朱熹平日生活开支颇为节俭，崇尚简朴清淡、弊衣疏食，即衣取遮体、食取充腹，书院学子膳食通常是粗茶淡饭，宾朋聚会常以茶代酒。

理学家的这种“主敬”和“尚拙”的审美思想影响主导着后世书院园林自然疏朴、野致的意态和趣味，建筑尚典雅、不施装饰的风格。如以精舍命名的书院，一般就几间小屋，布局非常简单。再如前面提到的书院中主体建筑讲堂，无论从建筑形制，抑或是色彩装修上都非常朴素，散发着典雅的文人气息，这与造型考究、装饰华丽的官式建筑形成鲜明对比。另外，许多私人兴建的书院，建筑常常采用茅屋草堂的形式，如朱熹营建的晦庵云谷书院中就构有草堂，并且朱熹之号晦庵也得自于草堂的题额，再如岳麓书院门前南侧的风雩亭亦采用了草亭的形式，这种朴素的茅屋草堂不但与周边自然环境中的山楹、药圃、井泉、溪涧很好地融为一体，而且构造简易的草堂与自然充分融为一体。

由于营建和维护水景的费用较高，所以书院选址上亦非常珍视自然水景，很多书院选址都靠近有自然水源的地方，若要在书院内构建水景，亦是采用非常规整简单的形式，并且规模都很小，这与迂回曲折、极尽各种能事营造水景的私家园林有本质上的区别。在园林置石方面，亦表现宁拙舍巧的精神，书院园林以自然形态的山石为主，这些自然的山石或是环绕在书院周围，或是被书院能主之人巧妙地划入书院围墙内。总之，并未见像皇家园林或是私家园林那样，不惜人力、财力购得奇石置入书院的记载，并且书院内赏石的原则是以石的古拙形态为佳，并未见以奇巧取胜。

5.3.3　观生意

在理学“理一分殊”宇宙观的影

---

①（唐）李鼎祚．周易集解．卷2．清钦定四库全书．经部．易类。
②（宋）朱熹．朱子语类．卷12．清钦定四库全书．子部．儒家类。
③（宋）周敦颐．周元公集．卷2．清钦定四库全书．集部．别集类。

响下，理学家不但从宇宙间微乎其微的事物中体会到无比广大的宇宙本体，并且能感悟到宇宙间运迈无穷的生机，这体现在园林中即是"观生意"的审美观。程颐说"万物之生意最可观，……人与天地一物也"①。朱熹认为天地之间的万灵万物都是自然而然地融入宇宙，充满自由与生机，"那个满山青黄碧绿，无非天地之化流行发见"②，他在品赏武夷精舍的园林境界时曰"武夷山上有仙灵，山下寒流曲曲清。欲识个中奇绝处，棹歌闲听两三声。一曲溪边上钓船，幔亭峰影蘸晴川。虹桥一断无消息，万壑千岩锁翠烟"③。理学家在有限的园林空间内，通过园林中的草木、花畦、蔬圃、游鱼、流水等景致观天地万物的生意，从中体会到宇宙本体的无处不在，体会到园林景物融入宇宙而具有的永恒和谐的宇宙韵律和无限境界，观生意成为理学的园林审美方法，自此，园林中的一草一木、一山一水与天地人凝为一体，实现了物我的交融，将园林审美向写意的方向更推进了一步，致使之后书院园林环境中出现了许多以"观生意"为主题的景物。

为了保护岳麓山中书院周边的树木，清同治年间曾经颁布条例，禁止砍伐山中树木，以保葱茏之佳气，并且派专人随时监督；"暇日命仆於盆池养鱼，瓦缶种谷以观生意"④，可见，观赏鱼禽和观草木是书院审美中"观生意"的重要景观元素。周子对于庭前小草以物观之，并从中体会到理学"天人之际"宇宙观的大乐之境，曰"观生意者，当观于闭塞之时，而闭塞之理又可于敷畅而得之。周元公不去庭前草要存生意，盖方究夫阴阳动静之际，欲人即显以识其隐也"⑤；又"明道先生书窗前有茂草覆砌，或劝之芟。明道曰：不可，常欲见造物生意。又置盆池蓄小鱼数尾，时时观之，或问其故，曰：欲观万物自得意。草之与鱼，人所共见，惟明道见草则知生意，见鱼则知自得意，此岂流俗之见可同日而语"⑥；杭州万松书院泮池位于中轴线东侧太和书院的石坊后面，为半月形，池中睡莲浮动、红鲤游动，绿莲红鲤相映成趣；白鹭洲书院所在处是白鹭和水鸟的觅食地，白鹭洲书院门联"鹭飞振振兮，不与波上下"一语道出了书院活泼泼之生意；鹅湖书院曾因蓄鹅而得名，表现出生活气息浓厚的活泼生动的田园生活场景。

① 二程遗书. 卷11. 清钦定四库全书. 子部. 儒家类。
②（宋）黎靖德. 朱子语类. 卷116. 北京：中华书局. 1986。
③（宋）朱熹. 晦庵集. 卷9. 清钦定四库全书. 集部. 别集类。
④（宋）刘挚. 忠肃集. 卷11. 清钦定四库全书. 集部. 别集类。
⑤（明）王行. 半轩集. 卷2. 清钦定四库全书. 集部. 别集类。
⑥（宋）朱熹，李幼武. 宋名臣言行录. 外集. 卷2. 清钦定四库全书. 史部. 传记类. 总录之属。

5.3.4 致中和

《管子·五行》里提出"人与天调，然后天地之美生"，《中庸》中曰"喜怒哀乐之未发，谓之中；发而皆中节，谓之和。中也者，天下之大本也；和也者，天下之达道也。致中和，天地位焉，万物育焉"，书院园林从选址规划到设计经营无不体现着中和之美。

《礼记·乐记》"大乐与天地同和，大礼与天地同节"[①]，要求一切应与天地的规律和形式相和谐。书院园林对山的欣赏追求的是山之大势，即周边群山的山形及其之间的组合关系，是园林欣赏的重点，相比于私家宅院对孤立山石"瘦、漏、皱、透"的迷恋，书院师生更观照山水大势之和谐，及由山水本身带来的空间感受和哲学义理，如孔子和朱熹都非常推崇"观大水"，这里的大水即指自然界中的水体。

书院建筑选址注重融汇自然山水，并将自身巧妙地融入周围环境中，书院建筑布置不过分强调单体建筑的地位、形制、体量、造型、装修，而是更多地考虑其与其他建筑物、园景以及周边自然环境的关系，以期达到各个要素之间的和谐统一。如书院内部建筑组合成庭院，与实体建筑物形成一虚一实的映照关系，并

且庭院内多有绿化，更是达到了调和建筑与自然关系的作用；对于建筑物的欣赏，也倾向于欣赏建筑的朴趣及建筑群内外环境之间的状态，书院园林都是由点缀在自然郊野中的众多亭台与建筑群组成的，即每一栋建筑物不但要与建筑群中各种建筑取得平衡，而且要与周边山水取得和谐平衡，如书院中的主体建筑讲堂，常常采用前后开放的堂屋形式，使建筑与庭院完全融为一体，丝毫没有相佛寺道观的主体建筑那样威严的震慑感，甚至在有些情况下为了保持庭院空间的流通和舒畅，讲堂还担任过道的作用；很多书院与周围自然风景和人文风景有机联系成相互借鉴的整体，而共同形成内涵丰富的风景名胜区，如嵩阳书院所在的嵩山景区，岳麓书院所在的岳麓山风景区。

5.4 园林观

5.4.1 隐逸治平

书院创建的目的之一是为了传道、求道和读书，书院师生追求"孔颜乐处"，不求世俗功利，但求与天

---

① （汉）郑玄注.（唐）孔颖达疏. 礼记注疏. 卷37. 清钦定四库全书. 经部. 礼类. 礼记之属。

地同流的境界，所以，书院园林带有一种先天的超世脱俗的独立精神；为了追求志高境界，颐养性情，洗心涤虑，书院选址较多选择在林壑气象深厚的山间，使人至书院即有神观萧爽、觉与人境隔异之感，以此寄寓士人的隐逸之志和江湖之情。如岳麓书院二门联"纳于大麓，藏之名山（清·程颂万）"生动地道出了书院藏于深山中的环境特色和潜儒的隐逸情怀；陆九渊在贵溪应天山建象山精舍，就是因为喜爱其"陵高而谷邃，林茂而泉清"；朱熹在亲自踏勘白鹿洞书院选址时曾赞叹其"无市井之喧，有泉石之胜"，为读书著述之佳境；朱熹将沧洲精舍选址在背依玉枕山、面临麻阳溪的考亭，并在《水调歌头·沧洲》中言"鸥夷子，成霸业，有余谋。收身千乘卿相，归把钓鱼钩。春昼五湖烟浪，秋夜一天云月，此外尽悠悠。永弃人间事，吾道付沧洲"；在《云谷记》中朱子又曰"然予常自念，自今以往，十年之外，嫁娶亦当粗毕，即断家事，灭景此山。是时，山之林薄当益深茂，水石当益幽胜，馆宇当益完美，耕山、钓水、养性、读书、弹琴、鼓缶，以咏先王之风，亦足以乐而忘死矣"[1]，可见，他将云谷晦庵草堂建在远离尘世喧嚣的高山之巅，明确表达了他对隐逸的向往。书院这种对精神的追

求，致使园林景致并不是单纯地为满足人的游观逸乐，而是带有明伦化俗的特色。首先，为了创造良好的读书环境，书院园林非常注重选址，正如虞集在《重修张岩书院记》中曰"独岩学远于城阙之喧嚣，邈乎公府之拘制。馈饷时至，无乏绝之虑；人迹在迩，无岑寂之苦；息焉游焉、无所事乎其外，及其闲暇，可以登高眺远而发挥其咏歌。环千里而观之，为学之善地未有过之者矣"。其次，园林景物形态本身并不如其他园林形式精致华美，以强调显真山真水为主，因胜据奇，更注重总体上"旷"、"奥"、"静"的精神气质和郁郁乎之文气。

虽说书院从创建之初就反对以科举利禄为目的的办学，但是儒家治平的思想导致士子读书的最终精神追求必须与社会现实所结合，结合的途径便是通过科举考试获得进身之阶，实现其治平的人生理想。所以，对于书院园林的要求除了满足精神上的脱俗追求外，其在功能上还必须满足作为科举考试士子学习、生活、考试等各种需求，这使得书院核心区建筑密度较高，呈现严整对称的合院形式，园林植物、山石、水景也多服从于建筑群的中轴对称关系；由于书院内部面积一般不大，故而书院内的景致常以简单小巧的方式呈现；园林中还有很多象征科举取士的景致，如魁星楼、文

---

[1]（宋）朱熹. 晦庵集. 卷78. 清钦定四库全书. 集部. 别集类。

昌阁、奎宿楼、仓颉宫、泮池，建有牌坊以寓旌表之义，园林中还常常将皇帝御赐之物加以供奉标榜，甚至为此改变整体布局、修建楼阁，如御书楼、御书亭。

5.4.2　名教乐地

"君子之于学也，藏焉、修焉、息焉、游焉"[1]，书院既是传道授业之地，又是修养心性、砥砺品德之所，所以，书院园林不仅是名教讲习、研究、祭祀之地，亦是宾友聚会、放松身心、陶冶品格、修养心性的乐地。

首先，作为教化生徒之地，书院中有包括讲学、祭祀、藏书、游憩、居住、辅助用房等明确的功能分区，不同功能分区在园林庭院建构上又有不同的气质和特色，如讲学区弘敞、藏书区幽静、祭祀区庄严、斋舍区封闭、园林区自由，关于此，前面已有论述，此处不再赘述。其次，周敦颐提出了"文以载道"的文艺美学观，使文艺创作以蕴含的"道"为主要标准，强化了文艺创作的教化作用，将唐代以形写形的形似审美观向前推动了一步，向着讲究气韵神似的方面发展，如程颢《野云轩》曰"谁怜大第多奇景，自爱贫家有古风。会向红尘生野思，始知泉石在胸中"[2]。自此，理学家非常重视艺术对造就全面人格

理想的重要作用，书院园林景致常体现出强烈的精神性，具有儒家教化的色彩，最典型的是寓意朱熹《观书有感》的方池和池中建亭的组合方式；书院建筑的重要意义在于表现士人的人格理想，而不在于庐舍建筑本身，如书院中常出现的草堂，其对于院内读书人的意义在于建筑背后所承载的"可仰观山、俯听泉，可观乾坤之道"的文化信息和对于提升个人修养的价值，正如《明儒言行录》中所曰"读书韩山草堂，大抵半日静坐，半日读书，久之浩然有得，始知作圣功夫必不能舍慎独"，书院内读书人憧憬的是居于尘世外、一心向学的自由生活，就如遍读古今书的南宋学者郑樵（1104～1162年，称夹漈先生），"年十六徒步归葬，自是谢绝人事，结庐越王山下，闭户诵习，卜筑草堂，夹际居之，久之出游名山大川，搜奇访古，过藏书家必留借读，夜则仰观星象，寒暑寝食为之"[3]。

5.4.3　礼序乐和

书院园林是中国古代礼乐思想在教育领域的反映，书院园林受古代社会儒家伦理教化的影响，整体布局体现儒家礼乐相成的思想。首先，书院主体院落体现着儒家"礼序"的规则，是书院学子"以礼修身"的

---

① （汉）郑玄注. 礼记注疏. 卷36. 清钦定四库全书. 经部. 礼类. 礼记之属。
② 二程集·河南程氏文集. 卷3。
③ （清）李清馥等. 闽中理学渊源考. 卷8. 清钦定四库全书. 史部. 传记类. 总录之属。

空间。"礼"是儒学的核心内容，是古代社会控制的一种有效手段，《礼记》中曰"礼之于正国也，犹衡之于轻重也，绳墨之于曲直也，规矩之于方圆也"，朱熹在《白鹿洞书院揭示》中说"父子有亲，君臣有义，夫妇有别，长幼有序，朋友有信"。建筑院落布局规整，采用中轴对称、纵深多进院落的形式，建筑之间主次、尊卑关系明确，以讲堂为中心形成向外辐射的主次关系网，书院讲堂一般居中心主位，斋舍、号房、祭祀的专祠在讲堂两侧居辅位，庖次井湢地位最低的辅助用房离讲堂最远，位于书院角落处，各种不同职能的建筑在书院中各司其职，反映着不同的角色意识，处处体现着规范性和约束性。

其次，书院主体院落周边的单体建筑和主体院落内的园林则是儒家"乐和"精神的践行者。周敦颐认为"乐"在道德教育中具有重要作用，并认为"乐"能"宣八风之气，平天下之情"[1]，具有陶冶情操和平欲的作用，他对"乐和"的要求是"淡则欲心平，和则燥心释"[2]，即"淡而和"之"乐"。理学家通过深入挖掘周围自然环境资源，将多个单体建筑分散布置在书院周边广阔的范围内，起到了点缀并凸显真山真水的作用，并将外部自然山水引入书院庭院内，营建内部小园林，这些经过人工经营的自然山水型开放园林和精心营造的内部园林成为书院学子"以乐治心"的场所，即众多书院都以圣山为背景，并且形成以圣山体为轴的建筑群，或沿轴线形成层层递进的院落空间，或是依据自然地貌形成灵活多变的布局形式，如庐山白鹿洞书院、虞山游文书院、黑山钩深书院，总之，书院的营建者并没有将眼光囿于书院的围墙之内，而是遵循着"礼之用，和为贵"的原则，用心经营着书院周边广阔的山山水水，体现着礼乐相成的园林观。

---

① （清）李光坡. 礼记述注. 卷16. 清钦定四库全书. 经部. 礼类. 礼记之属。
② 周礼集说. 卷1. 清钦定四库全书. 经部. 礼类. 礼记之属。

◎
结语

书院是文人士大夫自由活动的文化场所，最初源于私人讲学，唐五代时期初具规模，后经发展在宋代形成完备的营建体系和制度体系。书院园林伴随书院的产生而出现，最初诞生于山水林泉之间，经历了由作堂湖山到经营咫尺的发展演变过程，成为一种独具特色的园林艺术形式。本书通过各章节对书院园林的研究和论述，试图得到以下一些基本结论。

一、书院园林发展变迁及其艺术特色。从唐五代生成到清代成熟，随着时代的发展变迁，书院园林艺术创作经历了由写实到写意、由观生意到郁文气的演变。唐宋书院为了治学的需求，最初选择在远离市井喧嚣的山间辟地筑园，广纳四方山水之景，经人工点染，构筑天然山水园，造园的主要目的在于陶冶情操、砥砺品格。元明清时期，理学思想成为统治阶级认可的治国理政思想，书院自此开始官学化和科举化，其结果是书院选址和园林经营都受到政府的影响，书院最终结束了幽居山间的历史，走入了城市，书院园林在有限的范围内用写意化的艺术创作经营人工山水，造园的目的除了宣教化、育品德外，还夹杂有兴文风、鼎科甲、娱于园的作用。

二、书院园林选址特色。受儒家思想、佛道思想和堪舆思想的影响，中国古人在选址营建书院时非常重视对山水环境的考察，形成了"山水园、山林园、水滨园、乡野园、城邑园"五大基本类型，且每一种类型的选址都对书院园林的营建产生了重要影响，从而形成了不同艺术特色的书院园林。

三、书院园林营建理法。首先，书院的讲学、藏书、居住、祭祀、游览不同功能要求对园林营建的要求各异，所采取的空间模式和空间气质各不同，讲学区开朗，藏书区幽静，居住区简朴，祭祀区庄重，游览区活泼。其次，书院园林既包括外部的山水环境，又包含内部的山水景观。外部上，在结合山水环境的营建过程中，通过对山水不断地发现、营建、点染，使得山水与书院形成相互借鉴映衬的独特风格，书院园林大多依山水而建，顺应地势组织建筑和水景，园内很少叠山，主要是依据周边山川的景色，凸显真山真水的景观，建筑风格朴素并融于自然；内部上，书院园林建筑、理水、山石、植物都有不同于皇家苑囿和私家宅园的独特风格。城邑内部的书院凿池筑山的体量都非常小，主要是运用写意的手法创造一种趋向自然野致的意趣和态度。

四、书院园林园居生活类型丰富。主要包括游赏宴乐、日常课艺、祭祀展礼三大部分。其中游赏宴乐活动包括静坐、赏景、游步、登高远眺、垂纶、泛舟、莳园、饲物、宴集、雅集；日常课艺包括升堂讲学、相与讲习、悬弧射矢；祭祀展礼的活动包括释菜和释奠的祭祀活动、束脩和会揖的日常礼节。这些都是师生在书院园林中的重要行为活动，影响着园林的营建，亦是人们了解书院园林的一个窗口。

五、书院园林文化内涵。书院在不同历史时期，均反映了整个古代社会文化发展的总趋势和社会机制的总要求，是理学文化发展过程的艺术缩影。理学的宇宙观和人格观影响着书院园林的审美，从而指导书院园林的营建，书院园林是理学宇宙观、人格观、审美观高度统一的物化形式。山间书院园林在选址上遵循儒家"天人之际"的宇宙观，城邑内部的书院选址体现着"文崇东南"的堪舆思想，园林建筑布局上体现着"礼乐相融"的思想和"宁拙舍巧"的朴素风格，建筑、植物、山水等园林景致平易、含蓄，并且富有理学义理，体现着儒家"孔颜乐处"的人格观和"致中和"之美。由于古代书院的营建者和使用者都是当时社会上的饱学之士，加之书院在当时是理学思想发展和传播的重要载体，因此，书院园林景致的人文书卷气息和敦儒促教的意象深厚。书院园林景致命名多富含理学义理，园中除了匾额、楹联外，还有众多展示书院精神和传播理学义理的碑亭、碑廊、摩崖石刻，起到教化士人的作用。总之，书院园林不是人们赏心悦目的玩物，它不炫造园技巧、不论景观水平的高下，而是将涵养教化的功能需求和园居感受作为重点，士人的宇宙观、人格观和审美观完全融入园林的艺术面貌中去，书院园林是实现其园林观的艺术手段。

◎ **插图索引**

◎ 参考文献

古籍

[1] 论语 [M]. 陈晓芬, 徐儒宗译注. 北京：中华书局, 2011.

[2] 荀子 [M]. 李波译注. 北京：中华书局出版社, 2011.

[3] 庄子今注今译 [M]. 陈鼓应注译. 北京：中华书局, 2011.

[4] 管子 [M]. 李山译注. 北京：中华书局, 2009.

[5] (战国) 吕不韦. 吕氏春秋 [M]. 郑州：中州古籍出版社, 2010.

[6] (汉) 孔鲋. 孔子家语 [M]. (魏) 王肃注. 郑州：中州古籍出版社, 1991.

[7] (汉) 许慎. 说文解字 [M]. 张三夕导读, 刘果整理. 长沙：岳麓书社, 2006.

[8] (汉) 班固. 前汉书 [M]. 上海：广益书局, 1937.

[9] (唐) 房玄龄等. 晋书 [M]. 长春：吉林人民出版社, 1995.

[10] (宋) 程颢, 程颐. 二程集 [M]. 北京：中华书局, 1981.

[11] (宋) 周敦颐. 周敦颐集 [M]. 陈克明点校. 北京：中华书局, 1990.

[12] (宋) 黎靖德. 朱子语类 [M]. 北京：中华书局, 1986.

[13] (宋) 朱熹. 朱子全书 [M]. 朱杰人, 严佐之, 刘永翔主编. 上海：上海古籍出版社, 2002.

[14] (宋) 陆九渊. 陆九渊集 [M]. 北京：中华书局, 1980.

[15] (宋) 陈元靓. 事林广记 [M]. 北京：中华书局, 1963.

[16] (明) 王守仁. 王阳明全集 [M]. 上海：世界书局, 1936.

[17] (明) 王守仁. 王文成全集 [M]. 上海：商务印书馆, 1933.

[18] (明) 章潢. 图书编 [M]. 扬州：江苏广陵古籍刻印社, 1988.

[19] (明) 王圻, 王思义. 三才图会 [M]. 上海：上海古籍书店, 1985.

[20] (明) 王应山. 闽都记 [M]. 林家钟, 刘大治校注. 福建省地方志编纂委员会整理. 北京：方志出版社, 2002.

[21] (明) 李安仁等. 石鼓书院志 [M]. 长沙：岳麓书社, 2009.

[22] (明) 陶晋英等. 紫阳书院书略 [M]. 武汉：武汉教育出版社, 2002.

[23]（明）吴道行，（清）赵宁等修撰. 岳麓书院志 [M]. 邓洪波，谢丰等点校. 长沙：岳麓书社，2012.

[24]（明）计成. 园治 [M]. 陈植注释. 北京：中国建筑工业出版社，1981.

[25]（清）黄宗羲著，（清）全祖望补修. 宋元学案 [M]. 陈金生，梁运华点校. 北京：中华书局，1986.

[26]（清）黄宗羲. 明儒学案 [M]. 沈芝盈点校. 北京：中华书局，1985.

[27]（清）李斗. 扬州画舫录 [M]. 汪北平，涂雨公点校. 北京：中华书局，1960.

[28]（清）陶澍，万年淳等修撰. 洞庭湖志 [M]. 长沙：岳麓书社，2009.

[29]（清）刘绎. 白鹭洲书院志 [M]. 高立人主编. 南昌：江西人民出版社，2008.

[30]（清）王赓言. 同治信江书院志 [M]. 合肥：黄山书社，2010.

[31]（清）康有为. 大同书 [M]. 北京：中华书局，1936.

[32]（清）于敏中. 日下旧闻考 [M]. 北京：北京古籍出版社，1985.

[33]（清）钦定四库全书 [M]. 上海：上海人民出版社，香港：迪志文化出版有限公司，1999.

[34]（清）董天工. 武夷山志 [M]. 北京：方志出版社，2007.

[35]（清）毕沅. 关中胜迹图 [M]. 西安：三秦出版社，2004.

[36]（清）朱用纯. 朱子家训 [M]. 郑州：中州古籍出版社，1995.

[37]天一阁藏明代方志选刊 [M]. 上海：上海古籍书店，1962.

[38]日本藏中国罕见地方志丛刊 [M]. 北京：书目文献出版社，1991.

[39]姜亚沙，经莉，陈湛琦. 中国书院志 [M]. 全国图书馆文献缩微复制中心，2005.

[40]赵所生，薛正舆. 中国历代书院志 [M]. 南京：江苏教育出版社，2012.

[41]朱瑞跟，孙家骅. 白鹿洞书院古志五种（全二册）[M]. 白鹿洞书院古志整委员会整理. 北京：中华书局，1995.

专著

[1] 陈寅恪. 金明馆丛稿二编 [M]. 上海：上海古籍出版社，1980.

[2] 孔祥林. 孔子圣迹图 [M]. 山东：山东美术出版社，1988.

[3] 冯尔康. 中国古代的宗族与祠堂 [M]. 北京：商务印书馆国际有限公司，1996.

[4] 邹律姿. 湖南文庙与书院 [M] 北京：文物出版社，2004.

[5] 潘谷西. 曲阜孔庙建筑 [M]. 北京：中国建筑工业出版社，1987.

[6] 李秋香，陈志华. 宗祠 [M]. 北京：三联书店，2006.

[7] 张德一，杨连锁. 晋祠揽胜 [M]. 太原：山西古籍出版社，2000.

[8] 赵立瀛. 陕西古建筑 [M]. 西安：陕西人民出版社，1992.

[9] 叶涛，陈学英主编. 刘德增著. 孔庙 [M]. 北京：华语教学出版社，1993.

[10] 王镇华. 书院教育与建筑：台湾书院实例之研究 [M]. 北京：故乡出版社，1986.

[11] 郑春. 朱子家礼与人文关怀 [M]. 福州：福建教育出版社，2010.

[12] 薛正昌. 李梦阳全传 [M]. 长春：长春出版社，2000.

[13] 方彦寿. 朱熹考亭书院源流考 [M]. 北京：中国文史出版社，2005.

[14] 朱汉民. 千年讲坛：岳麓书院历代大师讲学录 [M]. 长沙：湖南大学出版社，2003.

[15] 朱汉民. 岳麓书院 [M]. 长沙：湖南大学出版社，2004.

[16] 朱汉民，邓洪波. 岳麓书院史话 [M]. 长沙：湖南大学出版社，2006.

[17] 朱汉民. 岳麓书院 [M]. 长沙：湖南大学出版社，2011.

[18] 江堤. 岳麓书院 [M]. 长沙：湖南文艺出版社，1995.

[19] 江堤. 诗说岳麓书院 [M]. 长沙：湖南大学出版社，2002.

[20] 江堤. 山间庭院·文化中国·岳麓书院 [M]. 长沙：湖南大学出版社，2003.

[21] 王观. 岳麓书院 [M]. 长春：吉林文史出版社，2010.

[22] 周旭书. 岳麓书院诗词选 [M]. 长沙：湖南大学出版社，2001.

298

[23] 陈谷嘉. 岳麓书院名人传 [M]. 长沙：湖南大学出版社，1998.

[24] 杨布生. 岳麓书院山长考 [M]. 上海：华东师范大学出版社，
1986.

[25] 杨慎初，朱汉民，邓洪波. 岳麓书院史略 [M]. 长沙：岳麓书
社，1986.

[26] 杨慎初. 岳麓书院建筑与文化 [M]. 长沙：湖南科学技术出版
社，2003.

[27] 谭修，周祖文. 岳麓书院历代诗选（注释本）[M]. 长沙：湖南大
学出版社，1986.

[28] 湖南大学岳麓书院文化研究所. 岳麓书院一千零一十周年纪念文集
[M]. 长沙：湖南人民出版社，1986.

[29] 李宁宁. 白鹿洞书院艺文新志 [M]. 南昌：江西人民出版社，
2008.

[30] 李才栋. 白鹿洞书院史略 [M]. 北京：教育科学出版社，1989.

[31] 李才栋. 白鹿洞书院碑记集 [M]. 南昌：江西人民出版社，1995.

[32] 李邦国. 朱熹和白鹿洞书院 [M]. 武汉：湖北教育出版社，1989.

[33] 周銮书. 千年学府·白鹿洞书院 [M]. 南昌：江西人民出版社，
2003.

[34] 马时雍. 万松书院 [M]. 杭州：杭州出版社，2003.

[35] 邵群. 万松书院 [M]. 长沙：湖南大学出版社，2014.

[36] 王立斌，刘东昌. 鹅湖书院 [M]. 长沙：湖南大学出版社，2013.

[37] 陈连生，刘富金. 鹅湖书院志 [M]. 合肥：黄山书社，1994.

[38] 黄泳添等. 广州越秀古书院概观 [M]. 广州：中山大学出版社，
2002.

[39] 黄泳添等. 广州越秀古书院 [M]. 广州：广东人民出版社，2006.

[40] 孟繁峰. 古莲花池 [M]. 石家庄：河北人民出版社，1984.

[41] 柴汝新. 古莲池碑文精选 [M]. 保定：河北大学出版社，2012.

[42] 柴汝新. 莲池书院研究 [M]. 保定：河北大学出版社，2012.

[43] 吴洪成. 名胜之巨擘 文化之渊源——保定莲池书院研究 [M].
石家庄：河北大学出版社，2010.

[44] 官嵩涛. 嵩阳书院 [M]. 北京：当代世界出版社，2001.

［45］宋毛平. 嵩阳为了与你相遇，郑州大学师生品读书院文化［M］.
　　　郑州：郑州大学出版社，2010.

［46］戴述秋. 石鼓书院诗词选［M］. 长沙：湖南地图出版社，2007.

［47］郭建衡，郭幸君. 石鼓书院［M］. 长沙：湖南人民出版社，2014.

［48］杨镜如. 紫阳书院志［M］. 苏州：苏州大学出版社，2006.

［49］梁申威. 中国书院对联［M］. 太原：山西教育出版社，2002.

［50］邓洪波. 中国书院诗词［M］. 长沙：湖南大学出版社，2002.

［51］邓洪波，彭爱学. 中国书院揽胜［M］. 长沙：湖南大学出版社，
　　　2000.

［52］韦力. 书楼寻踪［M］. 石家庄：河北教育出版社，2004.

［53］程勉中. 中国书院书斋［M］. 重庆：重庆出版社，2002.

［54］杨慎初. 中国建筑艺术全集·书院建筑［M］. 北京：中国建筑工
　　　业出版社，2001.

［55］李允鉌. 华夏意匠——中国古典建筑设计原理分析［M］. 天津：
　　　天津大学出版社，2005.

［56］汪昭义. 书院与园林的胜境·雄村［M］. 合肥：合肥工业大学出
　　　版社，2005.

［57］俞定启. 书院北京［M］. 北京：旅游教育出版社，2005.

［58］尹庆民. 皇城下的市井与土文化［M］. 北京：光明日报出版社，
　　　2006.

［59］邓本章等. 中原文化大典·教育典［M］. 郑州：中州古籍出版
　　　社，2008.

［60］赵军良. 三秦史话·张载与横渠书院［M］. 西安：三秦出版社，
　　　2004.

［61］白新良. 明清书院研究［M］. 北京：故宫出版社，2012.

［62］徐梓. 元代书院研究［M］. 北京：社会科学文献出版社，2000.

［63］刘玉才. 清代书院与学术变迁研究［M］. 北京，北京大学出版
　　　社，2008.

［64］何兆兴. 老书院［M］. 北京：人民美术出版社，2003.

［65］杨慎初. 中国书院文化与建筑［M］. 武汉：湖北教育出版社，
　　　2002.

［66］杨布生，彭定国. 中国书院与传统文化［M］. 长沙：湖南教育出版社，1992.

［67］陈谷嘉，邓洪波. 中国书院史料［M］. 杭州：浙江教育出版社，1998.

［68］盛朗西. 中国书院制度［M］. 上海：上海中华书局，1934.

［69］张正藩. 中国书院制度考［M］. 南京：江苏教育出版社，1985.

［70］陈谷嘉，邓洪波. 中国书院制度研究［M］. 杭州：浙江教育出版社，1997.

［71］陈元晖. 中国古代书院制度［M］. 上海：上海教育出版社，1981.

［72］章泉柳. 中国书院史话·宋元明清书院的演变及其内容［M］. 北京：教育科学出版社，1981.

［73］白新良. 中国古代书院发展史［M］. 天津：天津大学出版社，1995.

［74］李国钧. 中国书院史［M］. 长沙：湖南教育出版社，1998.

［75］邓洪波. 中国书院史［M］. 长沙：湖南教育出版社，2004.

［76］胡昭曦. 四川书院史［M］. 成都：巴蜀书社，2000.

［77］李才栋. 中国书院研究［M］. 南昌：江西高校出版社，2005.

［78］王炳照. 中国古代书院［M］. 北京：商务印书馆，1998.

［79］江堤. 书院中国［M］. 长沙：湖南人民出版社，2003.

［80］周洪宇. 书院的社会功能与文化特色［M］. 武汉：湖北教育出版社，1996.

［81］孟宪承，陈学恂，张瑞璠. 中国古代教育史资料［M］. 北京：人民教育出版社，1961.

［82］毛礼锐，瞿菊农，邵鹤亭. 中国古代教育史［M］. 北京：北京师范大学出版社，1979.

［83］王志民，黄新宪. 中国古代学校教育制度考略［M］. 北京：首都师范大学出版社，1996.

［84］郭齐家. 中国古代学校和书院［M］. 北京：商务印书馆，1995.

［85］季啸风. 中国书院辞典［M］. 杭州：浙江教育出版社，1996.

［86］麓山寺碑. 见：一方. 至盛岳麓［M］. 北京：中国档案出版社，2006.

［87］李才栋. 江西古代书院研究［M］. 南昌：江西教育出版社，1993.

［88］武夷山朱熹研究中心. 朱熹与中国文化——朱熹与武夷山［M］. 上海：学林出版社，1989.

［89］杜汝俭，李恩山，刘管平. 园林建筑设计［M］. 北京：中国建筑工业出版社，1986.

［90］（日）冈大陆. 中国宫苑园林史考［M］. 瀛生译. 北京：学苑出版社，2008.

［91］钱穆. 中国文化史导论［M］. 北京：九州出版社，2011.

［92］钱穆. 中国思想史［M］. 北京：九州出版社，2012.

［93］陈望衡. 环境美学［M］. 武汉：武汉大学出版社，2007.

［94］冯友兰. 中国哲学史［M］. 重庆：重庆出版社，2009.

［95］宗白华. 美学散步［M］. 上海：上海人民出版社，1981.

［96］李泽厚. 美的历程［M］. 天津：天津社会科学院出版社，2002.

［97］张杰. 中国古代空间文化溯源［M］. 北京：清华大学出版社，2012.

［98］王其亨. 风水理论研究［M］. 天津：天津大学出版社，2005.

［99］陈植. 中国造园史［M］. 北京：中国建筑工业出版社，2006.

［100］汪菊渊. 中国古代园林史［M］. 北京：中国建筑工业出版社，2006.

［101］周维权. 中国古典园林史（第二版）［M］. 北京：清华大学出版社，1999.

［102］周维权. 中国名山风景区［M］. 北京：清华大学出版社，1996.

［103］周维权. 园林·风景·建筑［M］. 北京：百苑文艺出版社，2006.

［104］童寯. 江南园林志［M］. 北京：中国工业出版社，1963.

［105］童寯. 造园史纲［M］. 北京：中国建筑工业出版社，1983.

［106］孙筱祥. 园林艺术及园林设计［M］. 北京：中国建筑工业出版社，1986.

［107］罗哲文. 中国古园林［M］. 北京：中国建筑工业出版社，1999.

［108］张家骥. 中国造园艺术史［M］. 太原：山西人民出版社，2004.

［109］张家骥. 中国造园论［M］. 太原：山西人民出版社，1991.

［110］安怀起. 中国园林史［M］. 上海：上海同济大学出版社，1991.

［111］章采烈. 中国园林艺术通论［M］. 上海：上海科学技术出版社，
　　　 2004.

［112］王毅. 园林与中国文化［M］. 上海：上海人民出版社，1990.

［113］王毅. 中国园林文化史［M］. 上海：上海人民出版社，2004.

［114］贾珺. 北京私家园林志［M］. 北京：清华大学出版社，2009.

［115］杨鸿勋. 江南园林论［M］. 北京：中国建筑工业出版社，2011.

［116］张薇. 园冶文化论［M］. 北京：人民出版社，2006.

［117］曹林娣. 中国园林文化［M］. 北京：中国建筑工业出版社，
　　　 2005.

［118］王其均. 图说中国古典园林史［M］. 北京：中国水利水电出版
　　　 社，2007.

［119］陈从周. 说园［M］. 上海：同济大学出版社，2007.

［120］彭一刚. 中国古典园林分析［M］. 北京：中国建筑工业出版社，
　　　 1986.

［121］罗哲文. 中国建筑文化大观［M］. 北京：北京大学出版社，
　　　 2001.

［122］王鲁民. 中国古代建筑思想史纲［M］. 武汉：湖北教育出版社，
　　　 2002.

［123］马炳坚. 中国古建筑木作营造技术［M］. 北京：科学出版社，
　　　 2003.

［124］梁思成. 清式营造则例［M］. 北京：清华大学出版社，2006.

［125］梁思成. 清工部工程做法则例图解［M］. 北京：清华大学出版
　　　 社，2006.

［126］刘大可. 中国古建筑瓦石营法［M］. 北京：中国建筑工业出版
　　　 社，1993.

［127］刘敦桢. 中国古代建筑史［M］. 北京：中国建筑工业出版社，
　　　 1984.

［128］潘谷西. 中国建筑史［M］. 北京：中国建筑工业出版社，2004.

［129］Ron Henderson. The Gardens of Suzhou［M］. Philadelphia：
　　　 University of Pennsylvania Press，2013.

论文

[1] 罗明. 湖南清代文教建筑研究 [D]. 长沙：湖南大学，2014.

[2] 刘枫. 湖湘园林发展研究 [D]. 长沙：中南林业科技大学，2014.

[3] 梁南南. 徽州古书院园林艺术探析 [D]. 南京：南京农业大学，2008.

[4] 董睿. 巴蜀书院园林艺术探析 [D]. 成都：四川农业大学，2013.

[5] 彭丽莉. 巴蜀书院建筑特色研究 [D]. 重庆：重庆大学，2006.

[6] 万营娜，杨芳绒. 河南古书院园林艺术研究 [D]. 郑州：河南农业大学，2014.

[7] 吕凯. 关中书院建筑文化与空间形态研究 [D]. 西安：西安建筑科技大学，2009.

[8] 曾孝明. 湖湘书院景观空间研究 [D]. 重庆：西南大学，2013.

[9] 龚卓. 古代书院对现代大学校园环境营造的启示 [D]. 长沙：湖南农业大学，2009.

[10] 黄英杰. 古典书院的终结及其对现代中国大学的影响 [D]. 重庆：西南大学，2012.

[11] 于小鸥. 书院园林设计手法及其对现代校园建设的启发 [D]. 北京：北京林业大学，2010.

[12] 邹裕波. 中国传统书院景观设计浅析 [D]. 北京：清华大学，2011.

[13] 于祥成. 清代书院的儒学传播研究 [D]. 长沙：湖南大学，2012.

[14] 晏富宗. 宋代书院师生关系研究 [D]. 南昌：江西师范大学，2006.

[15] 曾带丽. 张之洞与晚清书院的改革及改制 [D]. 长沙：湖南大学，2006.

[16] 陈春华. 清代书院与桐城文派的传衍 [D]. 苏州：苏州大学，2013.

[17] 聂宝梅. 韩国乡校书院的儒家文化传承功能研究 [D]. 山东：山东大学，2012.

[18] 万书元. 简论书院建筑的艺术风格 [J]. 南京理工大学学报，

2004.

[19] 金晨. 浅谈书院园林的植物景观以岳麓书院为例 [J]. 中国园艺文摘, 2014.

[20] 肖祖飞. 江西白鹭洲书院植物配置研究 [J]. 江西科学, 2010.

[21] 林琼. 石鼓书院植物景观资源评价与保护 [J]. 生物数学学报, 2008.

[22] 谢丹. 岳麓书院植物景观分析 [J]. 湖南农业大学学报, 2013.

[23] 夏淑娟. 从还古书院志看徽州书院建筑的建置与维系 [J]. 学术界, 2012.

[24] 杨芳绒. 北宋书院园林的景观特征分析 [J]. 城乡规划, 2011.

[25] 梁南南. 从竹山书院略觑我国书院园林的环境特色及文化内在 [J]. 中国园林, 2007.

[26] 杨雪翠. 从游教育传统下的古代书院师生关系及启示 [J]. 高校教育管理, 2013.

[27] 张克伟. 王阳明与万松书院 [J]. 贵州文史丛刊, 1990.

[28] 彭长歆. 清末广雅书院的创建、张之洞的空间策略：选址、布局与园事 [J]. 南方建筑, 2015.

[29] 彭小舟. 曾国藩与莲池书院 [J]. 贵州社会科学, 2006.

[30] 彭林. 杏坛考 [J]. 中国史研究, 1995.

[31] 孔俊婷, 王其亨. 漪碧涵虚—天人合一——保定古莲花池创作意象解读 [J]. 中国园林, 2005.

[32] 陈春华. 论曾国藩与晚清书院及文教的复兴 [J]. 山东社会科学, 2013.

[33] 高馨. 康乾之际扬州盐官、盐商与书院 [J]. 求索, 2013.

[34] 陈春华. 论莲池书院与桐城文派在河北的兴起 [J]. 江苏教育学院学报, 2010.

[35] 金银珍. 中韩书院比较考察 [J]. 南平师专学报, 2007.

[36] 李应赋. 中日两国书院异同比较分析 [J]. 湖湘论坛, 2006.

[37] 邓洪波. 朱熹与朝鲜书院 [J]. 贵州教育学院学报, 1989.

[38] 邓洪波. 走向东洋——移植日本的书院制度 [J]. 湖南大学学报, 2005.

［39］李雨薇. 简论中韩古代书院建筑的异同：以中国岳麓书院与韩国陶
山书院为例［C］//宁波保国寺大殿建成1000周年学术研讨会论文
集，2013.

［40］（韩）郑万祚. 韩国书院研究动向综述［J］. 湖南大学学报，2005.

［41］（韩）郑万祚. 韩国书院的历史［J］. 湖南大学学报，2007.

［42］（韩）李海浚. 韩国书院与乡村社会［J］. 湖南大学学报，2007.

［43］（韩）郑万祚. 韩国书院的历史与书院志的编纂［J］. 湖南大学学
报，2005.

［44］（韩）丁淳佑. 韩国初期书院在教育史上的意义［J］. 湖南大学学
报，2007.

［45］（日）难波征男. 日本书院的研究现状与课题［J］. 湖南大学学报，
2007.

［46］（日）李弘祺. 日本有个泊园书院［J］. 南方周末，2010